绿色丝绸之路资源环境承载力国别评价与适应策略

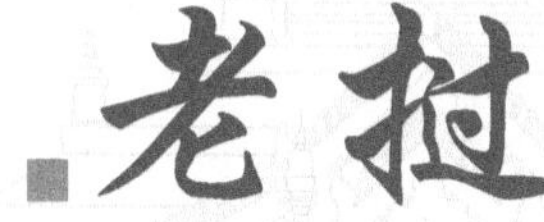

资源环境承载力评价与适应策略

封志明　杨艳昭　甄　霖　等　著

科 学 出 版 社
北　京

内 容 简 介

本书以资源环境承载力评价为核心，建立了一整套由分类到综合的资源环境承载力评价技术方法体系，由公里格网到分省、国家，定量揭示老挝的资源环境承载能力及其地域特征，为促进老挝人口与资源环境协调发展提供科学依据，为绿色丝绸之路建设提供决策支持。

本书可供从事人口、资源、环境与发展研究和世界地理研究等的科研人员、管理人员和研究生等查阅参考。

审图号：GS 京（2023）0417 号

图书在版编目（CIP）数据

老挝资源环境承载力评价与适应策略/封志明等著. —北京：科学出版社，2024.2

ISBN 978-7-03-075302-1

Ⅰ.①老…　Ⅱ.①封…　Ⅲ. ①自然资源–环境承载力–研究–老挝
Ⅳ. ①X373.34

中国国家版本馆 CIP 数据核字(2023)第 050833 号

责任编辑：杨帅英　谢婉蓉　白　丹 / 责任校对：郝甜甜
责任印制：赵　博 / 封面设计：蓝正设计

科学出版社出版
北京东黄城根北街 16 号
邮政编码：100717
http://www.sciencep.com
北京建宏印刷有限公司印刷

科学出版社发行　各地新华书店经销
*

2024 年 2 月第 一 版　开本：787 × 1092　1/16
2024 年 8 月第二次印刷　印张：12 3/4
字数：301 000

定价：158.00 元

(如有印装质量问题，我社负责调换)

"绿色丝绸之路资源环境承载力国别评价与适应策略"

编辑委员会

总　　序

“绿色丝绸之路资源环境承载力国别评价与适应策略”是中国科学院A类战略性先导科技专项“泛第三极环境变化与绿色丝绸之路建设”之项目“绿色丝绸之路建设的科学评估与决策支持方案”的第二研究课题（课题编号XDA20010200）。该课题旨在面向绿色丝绸之路建设的重大国家战略需求，科学认识共建“一带一路”国家资源环境承载力承载阈值与超载风险，定量揭示共建绿色丝绸之路国家水资源承载力、土地资源承载力和生态承载力及其国别差异，研究提出重要地区和重点国家的资源环境承载力适应策略与技术路径，为国家更好地落实“一带一路”倡议提供科学依据和决策支持。

“绿色丝绸之路资源环境承载力国别评价与适应策略”研究课题面向共建绿色丝绸之路国家需求，以资源环境承载力基础调查与数据集为基础，由人居环境自然适宜性评价与适宜性分区，到资源环境承载力分类评价与限制性分类，再到社会经济发展适宜性评价与适应性分等，最后集成到资源环境承载力综合评价与警示性分级，由系统集成到国别应用，递次完成共建绿色丝绸之路国家资源环境承载力国别评价与对比研究，以期为绿色丝绸之路建设提供科技支撑与决策支持。课题主要包括以下研究内容。

（1）子课题1，水土资源承载力国别评价与适应策略。科学认识水土资源承载阈值与超载风险，定量揭示共建绿色丝绸之路国家水土资源承载力及其国别差异，研究提出重要地区和重点国家的水土资源承载力适应策略与增强路径。

（2）子课题2，生态承载力国别评价与适应策略。科学认识生态承载阈值与超载风险，定量揭示共建绿色丝绸之路国家生态承载力及其国别差异，研究提出重要地区和重点国家的生态承载力谐适策略与提升路径。

（3）子课题3，资源环境承载力综合评价与系统集成。科学认识资源环境承载力综合水平与超载风险，完成共建绿色丝绸之路国家资源环境承载力综合评价与国别报告；建立资源环境承载力评价系统集成平台，实现资源环境承载力评价的流程化和标准化。

课题主要创新点体现在以下3个方面。

（1）发展资源环境承载力评价的理论与方法：突破资源环境承载力从分类到综合的阈值界定与参数率定技术，科学认识共建绿色丝绸之路国家的资源环境承载力阈值及其超载风险，发展资源环境承载力分类评价与综合评价的技术方法。

（2）揭示资源环境承载力国别差异与适应策略：系统评价共建绿色丝绸之路国家资源环境承载力的适宜性和限制性，完成绿色丝绸之路资源环境承载力综合评价与国别报告，提出资源环境承载力重要廊道和重点国家资源环境承载力适应策略与政策建议。

（3）研发资源环境承载力综合评价与集成平台：突破资源环境承载力评价的数字化、空间化和可视化等关键技术，研发资源环境承载力分类评价与综合评价系统以及国别报告编制与更新系统，建立资源环境承载力综合评价与系统集成平台，实现资源环境承载力评价的规范化、数字化和系统化。

“绿色丝绸之路资源环境承载力国别评价与适应策略”课题研究成果集中反映在“绿色丝绸之路资源环境承载力国别评价与适应策略”系列专著中。专著主要包括《绿色丝绸之路：人居环境适宜性评价》《绿色丝绸之路：水资源承载力评价》《绿色丝绸之路：生态承载力评价》《绿色丝绸之路：土地资源承载力评价》《绿色丝绸之路：资源环境承载力综合评价与系统集成》等理论方法和《老挝资源环境承载力评价与适应策略》《孟加拉国资源环境承载力评价与适应策略》《尼泊尔资源环境承载力评价与适应策略》《哈萨克斯坦资源环境承载力评价与适应策略》《乌兹别克斯坦资源环境承载力评价与适应策略》《越南资源环境承载力评价与适应策略》等国别报告。基于课题研究成果，专著从资源环境承载力分类评价到综合评价，从水土资源到生态环境，从资源环境承载力评价理论到技术方法，从技术集成到系统研发，比较全面地阐释了资源环境承载力评价的理论与方法论，定量揭示了共建绿色丝绸之路国家的资源环境承载力及其国别差异。

希望“绿色丝绸之路资源环境承载力国别评价与适应策略”系列专著的出版能够对资源环境承载力研究的理论与方法论有所裨益，能够为国家和地区推动绿色丝绸之路建设提供科学依据和决策支持。

封志明
中国科学院地理科学与资源研究所
2020 年 10 月 31 日

前　言

《老挝资源环境承载力评价与适应策略》（*Evaluation and Suitable Strategy of Carrying Capacity of Resource and Environment in Laos*）是中国科学院“泛第三极环境变化与绿色丝绸之路建设”专项课题“绿色丝绸之路资源环境承载力国别评价与适应策略”（XDA20010200）的主要研究成果和国别报告之一。

本书从老挝概况和人口分布着手，由人居环境适宜性评价与适宜性分区，到社会经济发展适应性评价与适应性分等；从资源环境承载力分类评价与限制性分类，再到资源环境承载力综合评价与警示性分级，建立了一整套由分类到综合的“适宜性分区—限制性分类—适应性分等—警示性分级”资源环境承载力评价技术方法体系；由公里格网到分省和国家，定量揭示老挝的资源环境适宜性与限制性及其地域特征，试图为促进其人口与资源环境协调发展提供科学依据和决策支持。

全书共 9 章。第 1 章资源环境基础，简要说明老挝国家概况以及地质、地貌、气候、土壤等自然地理特征。第 2 章人口与发展，主要从老挝人口发展出发讨论了人口数量、人口素质、人口结构与人口分布等问题。第 3 章社会经济发展水平及其综合分区，主要从人类发展水平、交通通达水平、城市化发展水平和社会经济发展综合水平方面，完成了老挝从分省到全国的社会经济发展适应性分等评价。第 4 章人居环境适宜性评价与适宜性分区，从地形起伏度、温湿指数、水文指数、地被指数分类评价，到人居环境指数综合评价，完成老挝人居环境适宜性评价与适宜性分区。第 5 章土地资源承载力评价与增强策略，从食物生产到食物消费，完成土地资源承载力到承载状态评价，提出老挝土地资源承载力存在的问题与增强策略。第 6 章水资源承载力评价与区域调控策略，从水资源供给到水资源消耗，完成水资源承载力到承载状态评价，提出老挝水资源承载力存在的问题与调控策略。第 7 章生态承载力评价与区域谐适策略，从生态供给到生态消耗，完成生态承载力到承载状态评价，提出老挝生态承载力存在的问题与谐适策略。第 8 章老挝资源环境承载力综合评价，遵循“适宜性分区—限制性分类—适应性分等—警示性分级”的总体技术路线，完成老挝资源环境承载力综合评价，定量揭示老挝不同地区的资源环境超载风险与区域差异。第 9 章老挝资源环境承载力评价技术方法，从分类到综合提供一整套老挝资源环境承载力评价的技术体系方法。

本书由课题负责人封志明拟定大纲、组织编写，全书统稿、审定由封志明、杨艳昭和甄霖负责完成。各章执笔人如下：第 1 章，封志明、郑方钰；第 2 章，游珍、尹旭、陈依捷；第 3 章，游珍、施慧、许冰洁；第 4 章，李鹏、祁月基、李文君、肖池伟；第 5 章，杨艳昭、张超、刘莹；第 6 章，贾绍凤、吕爱锋、严家宝；第 7 章，甄霖、闫慧敏；第 8 章，封志明、杨艳昭、游珍；第 9 章，杨艳昭、闫慧敏、吕爱锋；本书图表由游珍负责编绘。读者有任何问题、意见和建议都可以反馈到 fengzm@igsnrr.ac.cn 或 yangyz@igsnrr.ac.cn，我们会认真考虑、及时修正。

本书的编写和出版得到了课题承担单位中国科学院地理科学与资源研究所的全额资助和大力支持，在此表示衷心的感谢。我们要特别感谢课题组的诸位同仁——贾绍凤、杨小唤、刘高焕、闫慧敏、蔡红艳、黄翀、付晶莹、胡云锋等，没有大家的支持和帮助，我们不可能出色地完成任务。

最后，希望本书的出版，能够为“一带一路”倡议实施和绿色丝绸之路建设做出贡献，能够为引导老挝的人口合理分布、促进老挝的人口合理布局提供有益的决策支持和积极的政策参考。

作　者

2022 年 9 月 10 日

目　录

第 1 章　资源环境基础

老挝人民民主共和国（The Lao People’s Democratic Republic），简称老挝，位于中南半岛北部，北邻中国，南接柬埔寨，东临越南，西北毗邻缅甸，西南毗邻泰国。境内 80% 为山地和高原，且多被森林覆盖，有“印度支那屋脊”之称。当前，老挝共有 17 个省、1 个直辖市，大致上可以分为上寮、中寮和下寮三大区。全国共有 50 个民族，分属于老–泰语族系、孟–高棉语族系、苗–瑶语族系、汉–藏语族系，统称为老挝民族。通用老挝语，居民多信奉佛教。

1.1　行政区划构成与演变

因缺乏史料，学术界对 14 世纪前的老挝历史有较多争议，通常认为在现今老挝疆域相继出现过堂明国、南掌国（澜沧国）等国家。老挝历史上第一个统一国家为 1353 年建立的澜沧王国。其于 18 世纪初期分裂为三个王国。1779 年起，其先后被暹罗、越南、法国所征服，沦为属地或殖民地。1945 年 10 月其宣布独立，隔年法国再度入侵。1954 年老挝王国正式独立。1975 年 12 月废除君主制，成立社会主义的老挝人民民主共和国（方芸和马树洪，2018）。

当前，老挝大致上可以分为上寮、中寮和下寮三大区，17 个省（寮文：ແຂວງ, khoueng）、一个直辖市（万象直辖市，寮文：ນະຄອນຫຼວງວຽງຈັນ, Nakhonluang Viengchan）。上寮包括丰沙里省（省会城市：丰沙里）、琅南塔省（省会城市：琅南塔）、博胶省（省会城市：会晒）、乌多姆赛省（省会城市：孟赛）、琅勃拉邦省（省会城市：朗勃拉邦）、华潘省（省会城市：桑怒）、沙耶武里省（省会城市：沙耶武里），中寮包括川圹省（省会城市：丰沙湾）、赛宋本省（省会城市：班蒙查）、万象省（省会城市：万荣）、万象直辖市、波里坎塞省（省会城市：北汕）、甘蒙省（省会城市：他曲）、沙湾拿吉省（省会城市：沙湾拿吉），下寮包括塞公省（省会城市：色孔）、阿速坡省（省会城市：阿速坡）、沙拉湾省（省会城市：沙拉湾）、占巴塞省（省会城市：巴色）。

此前，1904 年两个暹罗（泰国）省属于老挝，相当于沙耶武里省全部和琅勃拉邦省、万象省的一部分。上丁省改归柬埔寨。1941 年两个暹罗省在日本的压力下回归泰国。1947 年在战后边界调整中，它们又被划归老挝管辖。1966 年南塔省更名为 Houakhong 省。1976 年 Houakhong 省名改回琅南塔省。波里坎塞省（驻北汕）并入万象省。色顿省和希坦顿省并入占巴塞省（驻占巴塞）。瓦皮康通省并入沙拉湾省。乌多姆赛省从琅勃拉邦省分离。甘蒙省省会塔河更名为甘蒙。

1983 年博胶省从琅南塔省分离。波里坎塞省、甘蒙省和万象省设立。塞公省从沙拉湾省分离。1987 年乌多姆赛省省会从班纳欣迁往芒赛。1989 年万象直辖市设立。万象省省会从万象迁往万荣。1994 年赛宋本特区设立，波里坎塞省、万象省和川圹省部分地区设立。2013 年 12 月 31 日，老挝国会颁布第 012 号决议，宣布老挝新成立省份——赛宋本省。

1.2 地质基础与地貌类型

1.2.1 地质基础

老挝地处中南半岛北部，北邻中国，东接越南，南接柬埔寨，西南毗连泰国，西北与缅甸接壤，面积约 23.68 万 km^2。全境地势北高南低，自西北向东南倾斜，是一个多山的内陆国家。老挝属于热带、亚热带季风气候，植被极为发育，现代风化堆积作用强烈，基岩出露较少，加之交通不便，地质调查程度很低。

老挝目前所见地层主要为古生界，其次为中生界和新生界。虽无地层学和地质年代学直接证据表明有前寒武纪地层存在，但在西北、东北及东南部发现了少量深变质岩系，一般认为应属于元古宙地层。老挝的古生界主要发育在北部和东部地区。寒武系只在与越南相邻的南玛（Nam Ma）山谷中有少量出露，其岩石组合为浅变质的灰岩、页岩、砂岩（石英岩）和砾岩，这套岩石组合延伸至越南境内被定为“寒武系—奥陶系”；奥陶系、志留系和泥盆系主要出露在丰沙湾（Phonsavan）和川圹（Xieng Khouang）地区，另外在东南部的北通河（Sekong）东侧也有发育，其岩性主要为海相灰岩、砂岩和泥质岩石；石炭系—二叠系分布最广，主要为海相灰岩、砂岩和泥质岩石，在个别地方也有陆相沉积，如沙拉湾的石炭系和丰沙里（Phong Saly）的二叠系中含有煤层（李景春等，2000）。

1.2.2 地貌特征

依山傍水是老挝的地貌特点，地势北高南低，南北长东西窄，自西北向东南倾斜。山地、高原面积占国土面积的五分之四，平原仅占五分之一。全国自北向南分为上寮（北部）、中寮（中部）和下寮（南部）三部分，上寮地势最高，中寮地势次之，平原主要分布在下寮地区。

老挝境内 80%为山地和高原，有“印度支那屋脊”之称。山地和高原是老挝的天然屏障，森林覆盖度高，为本国和邻国提供了各种用途的木材。地势北高南低，北部与我国云南的滇西高原接壤，东部老挝、越南边境为长山山脉构成的山地及高原，西部是湄公河谷地，由湄公河及其支流沿岸的盆地和小块平原组成。

1. 三大山脉

老挝的山地和高原可划分为三大山脉，均为我国横断山脉云岭山系向南的自然延伸。三大山脉自东向西依次为：①老越边界山脉（老挝称富良山脉，越南称长山山脉），富良山脉形成了老越两国河流的分水岭和国土分界线，自北向南逐渐走低。北段主要由石灰岩、砂岩、花岗岩及片麻岩构成，南段有褶皱结晶岩基底露出，部分地区被玄武岩熔岩流覆盖。②无量山余脉，自中老边境向南一直延伸至湄公河沿岸，是老挝西北部山地的主要组成部分。③湄公河西岸的琅勃拉邦山和碧差汶山，其山脊线是老挝、泰国两国的陆地天然国界。

2. 四大高原

老挝自北向南有会芬高原、川圹高原、甘蒙高原和波罗芬高原四大高原。川圹高原为老挝最高地区，有老挝“屋顶”之称。这四大高原及老挝、越南交界的长山山脉是湄公河在老挝境内主要支流的发源地。老挝境内的平原主要分布在万象以南的中寮与下寮的湄公河沿岸。

（1）会芬高原（Huafan Plateau），位于老挝上寮地区东部、华潘省南部与川圹省东北部，东与越南接壤，是一块周边切割强烈、中部切割较弱的高原，平均海拔 1100～1200m。东西长约 90km，南北宽约 60km，植被覆盖度较高，可达 90%以上，密林之中夹杂无数零散分布的毁林开荒的斑块。

（2）川圹高原（Xiang Khoang Plateau），旧称镇宁高原（Tran Ninh Plateau）。其位于老挝上寮地区东南部，是一块地质结构复杂、中部起伏和缓，但周边被沟谷强烈切割的高地。其平均海拔 1200～1300m。东西长 50km，南北宽 40km，周围有海拔 2000m 以上的山脊，南面有 5 座海拔超过 2500m 的山峰，其中普比亚山是老挝最高峰，海拔 2817m。川圹高原上分布着一系列山间盆地，如查尔平原、班班平原和康开谷地等。

（3）甘蒙高原（Khammouan Plateau），是老挝中部地区南屯河中上游的广阔高原，西北—东南长 70km，东北—西南宽 30km，呈椭圆形，海拔 500～600m，起伏和缓。南屯河在平缓的甘蒙高原上蜿蜒曲折，但下切不显著。甘蒙高原生态良好，野生动物众多，是有名的捕猎区和放牧场。

（4）波罗芬高原（Boloven Plateau），亦名“富琅山区”，是老挝南部富庶而起伏平缓的高原，位于占巴塞、阿速坡、沙拉湾三省境内，湄公河和安南山脉南段西麓之间。西北—东南长 100km，东北—西南宽 60km，呈椭圆形，高原面海拔 900～1300m，高原面起伏和缓，由西北向东南倾斜，最高点海拔 1877m。高原周围有放射状水系，汇成洞河与公河，汇入湄公河。年平均降水量 3700mm，为老挝降水量最多的地区。波罗芬高原气候温和，适合半高原植物生长，以种植咖啡等作物而闻名。

3. 五块小平原

老挝仅 20%的面积属于平原，约 4 万 km^2，主要分布在中寮、下寮的湄公河沿岸地区，可以大致分成五块具有一定规模的平原。另外，在上寮的湄公河及其支流的谷地里也分布有小片平地，但面积极其有限。

（1）万象平原，位于万象省湄公河北岸，海拔 160～200m，面积约 $3000km^2$。其是老挝首都万象的主要经济腹地和未来发展空间。

（2）北汕–他曲平原，位于波里坎塞省、甘蒙省境内的湄公河东岸，呈西北—东南走向的长条形，西北—东南长约 200km，宽仅 20～30km，面积约 5000km^2。

（3）沙湾拿吉平原，位于沙湾拿吉省湄公河东岸，海拔 150～200m，南北长约 120km，东西宽约 130km，面积约 15000km^2，是老挝面积最大的一块平原，也是重要的农业区。

（4）沙拉湾–占巴塞平原，位于沙拉湾省湄公河东岸及色敦河沿岸、占巴塞省湄公河东西两岸，海拔自北部的 200m 向南逐步降低至 70m 左右。南北长约 200km，东西宽约 50km，面积约 10000km^2，是老挝第二大平原，农业发达。

（5）阿速坡平原，位于阿速坡省公河及塞加曼河沿岸，海拔 100～200m，面积约 3500km^2。

1.3　气候与主要气象要素

气候是指某一地区多年间大气的一般状态及其变化特征。它既反映平均情况，也反映极端情况，是各种天气现象的多年综合。从时间尺度上看，气候是时间尺度很长的大气过程，世界气象组织（WMO）规定，30 年为整编气候资料时段长度的最短年限。气候是一种平均概念，气温、降水量、湿度、气压、风等气象要素一段时间的平均状态就称为气候要素。

气候不仅存在空间分异，还随时间发生变化。不同地区、不同时间的气候差异是多种因素综合作用的结果。太阳辐射、大气环流和地表性质在气候形成中均起着至关重要的作用。

1.3.1　基本特征

老挝属于热带、亚热带季风气候区，除地形引起的略微垂直差异外，全国各地气候差别不大。除北部高山地区外，各地气温终年较高，年变化不大，没有四季之分。降水充沛，全年分为旱季和雨季。每年 5～10 月为雨季，11 月～次年 4 月为旱季。旱季几乎不下雨，平原地区常有旱情，雨季降水量占全年降水量的 80%以上①。

老挝的气候特点是由其地理位置、地形条件和大气环流三大要素决定的。老挝处于中南半岛内陆东侧，全境位于北回归线以南热带地区。中南半岛北接亚洲广大陆地，东、南、西三面为海洋所环抱，海洋和大陆对气候的影响都很强烈，是亚洲季风区之一。旱季盛行东北季风，雨季盛行西南季风，且两者的转换多为爆发性突变。11月至次年3月东北季风从大陆吹向海洋，是亚洲大陆冷高压南部的气流。这一时期降水稀少，形成旱季。5～10月西南季风从海洋吹向大陆，是西南气流与赤道西风叠加形成的，这一时期降水充沛，降水量占全年降水量的80%以上，形成雨季。

地形也是影响老挝气候的重要因素。老挝整体地势较高，素有“中南半岛屋脊”之称。

① http://www.mofcom.gov.cn/[2022-5-25].

其地形以山地和高原居多，地势北高南低，自东北向西南倾斜。境内山脉主要呈南北走势，走向与盛行风向垂直相交。西南季风带来的暖湿空气前进途中遇到较高山地阻碍而被迫抬升，绝热冷却，有利于形成地形雨，也有利于减弱东北季风和西太平洋季风的影响。

1.3.2 气温特征

气温是气候学中最重要的气象要素之一。世界上从赤道地区的热带雨林到两极、高山地区的苔原、冰雪，这种自然景观的巨大差异主要是由温度不同造成的。世界各地农作物的种类和耕作制度，以及其他经济建设也无不与气温密切相关。

气温是大气热力状况的数量度量。气温及其变化特点通常用平均温度和极端值——绝对最高温度、绝对最低温度来表示。地理位置、海拔、气块运动、季节、时间及地面性质都对气温的分布和变化产生影响。

1. 老挝气温时间变化特征

老挝各地气温终年较高，气温年变化的趋势基本相同，月平均气温的最低值出现在 12 月至次年 1 月，此时东北季风带来的冷空气经常入侵而使气温降低到最低值。月平均气温的最高值出现在 4～5 月，这是因为 4～5 月为东北季风向夏季西南季风的过渡期，此时，日照和地面辐射都很强烈，使气温升到最高值。随着季节的变化，凉而湿的西南季风侵入东南半岛，形成云雨。雨水抑制了炎热，下垫面的加热作用减小，高温在 6、7 月逐渐消失。

老挝各地最高气温一般不超过 40℃，仅琅勃拉邦和北汕有时达到 45℃。最低气温一般在 0℃以上，仅丰沙里省的山区、川圹高原和波罗芬高原的部分高地可达 0～5℃。月平均气温极端值的年变化趋势与月平均气温基本相同，最低值出现在 12 月至次年 1 月，最高值出现在 4～5 月。老挝各地气温年较差（一年内最热月与最冷月平均气温之差）一般不超过 7～8℃，年内气温变化不大。

2. 老挝气温空间分布特征

老挝气温的空间分布主要受地形影响，高原和山地的年平均气温明显低于平原和谷地。实际上，老挝年平均气温随海拔的升高呈现逐渐降低的变化趋势。海拔每升高 1000m，年平均气温下降约 5.5℃。例如，川圹省和南部波罗芬高原的北松两地海拔均在 1000m 以上，其年平均气温比同纬度海拔为 500m 的邻近河谷地区低 5～7℃。北部的丰沙里、川圹、华潘、琅南塔等省的山区和高原边缘地区，绝对最低气温会降至–3～–1℃，偶尔还会出现霜冻、结冰或降雪现象，但湄公河谷地，特别是他曲、沙湾拿吉等地则常年高温（图 1.1）。

1.3.3 降水特征

降水也是气候学中最重要的气象要素之一。从云层中降落到地面的液态或固态水称

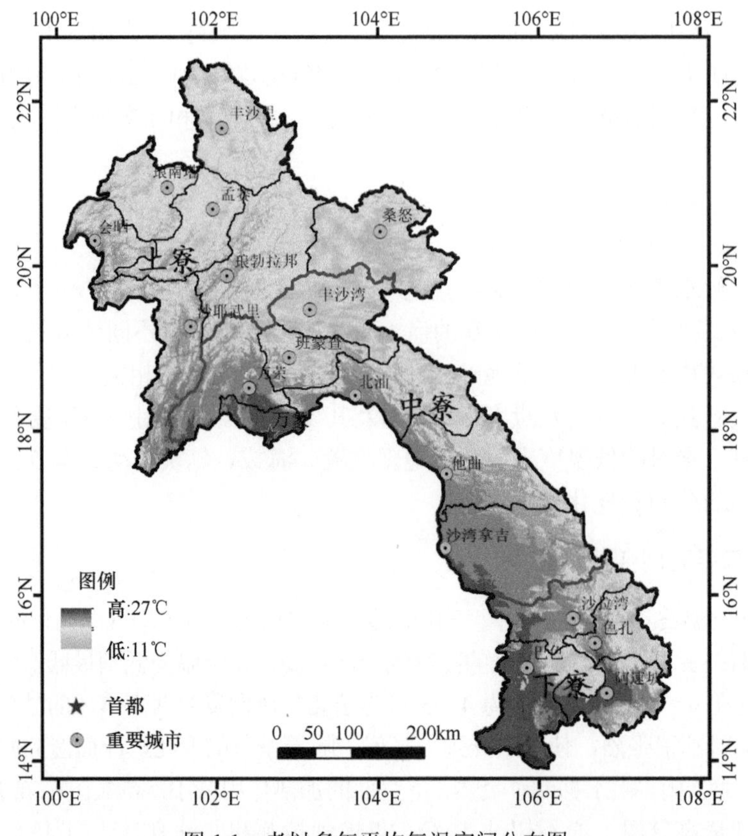

图 1.1 老挝多年平均气温空间分布图

为降水。降水量是指降落在地面的雨、雪、雹等，未经蒸发、渗透流失而积聚在水平面上的水层厚度。一天内的降水变化，在很大程度上受地理条件制约；降水的季节变化因纬度、海陆位置、大气环流等因素而不同；而降水的空间分布则受纬度、海陆位置、大气环流、天气系统和地形等多种因素制约。

1. 老挝降水时间变化特征

老挝降水量季节性特别明显，各地年降水量的 80%以上集中在雨季（5～10 月）。各月的降水量，以 12 月至次年 1 月最少，随后逐月增多，到雨季中期的 7 月、8 月或 9 月达到高峰，然后骤然减少。雨季各月降水量一般在 100mm 以上，高峰月往往超过 300mm，其中，波罗芬高原 7 月的降水量高达 800～900mm。旱季各月降水量很少，大多数地区每月降水量仅 10～30mm。整月无雨的情况在老挝各地均有发生，特别是在旱季，各月均可能发生，有时季风转换推迟或提前，可使 4 月或 9 月、10 月全月无雨。

受季风气候的影响，老挝降水量的年际变化也很大，年降水量最大值与最小值相差 1 倍左右，甚至可达 2～3 倍。例如，沙湾拿吉 2004 年年降水量仅为 396.7mm，而 1999 年年降水量达 2357.1mm，是 2009 年年降水量的近 6 倍。而旱季降水量变化尤其大，最大降水量可高出平均降水量 10 倍甚至更多，而雨季一般不超过 5 倍。

2. 老挝降水空间分布特征

受地理位置、地形和季风等因素影响，老挝降水量空间分布不均衡，大体上呈现南北少、中部多的趋势，以及高原和山地多、平原和谷地少的空间分布格局。例如，北部琅勃拉邦多年平均降水量为 1095.75mm，中部万象多年平均降水量为 1000.06mm，南部巴色多年平均降水量为 1102.92mm。老挝降水量空间分布大致可分为北、中、南三段。

北段包括上寮西部地区，降水量较少，年降水量一般为 800～1278mm。这是因为该地区深入内陆，西南季风到达这里必须经过很长的路程，途中有山脉、高原等重重障碍促成降水，消耗掉大量水汽，是中南半岛上降水量最少的地区之一。南段包括下寮东南部地区，年降水量达 925～1315mm。其中，波罗芬高原是中南半岛降水量最多的地区之一，该地区位置偏南，接近海洋，西南季风来得早、退得晚、势力猛，加之地势高耸，地形雨很丰富。介于上述两段地区之间的广大地区为中段，包括上寮东南部、中寮全部和下寮西北部地区，降水量甚多，年降水量一般为 875～1350mm。甘蒙省的年均降水量最为丰富（1276mm），而万象省年均降水量较低（632 mm）。老挝多年平均降水空间分布如图 1.2 所示。

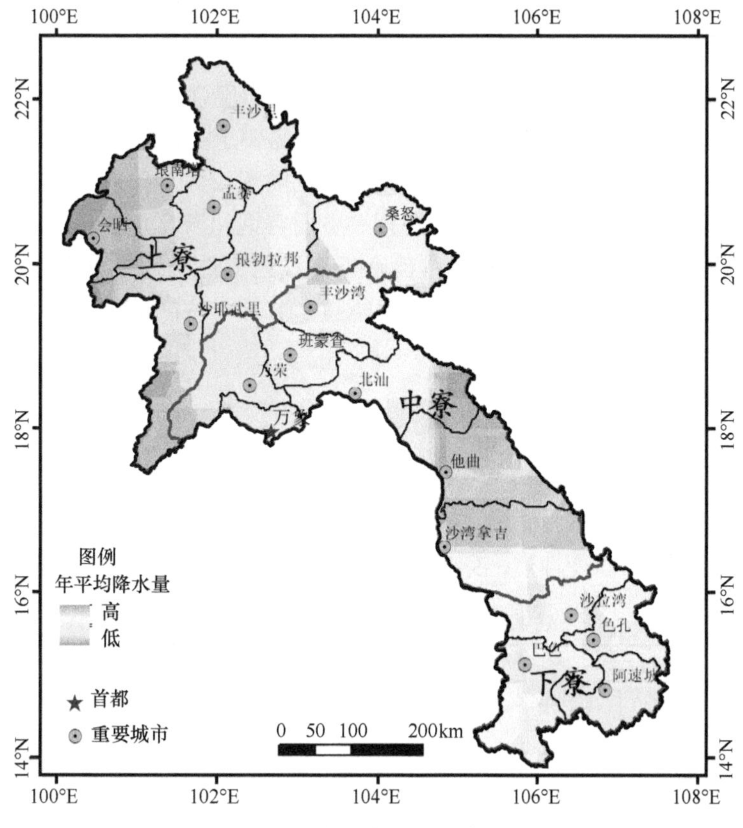

图 1.2　老挝多年平均降水量空间分布图

1.4　土壤类型与分布格局

土壤类型的空间分布在一定程度上将影响土地利用的空间分布格局和变化过程。本节主要从老挝土壤类型分布格局和土壤类型数量特征方面分析老挝土壤类型与分布。

1.4.1　土壤类型分布格局

老挝大部分地区土壤类型为强淋溶土，具有养分缺乏、易分化及矿物分解彻底三个特点。铁质强淋溶土、铁质淋溶土、潜育淋溶土、潜育强淋溶土、腐殖质强淋溶土以及薄层强淋溶土在老挝地区土壤类型中占有一定比例。具体而言，铁质强淋溶土主要分布于老挝南部地区、沙湾拿吉省西部地区以及占巴塞省南部地区。潜育强淋溶土在老挝全国范围内零散分布，其中，南部地区分布较广泛，主要分布于南部占巴塞省、沙拉湾省以及阿速坡省，在沙湾拿吉省西南部，铁质强淋溶土间包裹着一部分潜育强淋溶土。北部地区的波里坎塞省沿着湄公河流域有小块区域土壤类型为潜育强淋溶土（Hicks et al.，2008）。

此外，北部乌多姆赛省部分山区间有潜育强淋溶土类型。腐殖质强淋溶土分布在丰沙里省北部小片区域。不饱和潜育土主要分布于沿湄公河流域、甘蒙省与沙湾拿吉省西部地区。南部占巴塞省也有少量不饱和潜育土分布。铁质淋溶土只在琅南塔省北部有少量分布。薄层淋溶土则仅在博胶省西部有少量分布。薄层强淋溶土所占面积小，主要分布于丰沙里省北部。黏磐土类主要为不饱和强风化黏磐土类，主要分布于老挝南部的甘蒙省与沙拉湾省、占巴塞省、塞公省，分布连续且面积较大。砂质土分布也较为连续，面积较大且一般分布于甘蒙省中南部。潜育土主要有饱和潜育土、不饱和潜育土两类，零星分布于老挝最南部的阿速坡省及占巴塞省。浅色变性土连续分布于川圹省中部区域。铁铝土主要为薄层铁铝土，分布于琅南塔省东北部小片区域。

1.4.2　土壤类型数量特征

老挝主要土壤类型占比最大的为淋溶土，所占比例为92.31%（表1.1），其次为黏磐土，占比为4.10%，砂砾土占比为1.79%，砂砾土分布较为集中连续。潜育土占所有土壤类型的比例为1.17%，占比较小。变性土、铁铝土分别占比0.62%与0.01%，其面积不足1500 km^2。

表 1.1　老挝主要土壤类型面积占比

土壤类型	面积占比/%
淋溶土	92.31
黏磐土	4.10
砂砾土	1.79
潜育土	1.17
变性土	0.62
铁铝土	0.01

强淋溶土中占比最大的土壤类型为典型强淋溶土，总面积为 189945.28km^2，占比超过 80%。其次为铁质强淋溶土，总面积为 11524.03km^2。潜育强淋溶土总面积为 11006.23km^2，占比为 4.77%，占比相对较大。不饱和强风化黏磐土面积为 9452.57km^2，占比 4.10%，面积也较大。砾质土面积为 4126.76km^2，占比 1.79%。不饱和潜育土面积 2689.69km^2，占比 1.17%。浅色变性土面积为 1419.85km^2，占比 0.62%，其余土壤类型面积占比较低（表 1.2）。

表 1.2　老挝土壤类型面积及占比

土壤类型	面积/km^2	面积占比/%
薄层强淋溶土	1.76	0.00
典型强淋溶土	189945.28	82.37
腐殖质强淋溶土	2.49	0.00
潜育强淋溶土	11006.23	4.77
铁质强淋溶土	11524.03	5.00
薄层铁铝土	32.05	0.01
饱和潜育土	12.77	0.01
不饱和潜育土	2689.69	1.17
不饱和强风化黏磐土	9452.57	4.10
砾质土	4126.76	1.79
潜育淋溶土	131.18	0.06
铁质淋溶土	248.02	0.11
浅色变性土	1419.85	0.62

注：因数值修约，表中个别数据略有误差。

参 考 文 献

陈定辉. 2017. 老挝: 2016 年回顾与 2017 年展望. 东南亚纵横, (1): 14-22.

方芸, 马树洪. 2018. 列国志·老挝. 北京: 社会科学出版社.

桂光华. 1988. 试析南掌王国的兴盛. 南洋问题研究, (1): 7.

贺圣达, 王文良, 何平. 1995. 战后东南亚历史发展: 1945-1994. 昆明: 云南大学出版社.

李景春, 徐庆国, 庞庆邦. 2000.老挝人民民主共和国地质矿产概况. 贵金属地质, (4): 235-239.

申旭, 马树洪. 1992. 当代老挝. 成都: 四川人民出版社.

申旭. 1990. 老挝史. 昆明: 云南大学出版社.

Hicks W K, Kuylenstierna J C L, Owen A. 2008. 亚洲土壤对酸化的敏感性: 现状与展望. AMBIO-人类环境杂志, (4): 281-289, 313.

第 2 章 人口与发展

人口是一个国家和地区社会经济发展的基础性、关键性因素。第 2 章基于老挝历年统计年鉴数据及实地调研考察，从人口数量、人口素质、人口结构、人口分布格局和人口流动迁移 5 个方面，以分省为基本研究单元，分析了老挝人口发展演变特征。

2.1 人 口 数 量

基于老挝 1976～2018 年的社会经济统计年鉴，从人口规模和人口增减变化两个方面，以老挝分区、分省为研究单元，并对比中南半岛其余 4 国，对老挝 1976～2017 年的人口数量的发展状况进行了综合分析。

2.1.1 人口规模

1. 人口持续稳定增长，人口总量远低于中南半岛其余 4 国

老挝是中南半岛唯一的内陆国，也是中南半岛人口最少的国家（周东，2004）。2017 年老挝总人口为 690 万人，约占中南半岛 5 国总人口的 2.86%，而中南半岛 5 国人口最多的越南 2017 年总人口为 9554 万人，约为老挝总人口的 14 倍。另外，与老挝接壤的中国云南省 2017 年人口约为老挝人口总量的 7 倍。

2. 老挝建国至今人口数量增加明显，主要集中于湄公河沿岸及下寮平原地区

1976 年老挝总人口为 289 万人，2017 年老挝总人口增加至 690 万人，40 年间人口增加了 1 倍多。分省来看，2017 年人口总量超过 50 万的省（市）有万象市、沙湾拿吉省和占巴塞省，其人口数分别为 89 万、102 万和 72 万；人口超过 20 万的省份依次为万象市、乌多姆赛省、琅勃拉邦省、华潘省、沙耶武里省、川圹省、万象省、波里坎塞省、甘蒙省、沙湾拿吉省、沙拉湾省、占巴塞省；人口总量不足 10 万人的是赛宋本省，人口是老挝所有省（市）中最低的；其余各省人口集中在 10 万～20 万人（图 2.1）。

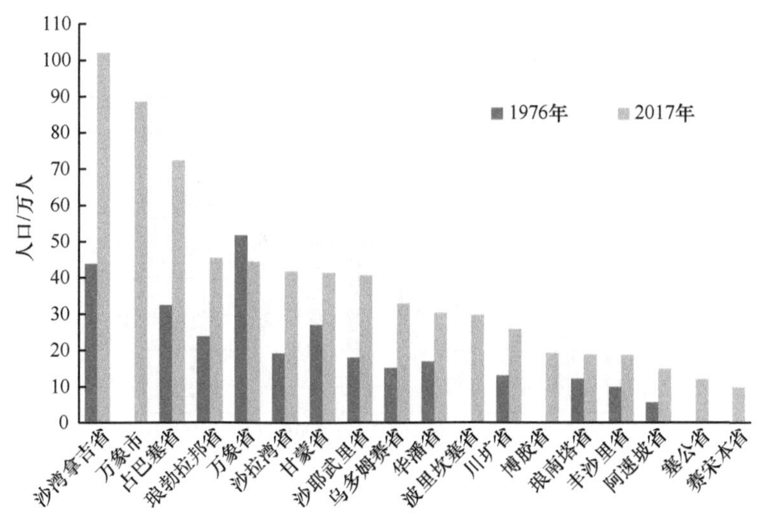

图 2.1　1976 年和 2017 年老挝分省人口数量变化

数据来源于《老挝统计年鉴（1977—2018）》，因行政区划调整，部分省（市）的数据有缺失

2.1.2　增减变化

1. 老挝人口年均增速处于中南半岛 5 国最高水平

1976～2017 年，老挝人口年均增长率为 2.15%，中南半岛 5 国平均人口年均增长率为 1.63%，为中南半岛 5 国中最高。老挝人口总量占中南半岛 5 国总人口的比重略有增加，自 1976 年的 2.16%增长到 2017 年的 2.86%。从分省来看，1976～2017 年人口增加超过 20 万人的省（市）有万象市、琅勃拉邦省、沙耶武里省、波里坎塞省、沙湾拿吉省和占巴塞省，人口分别增加了 89 万、21.7 万、23 万、30 万、58 万和 40 万。

1976～2017 年老挝人口总量总体上持续增长，老挝人口年均增长约 10 万人，2000 年之后虽然人口基数不断扩大，但人口增量并未发生明显变化。老挝人口增长可以划分为两个阶段：第一阶段为 1976～2000 年，人口呈较快速度增长，由 1976 年的 289 万人增加到 2000 年的 522 万人，24 年间人口增加了 233 万人，年均增速为 2.49%，年均人口增加近 10 万人；第二阶段为 2000 年至今，人口波动上升，人口由 2000 年的 522 万人增加到 2017 年的 690 万人，17 年间人口增加了 168 万人，年均增速为 1.65%，年均人口增加近 10 万人（图 2.2）。

2. 中寮人口规模比上寮与下寮人口总和约少 20 万人，上寮、中寮、下寮人口年均增速基本一致

上寮人口总量波动上升。上寮由 1976 年的 96 万人，增长到 2017 年的 206 万人，增幅和增速均低于老挝平均水平（表 2.1 和图 2.3）。具体来看，1976～1990 年，上寮年均人口增速为 2.90%，增幅为 40.67%，低于同期老挝全国的平均增速和增幅；1990～2000 年，上寮年均人口增速为 2.62%，增幅为 26.24%，高于同期老挝全国的平均增速和增幅；

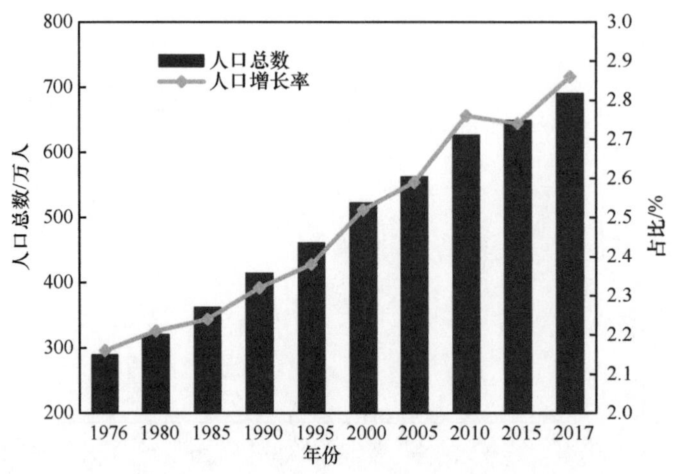

图 2.2　1976～2017 年人口变化趋势

数据来源于《老挝统计年鉴（1977—2018）》，部分数据有缺失

2000～2017 年，上寮年均人口增速为 1.25%，增幅为 21.20%，低于同期老挝全国的平均增速和增幅。

中寮人口规模大于上寮和下寮，人口总量波动上升。中寮由 1976 年的 136 万人，增长到 2017 年的 342 万人，高于老挝平均水平。具体来看，1976～1990 年，中寮年均人口增速为 3.28%，增幅为 45.90%，高于同期老挝全国的平均增速和增幅；1990～2000 年，中寮年均人口增速为 2.54%，增幅为 25.44%，低于同期老挝全国的平均增速和增幅；2000～2017 年，中寮年均人口增速为 2.23%，增幅为 37.94%，高于同期老挝全国的平均增速和增幅。

下寮人口规模相对最低，人口总量稳定上升。下寮由 1976 年的 57 万人，增长到 2017 年的 142 万人，增幅和增速与老挝平均水平相当。具体来看，1976～1990 年，下寮年均人口增速为 3.02%，增幅为 42.31%，低于同期老挝全国的平均增速和增幅；1990～2000 年，下寮年均人口增速为 2.74%，增幅为 27.40%，高于同期老挝全国的平均增速和增幅；2000～2017 年，下寮年均人口增速为 2.14%，增幅为 36.45%，高于同期老挝全国的平均增速和增幅。

表 2.1　上寮、中寮、下寮及老挝年均人口增速和增幅变化

统计项	地区	1976～1990 年	1990～2000 年	2000～2017 年	1976～2017 年
增速/%	上寮	2.90	2.62	1.25	2.81
	中寮	3.28	2.54	2.23	3.72
	下寮	3.02	2.74	2.14	3.59
	老挝	3.10	2.61	1.89	3.39
增幅/%	上寮	40.67	26.24	21.20	115.22
	中寮	45.90	25.44	37.94	152.47
	下寮	42.31	27.40	36.45	147.38
	老挝	43.45	26.09	32.18	139.09

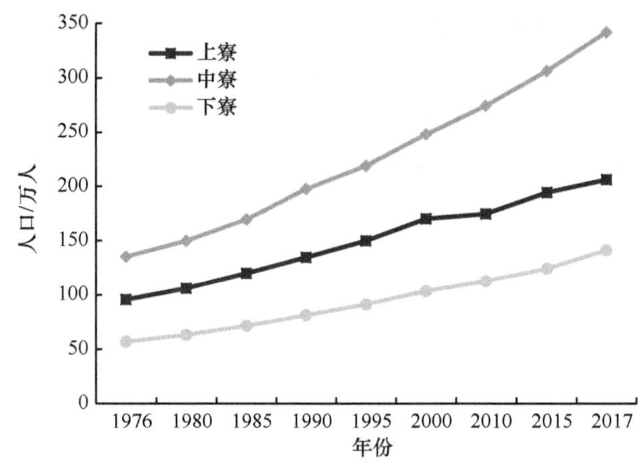

图 2.3　1976～2017 年老挝上寮、中寮、下寮人口总量变化特征

数据来源于《老挝统计年鉴（1977—2018）》

2.2 人口素质

人口素质是指一个国家和地区的人口受教育状况，反映了一个国家的综合国民素质，也是一个国家综合实力的重要体现。本节从老挝近代的教育发展史、教育类型和教育发展状况梳理了老挝自近代以来人口受教育的情况，揭示了老挝人口教育的发展状况。

2.2.1　教育简史

老挝人民民主共和国建立前教育十分落后，人才匮乏，远不能适应社会经济发展。1893 年老挝沦为法国殖民地以后的很长时间内，实行了愚民政策和奴化教育，严重摧残老挝文化，老挝教育发展缓慢，教育事业严重落后。直到 1954 年法国殖民统治末期，老挝才开始建立初级启蒙学校，并开展小学和中学教育。当时老挝共有初级小学 180 所，另有 5 所完全小学和 1 所中学，学生仅 1 万余名。老挝大学毕业生仅 10 人左右，均为王室和贵族子弟，全国文盲率高达 95%。

20 世纪 60 年代，老挝被分为王国政府控制区和爱国战线解放区，虽处于战争和对立状态，但其教育事业仍取得了较快的发展。在王国政府控制区，到 1973 年，老挝有小学生 24 万人、初中生 8700 人、初等技校学生 1100 人、师范学校学生 4000 人、医科学校学生 287 人、政法学院学生 234 人。在爱国战线解放区，爱国战线中央积极发展中小学和各种群众新教育事业，到 1973 年各类学生已有 8 万多人。

老挝人民民主共和国建立后其教育事业取得了长足发展。1975 年老挝人民民主共和国成立以后，其基本上继承了爱国战线解放区的教育路线、方针和政策，并增设了教育部门主管教育事业。到 1980 年，全国已有托儿所 60 所、幼儿园 83 所、小学 6115 所、初中 306 所、高中 33 所、初级师范学校 16 所、中级师范学校 6 所。进入 21 世纪后，老挝经济快速增长，但教育水平明显滞后于经济发展。老挝依据联合国千年发展目标制定了本国的教育发展千年计划，大力发展职业教育，并于 2007 年颁布了第一部《教育法》。加大对教育的财政支出，进行教育体制改革，于 2011 年分别成立了教育与体育部，对各个省和县也进行了相应的改革和调整，并提出 2020 年实现小学和初中义务教育，全面普及小学新生入学前的教育，使老挝的教育事业获得了长足的发展（方芸和马树洪，2018）。

2.2.2 教育类型

老挝的教育可分为正规教育、职业教育、佛寺教育和民校教育 4 类。其中，正规教育是老挝教育体系的主要部分，正规教育包括基础教育、大学教育和学院教育。从教育资金来源看，老挝教育机构类型还可以分为公立和私立。

老挝的基础教育体系不完善。老挝幼儿教育还不普及，多为国家、机关、工厂、学校和私人办的托儿所、育儿组、幼儿园、幼儿学校等。初等教育（普通小学）在老挝人民民主共和国成立后有较大发展，但仍处于落后状态。主要问题是教学质量低，而且许多地方还没有完全小学，只有一、二年级。中等教育学校分普通初级中学和普通高级中学。老挝极少有完全中学，一般都是初中、高中分校。近年来，国民的文化程度有很大改善。老挝对各省的普通教育（包括普通中学和小学）进行整顿，要求普通教育更加规范化和标准化。为此制订了一套新的教学、考试升级和毕业分配的管理措施和标准，也对教师队伍进行了调整。

老挝的高等教育和职业教育正逐步发展。老挝的高等教育开始于 20 世纪 50 年代，1957 年后在万象市相继成立了东都师范学校、法政学院和法国巴黎中央医学院援建的医学部，此外还开办了一些专科学校和职业学校。1975 年老挝人民民主共和国成立之后，老挝政府侧重师范、医科、农业和技术等方面，巩固和扩大师范和医科院校。1995 年，老挝教育部整合了首都万象市内的 9 所独立专科院校和 1 个农业中心，建立了老挝国立大学。老挝的师范教育分为初级师范学校、中级师范学校、师范大学和民族师范学校。其中，初级师范学校主要培养幼师、保育员和小学教师；中级师范学校主要培养初中、小学教师，包括僧侣教师，以及体育、艺术教师和职业学校教师；师范大学主要培养中学尤其是高中教师；民族师范学校主要培养少数民族教师。同时为满足国家经济建设需要，老挝政府提出了重点发展职业教育的政策，2016 年老挝中等职业学校有 45 所，教师 368 人，学生 18414 人。在国家的支持下，老挝的高等教育取得了长足进步。

佛寺教育稳定发展。佛寺教育在老挝人民的社会生活中占有极为重要的地位，佛寺是老挝古代唯一的学习文化知识的场所，直到今天仍有不少佛寺教育存在。佛寺教育分为一般教育（小学教育）和巴利学校教育两种。寺庙一般都设有一般教育，教师由寺庙的比丘担任，学生多为剃度为沙弥的少年儿童。佛寺教育的一般教育和正规学校的小学功能类似，主要教授读书识字，同时也教一些历史和算术等。巴利学校教育出现在 20 世纪 30 年代初的老挝，因巴利文是老挝经藏的主要书写文字而得名，巴利学校主要培养研习巴利文的高级僧侣和文科高级知识分子。20 世纪 50 年代后，由于正规教育日趋普及，巴利学校逐渐减少。

民校教育进展较快，为老挝人民文化素质的提高做出了重要贡献。老挝人民民主共和国成立初期，老挝政府在全国广泛开展扫盲和文化进修运动，到 1980 年，15～45 岁的各族人民中，已有 61 万人摆脱了文盲，占同年龄段总数的 8%。民校教育在老挝的文化教育事业中占有相当重要的地位，为提高老挝人民的识字率发挥了积极作用。据统计，1975 年老挝全国文盲比例已从 1954 年的 95%减少到 70%，到 2000 年，文盲率下降到 20%。同时，民校教育也显著提高了老挝干部和职工的业务能力，1976～2002 年老挝已有 5 万多干部和职工参加了民校培训，对提高其文化素质和工作能力起到了重要的作用。

老挝政府高度重视教育体系的发展。2000 年以来，老挝先后出台了一系列高等教育政策及法律文件，这也使得老挝高等教育体系更加完善。根据 2007 年调整后的教育法，目前老挝教育系统分为两大体系：校内教育和校外教育。两大体系在教学时间上有所不同，第一，校内教育包括学前教育（3 年），普通教育从 2009～2010 学年开始由 11 年制变为 12 年制，即小学教育 5 年、初中教育 4 年、高中教育 3 年；职业教育 3 个月～3 年；高等教育 2.6 年。第二，校外教育包括扫盲、深层次的教育（1.3 年）和兴趣班。另外，为了全面提高教育质量，提升国民素质，老挝教育部制定了 2001～2020 年的教育战略。总目标是在 21 世纪把老挝人培养成忠诚于祖国和人民民主制度的好公民，优化国家教育系统，使其标准化，培养有知识、有能力的人才。

2.2.3　教育发展

幼儿教育、普通教育师生人数稳步增长，大学教育师生人数波动较大。

幼儿教育方面，老挝幼儿教育的学生和教师人数均稳步增长。1980 年，幼儿教育学生有 0.39 万人，幼儿教育教师有 0.02 万人。2017 年，幼儿教育学生增加至 21.40 万人，教师增加至 1.23 万人。1980～2017 年，老挝幼儿教育学生增加了 21.01 万人，老挝幼儿教育学生占总人口比重由 0.12%增加至 3.10%，幼儿教育教师增加了 1 万余人，数量增长显著。

整体上，老挝幼儿教育学生增长分为两个阶段（图 2.4）：第一阶段是 1980～2005 年，此阶段增长较为缓慢，学生人数由 1980 年的 0.39 万人增加至 2005 年的 4.53 万人，学生年均增加人数为 0.1656 万人，此阶段幼儿教育学生占老挝总人口比重由 1980 年的 0.12%增加至 2005 年的 0.81%；第二阶段是 2006～2017 年，学生人数由 2006 年的 4.92 万人增加至 2017 年的 21.40 万人，增加了 16.48 万人，学生年均增加人数约为 1.5 万人，此阶段幼儿教育学生占老挝总人口比重由 2006 年的 0.76%增长至 2017 年的 3.3%。

老挝幼儿教育教师人数增长和学生人数增长情况大致一致，可以分为相同的两个阶段（图 2.4）：第一阶段是 1980～2005 年，教师人数由 1980 年的 0.02 万人增加至 2005 年的 0.27 万人，增加了 0.25 万人，教师年均增加人数为 0.01 万人，此阶段幼儿教育教师占老挝总人口比重为 0.04%；第二阶段是 2006～2017 年，教师人数由 2006 年的 0.29 万人增加至 2017 年的 1.23 万人，增加了 0.94 万人，教师年均增加人数约为 0.09 万人，此阶段幼儿教育教师占老挝总人口比重有所增加，但占比仍较低。

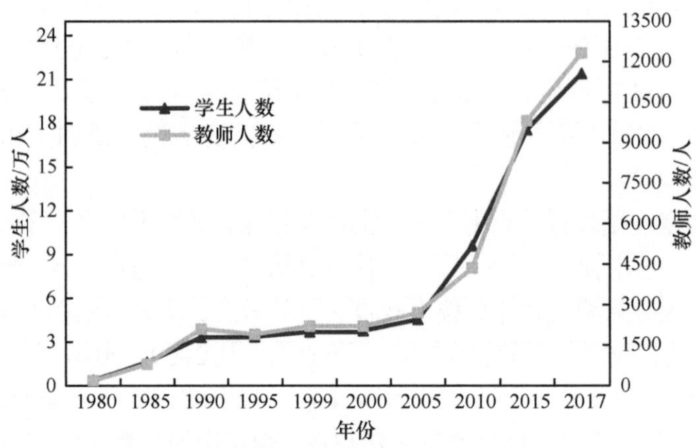

图 2.4　老挝幼儿教育师生人数变化特征曲线图

数据来源于《老挝统计年鉴（1981—2018）》

普通教育方面，老挝的普通教育学生和教师人数增长均较快。1976 年普通教育学生为 34.6 万人，教师为 1.3 万人，2017 年普通教育学生为 147.92 万人，教师为 7.35 万人。普通教育学生增加了 113.32 万人，占老挝总人口的比重由 11.97%增加至 21.44%；普通教育教师增加了 6.05 万人，占老挝总人口的比重由 0.45%增加至 1.07%。

老挝普通教育学生增长分为两个阶段（图 2.5）：第一阶段是 1976～2000 年，学生增长较快，学生人数由 1976 年的 34.60 万增加至 2000 年的 109.23 万人，增加了 74.63 万人，学生年均增加人数约为 3.11 万人，此阶段普通教育学生占老挝总人口比重由 11.97%增加至 20.3%；第二阶段是 2001～2017 年，学生人数由 2001 年的 111.25 万人增加至 2017 年的 147.93 万人，增加了 36.68 万人，学生年均增加人数约为 2.29 万人，此阶段普通教育学生占老挝总人口比重由 20.12%缓升至 21.44%。

老挝普通教育教师增长和学生增长情况大致一致，可以分为两个阶段（图 2.5）：第一阶段为 1976～2000 年，增速较快，教师人数由 1976 年的 1.3 万人增加至 2000 年的 3.97 万人，增加了 2.67 万人，教师年均增加人数约为 0.11 万人，此阶段普通教育教师占老挝总人口比重由 0.45%增加至 0.74%；第二阶段是 2001～2017 年，教师人数由 2001 年的 3.98 万人增加至 2017 年的 7.35 万人，年均增加约 0.21 万人，此阶段普通教育教师占老挝总人口比重由 0.72%增加至 1.07%。

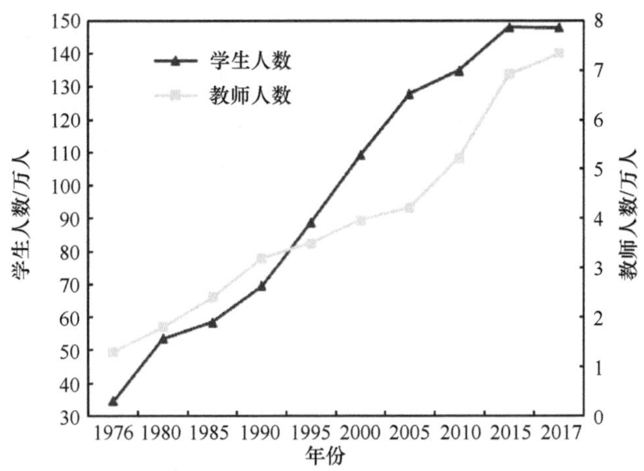

图 2.5　老挝普通教育师生人数变化特征曲线图

数据来源于《老挝统计年鉴（1977—2018）》

大学教育方面，老挝的学生人数和教师人数呈先增后减的趋势。1980 年大学教育学生有 0.16 万人，教师有 0.02 万人，2017 年大学教育学生增加至 5.44 万人，教师增加至 0.55 万人。大学教育学生增加了 5.28 万人，占老挝总人口比重由 0.05%增加至 0.79%；大学教育教师增加了 0.53 万人，占老挝总人口比重有所增加。

老挝大学教育学生增长分为两个阶段（图 2.6）：第一阶段是 1980～2010 年，学生增长较快，学生人数由 1980 年的 0.16 万人增加至 2010 年的 6.67 万人，增加了 6.51 万人，学生年均增加人数约为 0.22 万人，此阶段大学教育学生占老挝总人口比重由 0.05%增加至 1.07%；第二阶段是 2010～2017 年，学生人数由 2010 年的 6.67 万人减少至 2017 年的 5.54 万人，减少了 1.13 万人，学生年均减少人数约为 0.16 万人，此阶段大学教育学生占老挝总人口比重由 1.1%降至 0.79%。

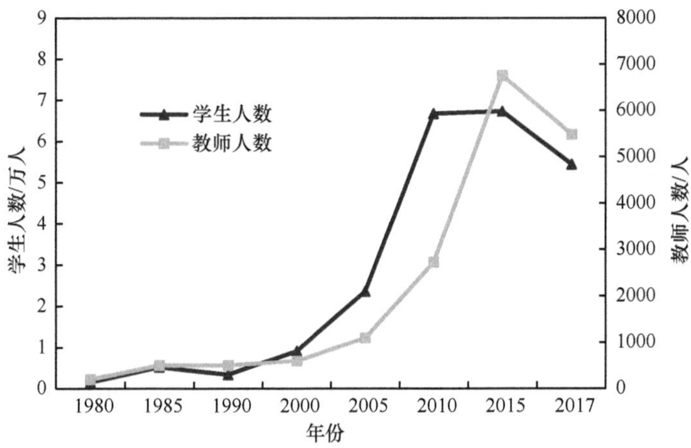

图 2.6　老挝大学教育师生人数变化特征曲线图

数据来源于《老挝统计年鉴（1981—2018）》

老挝大学教育教师增长和学生增长情况大致一致，可以分为两个阶段（图 2.6）：第一阶段为 1980～2010 年，增速较快，教师人数由 1980 年的 0.02 万人增加至 2010 年的 0.27 万人，增加了 0.25 万人，教师年均增加人数不到 0.01 万人，此阶段大学教育教师占老挝总人口比重由 0.01%增加至 0.04%；第二阶段是 2010～2017 年，为波动变化阶段。教师人数由 2010 年的 0.27 万人增加至 2015 年的 0.68 万人，然后 2017 年减少至 0.55 万人，此阶段大学教育教师占老挝总人口比重先由 2010 年的 0.04%增加至 2015 年的 0.1%，然后减少至 2017 年的 0.08%。

2.3 人口结构

人口结构是指根据人口的不同特征，将人口总体划分为不同的组成部分。从人口的年龄结构、性别结构、城乡结构、人口抚养比和民族结构等不同方面对老挝的人口结构进行分析，以全面揭示老挝的人口结构状况。

2.3.1 年龄结构

人口年龄结构趋于稳定。老挝人口年龄结构呈金字塔型，逐渐从年轻型转为成熟型。1995 年老挝少年儿童比重为 44.1%，老年人口比重为 3.6%，老少比约为 8.2%，按照国际通用标准判定人口结构类型为年轻型，1995 年的人口性别年龄金字塔塔形下宽上尖，呈典型的金字塔状（图 2.7）。老挝人口结构逐渐趋于稳定，未来结婚生育的人数不会有明显增加，人口将保持原状。对比 1995 年老挝人口性别年龄金字塔，2017 年老挝少年儿童比重为 32.9%，老年人口比重为 4.3%，老少比约为 13.1%，2017 年老挝人口性别年龄金字塔中，除极老的年龄组外，各年龄组人数差别不大，塔形较直，只在高龄部分（塔尖）急剧收缩，整体而言，按照国际通用标准判定人口结构类型为稳定型。

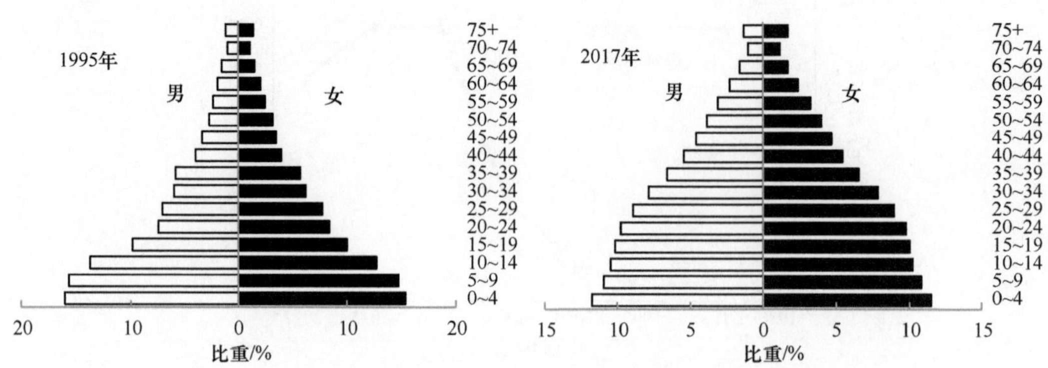

图 2.7　老挝 1995 年和 2017 年的人口性别年龄金字塔

数据来源于《老挝统计年鉴（1996—2018）》

2.3.2　性别结构

老挝男女性别比较为均衡，整体上男性多于女性。老挝的性别结构变化可以分为两个阶段：第一阶段是 1976～1995 年，老挝男女性别比维持在 102 左右，整体上男性多于女性；第二阶段是 2000～2017 年，为波动上升阶段。老挝男女性别比从 1995 年的 102.4 下降到了 2000 年的 97.7，然后在 2000～2017 年不断上升，2017 年男女性别比恢复到了 100.4，男女人数几乎相等，男女比例较为协调（图 2.8）。

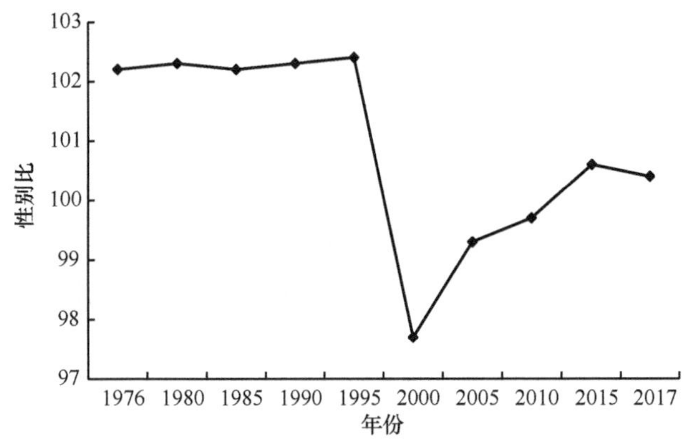

图 2.8　老挝人口性别比变化曲线图

数据来源于《老挝统计年鉴（1977—2018）》

2.3.3　城乡结构

老挝人口城镇化率很低，仅高于中南半岛的柬埔寨，且城镇化发展缓慢。目前老挝以乡村人口为主，城镇化率较低。老挝城镇化发展相对缓慢（春花，2018），主要分为三个阶段（图 2.9）：第一阶段是 1976～1981 年，老挝城镇人口占比由 11.33%增加至 12.65%，老挝城镇化水平仅高于柬埔寨；第二阶段是 1982～1996 年，老挝城镇人口由 12.93%增加至 18.23%，老挝城镇化水平几乎与柬埔寨持平，落后于中南半岛其他三国；第三阶段为 1997～2017 年，老挝城镇人口占比由 19.12%增加至 34.37%，老挝城镇化水平逐渐超过缅甸，并与越南持平，居于中南半岛 5 国中的第三位。

2.3.4　人口抚养比

老挝人口抚养比较低，人口负担逐渐减轻。从人口抚养比来看（图 2.10），1995 年少年人口抚养比为 84.3，老年人口抚养比为 6.9，总抚养比为 91.2，相当于社会供养一个老人和一个小孩只需要不到一个劳动力；2017 年少年人口抚养比为 52.39，老年

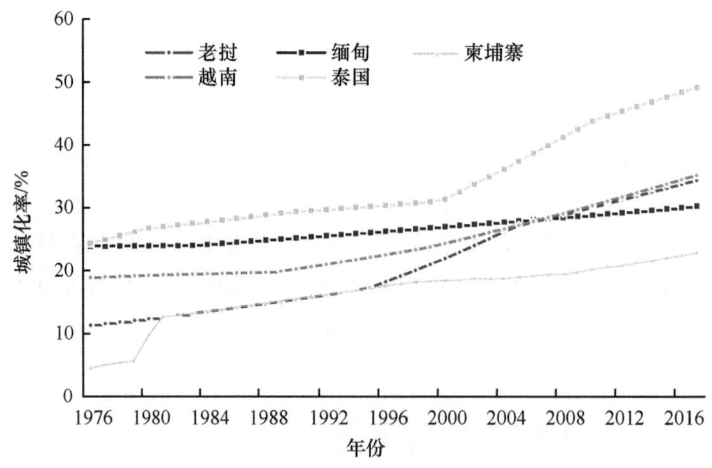

图 2.9　1976～2017 年老挝人口城镇化率变动趋势及其与中南半岛其余国家的比较图

数据来源于世界银行

人口抚养比为 6.85，总抚养比为 59.24。与 1995 年相比，2017 年少年人口抚养比减少了 31.91，老年人口抚养比减少了 0.05，总抚养比减少了 31.96。总体而言，1995～2017 年老挝的人口抚养比在不断减小，人口负担不断减轻。

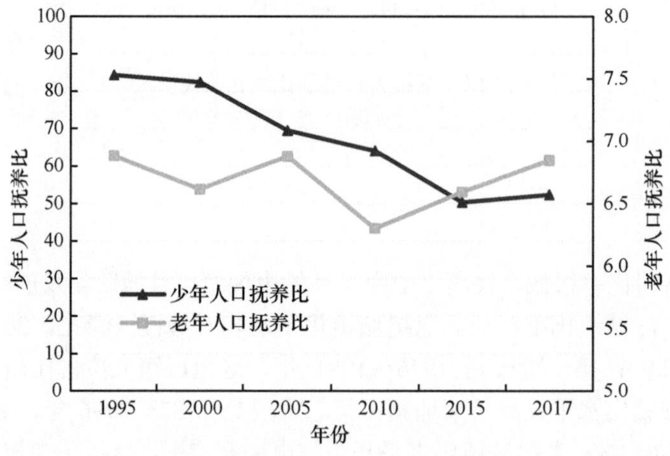

图 2.10　1995～2017 年老挝少年人口抚养比和老年人口抚养比

数据来源于《老挝统计年鉴（1996—2018）》

2.3.5　民族结构

老挝民族以佬族、克木族为主。老挝是一个多民族的国家，老挝民族识别和分类的依据主要是语言谱系、民族源流、传统文化和习俗，综合这三个方面的要素，老挝民族被划分为四大族群：老–泰语族、孟–高棉语族、藏–缅语族、苗–瑶语族。老–泰语族包括佬族、些克族等 8 个民族，是老挝人口最多的族群，占老挝总人口的 63.19%，其中佬族是老挝的主体民族，在老挝各民族中人口最多、分布最广。2015 年佬族有 343 万人，占全国总人口的 53.82%；孟–高棉语族各民族是老挝民族数量最多的族群，也是老挝人口第二大族群，占全国总人口的 23.98%，遍布老挝全境，包括克木族等 32 个民族，其中克木族是老挝人口第二大民族，2015 年克木族有 71 万人，占全国总人口的 11.13%；藏缅语族各民族，包括倮倮族、拉祜族等 7 个民族，是老挝人口最少的族群，仅占老挝总人口的 2.98%；苗瑶语族各民族，包括蒙族和优勉族 2 个民族，是老挝民族数量最少的族群，占老挝总人口的 9.85%（表 2.2）。

表 2.2　2015 年老挝各民族人口基本情况

族群	民族	人口/人	民族占比/%	族群占比/%
老–泰语族	佬族	3427665	53.82	63.19
	些克族	3841	0.06	
	润族	27779	0.44	
	泰族	201576	3.16	
	泰讷族	14148	0.22	
	普泰族	218108	3.42	
	央族	5800	0.09	
	泐族	126229	1.98	
孟–高棉语族	克木族	708412	11.13	23.98
	卡当族	144255	2.26	
	卡都族	28378	0.45	
	卡伶族	16807	0.26	
	克里族	1067	0.02	
	高棉族	7141	0.11	
	温族	886	0.01	
	蔷族	8688	0.14	
	三刀族	3417	0.05	
	沙当族	898	0.01	
	随族	46592	0.73	
	兴门族	9874	0.16	
	雅亨族	8976	0.14	
	达沃族	45991	0.72	
	达伶族	38407	0.60	
	莸族	37446	0.59	
	杜姆族	3682	0.06	
	阒族	828	0.01	
	毕得族	2372	0.04	
	布劳族	26010	0.41	
	巴果族	22640	0.36	
	巴莱族	28732	0.45	

续表

族群	民族	人口/人	民族占比/%	族群占比/%
孟–高棉语族	朋族	30696	0.48	
	玛贡族	163285	2.56	
	莫依族	789	0.01	
	尤乌族	56411	0.89	
	耶族	11452	0.18	
	拉蔑德族	22383	0.35	
	拉维族	1215	0.02	
	沃依族	23513	0.37	
	尔都族	602	0.01	
	阿拉克族	25430	0.40	
藏–缅语族	兴西里族	39192	0.63	2.98
	西拉族	3151	0.05	
	拉祜族	19187	0.30	
	倮倮族	2203	0.03	
	贺族	12098	0.19	
	阿卡族	112979	1.77	
	哈尼族	741	0.01	
苗–瑶语族	蒙族	595028	9.34	9.85
	优勉族	32400	0.51	

数据来源：《老挝统计年鉴（2016）》。

2.4 人口分布格局

人口分布是指人口在一定时间和空间范围内的分布状况，是从空间的视角对人口状况的研究（封志明和李鹏，2011）。首先，基于 2015 年 LandScan 人口栅格数据集揭示了老挝人口的整体分布格局，然后依据老挝 2017 年社会经济统计年鉴数据对老挝分省人口的集疏特征和增减变化进行了分析，最后利用 2000 年和 2015 年 LandScan 人口栅格数据集分析了老挝边境地区 2000～2015 年人口的国别差异情况。

2.4.1 整体分布格局

老挝人口密度较低，人口分布不均衡。老挝国土面积约为 23.68 万 km^2，境内约 80%地区为山地和高原，且多被森林覆盖（肖池伟等，2017）。2015 年老挝全国人口为 649 万人，平均人口密度约为 27 人/km^2，地广人稀，是中南半岛地区人口密度最小的国家（图 2.11）。老挝分省人口分布不均衡，首都万象市人口密度最高，为 226 人/km^2，东北部高山地区仅为 2 人/km^2，整体上呈现“北疏南密，东疏西密”的空间格局。

全国近八成的人口分布在湄公河沿岸及平原河谷地区。其中，人口密度超过 100 人/km^2 的区域主要包括万象省、万象市、甘蒙省等，以及各省省会中心地区。人口密度介于 25～100 人/km^2 的区域主要是沙湾拿吉省、沙拉湾省、占巴塞省等下寮靠近湄公河平原的地区；人口密度在 25 人/ km^2 以下的区域主要是索巴鄂、恩戈伊、帕克欧等上寮高原、山地地区。

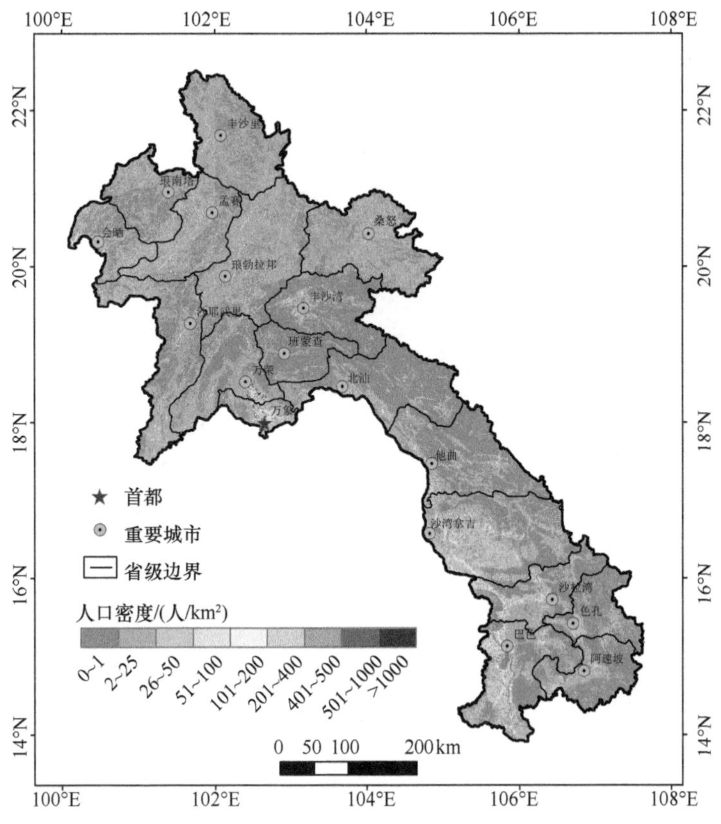

图 2.11 基于 1km×1km 栅格的老挝人口密度分布（2015 年）

数据来源于 2015 年 LandScan 人口栅格数据集

2.4.2 分省集疏特征

1. 老挝分省人口密度差异较大，其中万象市高达 226 人/km^2

老挝分省人口密度差异较大，人口分布极不均衡。将老挝 18 个分省单位人口密度大致分为四个不同的等级（图 2.12）：第一级人口密度为 0～20 人/km^2，包括丰沙里省、赛宋本省、阿速坡省、塞公省、川圹省、华潘省、波里坎塞省，人口密度分别为 11.6 人/km^2、13.9 人/km^2、14.5 人/km^2、15.9 人/km^2、16.3 人/km^2、18.4 人/km^2 和 20 人/km^2。其中赛宋本省、波里坎塞省东中部、川圹省人口最为稀疏。第二级人口密度为 21～30 人/km^2，包括琅南塔省、乌多姆赛省、万象省、沙耶武里省、甘蒙省、琅勃拉邦省，人口密度分别为 20.3 人/km^2、21.4 人/km^2、24 人/km^2、24.8 人/km^2、25.4 人/km^2、27 人/km^2。第三级人口密度为 31～100 人/km^2，包括博胶省、沙拉湾省、沙湾拿吉省、占巴塞省，人口密度分别为 31.1 人/km^2、39.2 人/km^2、46.9 人/km^2、47 人/km^2。第四级人口密度为高于 100 人/km^2，仅万象市，就高达 226 人/km^2。

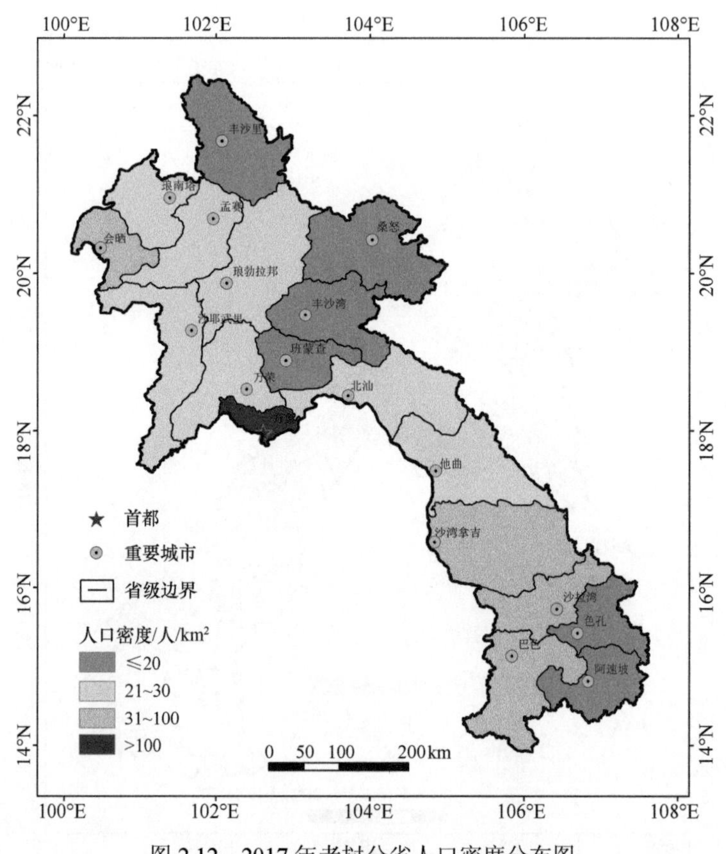

图 2.12　2017 年老挝分省人口密度分布图

数据来源于《老挝统计年鉴（2018）》

2. 老挝绝大部分省（市）人口在 1976～2017 年持续增长，但在 2000 年后人口增速有所减缓

以 1990 年、2000 年、2010 年为时间节点，分别统计了 1976～1990 年、1990～2000 年、2000～2010 年和 2010～2017 年的老挝分省的人口增减变化情况（图 2.13）。其中，将人口增长速度小于 0 定义为“人口相对减少区域”，将人口增长速度在 0～20%定义为“人口相对增加区域”，将人口增长速度大于 20%定义为“人口绝对增加区域”。

从分省来看，1976～1990 年［图 2.13（a）］老挝大部分省份处于增长态势。由于部分省（市）数据缺失，老挝有 3 个省份人口减少，分别是琅南塔省、万象省和甘蒙省，有 9 个省份人口增加，其中有 7 个省份人口增长速度超过了 20%；1990～2000 年［图

2.13（b）]，老挝绝大多数省（市）人口增长，且大部分省（市）人口增长速度超过了20%。人口减少的省份只有乌多姆赛省，剩下绝大多数省（市）人口增加，其中有 13 个省（市）人口增长速度超过了 20%；2000～2010 年［图 2.13（c）]，老挝分省人口均处于增长态势，但增长速度有所减缓。有 10 个省（市）人口增长速度超过了 20%，较 1990～2000 数量有所减少，但人口数量增加的绝对值仍较高；2010～2017 年［图 2.13（d）]，老挝大部分省（市）人口仍处于增长状态，增速进一步放缓。华潘、川圹和万象 3 个省人口规模减小，13 个省（市）人口相对增加，人口增速明显放缓。

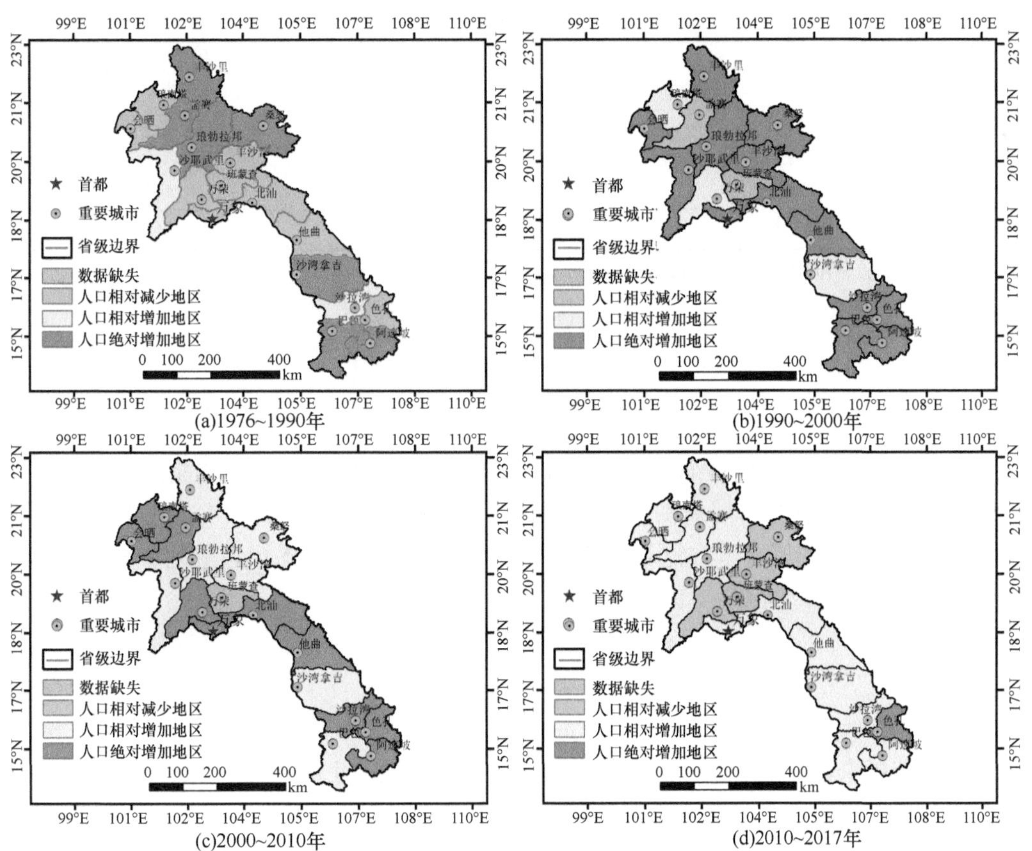

图 2.13　1976～2017 年老挝分省人口增减变化分布

数据来源于《老挝统计年鉴（1977—2018)》，部分数据有缺失

2.4.3　边境地区人口的国别差异

2000～2015 年，老挝边境中除老越边境外，老挝边境人口普遍增加。边境地区的人口地理问题在国家安全战略中占有独特地位。边境地区一般指靠近国界的领土和疆域（游珍等，2015)，以老挝国境线 20km 以内作为缓冲区，以 LandScan 人口栅格数据集为数据源，统计了 2000～2015 年老挝边境人口的变化情况（表 2.3）。2000 年老挝边境人口总计 237.76 万人，2015 年为 301.76 万人，15 年间人口增加了近三成，表明老挝边境

人口处于较快增长中。从不同国别的边境线来看，2000～2015 年，老泰边境人口增加最多，为 65.70 万人，近 15 年增长了近四成；其次是老中、老柬和老缅边境地区，增加人口数分别为 1.89 万人、0.71 万人和 0.33 万人；而老越边境人口近 15 年减少了 4.63 万人，减少一成多，人口迁出现象明显。在老挝人口普遍增加的情势下，老越边境人口不断减少，这也与老越边境多为山区，人口迁移受到自然环境的影响较大有关。

表 2.3　2000～2015 年老挝边境人口增减统计

边境分类	2000 年边境人口/万人	2015 年边境人口/万人	2000～2015 年人口增幅/万人	2000～2015 年人口增速/%
老中	15.42	17.31	1.89	12.26
老缅	4.87	5.20	0.33	6.78
老泰	166.19	231.89	65.70	39.53
老柬	17.86	18.57	0.71	3.98
老越	33.42	28.79	–4.63	–13.85
边境人口合计	237.76	301.76	64.00	26.92

数据来源：2000 年和 2015 年的 LandScan 人口栅格数据集。

2.5　人口流动迁移

人口的迁移和流动是一个国家和地区社会经济发展的重要体现，老挝近年来经济发展较快，人口迁移意愿和规模都大大增强。基于老挝的社会经济统计年鉴数据，对老挝近 30 年来的国内和国际人口迁移流动状况进行了分析，以期揭示老挝近年来人口流动的新情况、新问题。

2.5.1　国内迁移和流动

1995 年以来，首都万象市是老挝人口的主要流入地。北部省份人口流失最多，迁移和流动总人口 80%以上由农村流入城镇。近 30 年来老挝人口流动趋势增强，主要形式为农村流向城市。老挝人口国内迁移和流动主要趋势是从老挝经济比较落后的地区向相对比较发达的地区迁移和流动。例如，首都万象市是老挝经济最发达的地区，老挝国内的人口迁移和流动也主要流入万象市（莫慧兰，2018），它集中了老挝各行政区域之间人口迁移和流动的 65%左右。此外，老挝北部省份的人口迁移和流动占全国人口迁移和流动的 54%，中部省份占 29%，南部省份占 17%。

1995 年以前，由于老挝地处山地高原，交通不便，很多生活在山区的农村人口很少能接触到外界社会经济的发展，绝大多数人口还是生活在原来的地区，并没有向其他地区迁移和流动。1995 年以来，老挝社会经济保持着较快增长，人们为了追求生存和更好的生活，从农村地区不断向城镇地区迁移，并迎来了一波高潮，这一时期的人口迁移和流动超过了 100 万人。

2005年后，随着老挝社会经济的高速发展，老挝的城镇需要越来越多的劳动力，加之老挝人民向往城镇生活，使新一轮的人口迁移和流动到来。老挝的城镇化水平也从2005年的27.4%上升到了2010年的33.2%，从农村到城镇的迁移和流动人口在这5年的时间里超过了35万人。此外，还有很多农村人口寄宿在城镇，平时在城镇工作，偶尔回到农村。以万象为例，2005年万象75.4万人口中，41%的人口（约31万人）为外来人口。老挝的这种迁移和流动人口占老挝人口迁移和流动总数的80%以上，而且年龄多集中于20～30岁。

老挝国内另一个主要的人口迁移和流动趋势是分省之间的流动。因为受到老挝地形和经济发展落后的影响，老挝各行政区域之间的人口迁移和流动的规模都很小。2005年老挝国家人口普查显示，老挝分省的人口迁移和流动规模很小。主要的人口净流出的省份有华潘省、琅勃拉邦省、川圹省、丰沙里省等，以上省份的人口净流出都在1万以上；沙耶武里省、占巴塞省和沙湾拿吉省的人口净流出都在0.5万人左右；阿速坡省、甘蒙省、乌多姆赛省和沙拉湾省也有少量的人口净流出。在净流入的省（市）中，万象市以5.8万人高居榜首，剩下的几个人口净流入的省份不到一万人，分别是博胶省、波里坎塞省、万象省、琅南塔省和塞公省。

2.5.2 国际迁移和流动

2005年以来，老挝流动人口以年轻劳动力为主，男女性别比较均衡。近10年来，老挝人口国际迁移以流出为主。老挝人口的国际迁移和流动主要有两个方面：一个是老挝人口流出，另一个是国外人口流入。总体上，老挝的人口流出要远远多于国外人口流入。由于老挝社会经济严重滞后，人民生活水平低下，而周边泰国、新加坡等国经济较为发达，有较强吸引力，很多老挝人民为了追求更好的生活，离开老挝迁往其他国家。老挝的人口流出主要以劳动力的形式输入周边一些国家，其中输往泰国最多，其次为新加坡、马来西亚、越南和中国等地。由于其受教育水平较低，只能从事一些较为简单的工作，多以出卖劳动力为主。2005年，老挝有7000人生活在国外，占老挝总人口的0.12%。老挝2005年人口普查报告显示，老挝向外流出的人口，其中75%的人返回老挝生活。此外，老挝向外流出的人口中，以年轻人居多，20～30岁的流出人口占总流出人口的70%以上，男女流出的比例约为1∶1。

老挝国际流入人口以官方暂住交流为主。这些流入的人口以外国驻老挝官员、技术人员以及其他高层次人才为主，大多都是因为工作方面的需要才定居在老挝。但随着老挝经济的逐渐开放，老挝政府也鼓励引进更多的科技人才，特别是老挝经济特区的建设，吸引了世界各国的目光，很多外资企业在老挝建设厂房，派遣更多的国外人才进驻老挝。近几年，老挝社会经济的较快发展，使得老挝国内也需要越来越多的劳动力，很多以前出去工作的老挝人民，现在更愿意选择在老挝国内就业，形成了一种人口回流的现象。

2.6 存在的问题与对策建议

2.6.1 存在的问题

老挝人民民主共和国成立 40 余年来，年均人口增加 2.15%，增速位居中南半岛 5 国首位；人口素质有所提高，但尚未形成完整的教育体系；人口结构为年轻型，近年来趋于稳定；人口分布南高北低，主要集中在湄公河河谷及平原地带；老挝国内人口迁移为农村迁往城镇，首都万象是主要迁入地，国际迁移以劳务输出为主，迁入地主要为周边经济较为发达的国家。总体来看，老挝的人口主要存在以下几个方面问题。

第一，老挝人口增长过快，这给当地的资源环境带来了很大压力。老挝从 1976 年的不到 300 万人增加到 2017 年的近 700 万人，40 年间增加了 1 倍多，尤其对一些资源环境承载力较低地区的自然环境带来了很大的压力，很容易造成资源过耗、环境超载和生态破坏。

第二，老挝整体人口素质有待提高，亟须加强初、中等教育体系的建设。老挝人口识字率仍不高，2017 年接受大学教育的学生占国民总数的比重不足 1%，而且近年还呈现波动下降趋势。老挝的教育体系还不完善，尤其是义务教育阶段缺少一贯制的学校，完全小学、中学欠缺，不利于学生的培养。

第三，老挝农村人口流失明显，大城市病日趋严重。老挝人口迁移以从国内农村迁往城镇为主，且大多流入首都万象，这对万象的公共服务设施提出了很高的要求，容易引发“交通拥堵、环境恶化、贫民窟林立”的大城市病。同时老挝的社会经济发展水平不高，国际人口迁移以流出为主，多以劳务输出形式流向周边经济较为发达的国家。

2.6.2 政策建议

老挝人口结构以年轻型为主，近年来社会经济水平发展不断提高，但仍存在人口增长较快、人口素质不高、人口城镇化率不高等问题。针对以上问题，本书提出的政策建议如下。

第一，关注人口快速增长的问题，有序控制人口过快增长。当前老挝人口增长较快，这对当地的资源环境承载力提出了很高的要求。老挝政府应该制定科学的人口增长计划，控制人口过快增长，有效缓解人口增长对资源环境带来的压力。

第二，增加对教育的支出，建立完善的教育体系。当前老挝的教育体系还不完善，教育水平还较低。政府应该大力推进义务教育，加大对公立学校的资金投入，提高小学入学水平，减少人口文盲率。同时增加对大学教育的支出，提高教师教学水平，培养高素质人才，鼓励创新，实施“人才兴国”的战略。

第三，发展第二产业和第三产业，促进城乡协调发展。当前老挝的第一产业占比过高，人口城镇化率较低。老挝政府应该结合本地优势资源着重培育第二产业和第三产业，提高人民收入水平，加快城镇化进程。同时加强其他城市的建设，减少首都万象的人口压力，形成大、中、小城市协调发展的城市化体系。

参考文献

春花. 2018. 老挝城镇化发展研究. 苏州: 苏州大学.
方芸, 马树洪. 2018. 列国志——老挝. 北京: 社会科学文献出版社.
封志明, 李鹏. 2011. 20世纪人口地理学研究进展. 地理科学进展, 30(2): 131-140.
莫慧兰. 2018. 中国与越南在老挝中部直接投资的比较研究. 昆明: 云南大学.
肖池伟, 李鹏, 封志明,等. 2017. 1976～2013年老挝主要农作物种植结构时空演变特征分析. 世界地理研究, 26(6): 31-39.
游珍, 封志明, 雷涯邻,等. 2015. 中国边境地区人口分布的地域特征与国别差异. 人口研究, 39(5): 87-99.
中国人口分布适宜度研究课题组. 2014. 中国人口分布适宜度报告. 北京: 科学出版社.
周东. 2004. 老挝——东南亚唯一的内陆国家. 当代广西, (11): 14-15.

第 3 章　社会经济发展水平及其综合分区

基于统计年鉴和世界银行相关统计数据，融合地理信息数据、遥感监测数据，构建了社会经济发展水平综合评价模型，结合实地考察，基于人类发展水平、城市化水平和交通通达水平三方面（You et al.，2020），从国家尺度到分省水平，对老挝的社会经济发展水平进行了评价。

3.1　人类发展水平

人类发展指数（human development index，HDI）是由联合国开发计划署（United nations development programme，UNDP）在《1990 年人文发展报告》中提出的，用以衡量联合国各成员国经济社会发展水平的指标，是以“预期寿命、教育水平和收入水平”三项基础变量，按照一定的计算方法得出的综合指标。本节从国别尺度，对老挝与中南半岛其余 4 国的人类发展指数进行对比分析，分别讨论老挝教育、医疗与经济近 10 年的变化趋势。

3.1.1　整体水平

老挝人类发展水平增长速度略高于中南半岛 5 国平均水平。由于长期受封建君主制度的束缚以及殖民主义者的剥削和掠夺，老挝居民生活水平普遍较低，国民生活水平处于温饱型状态，还有约三分之一的人口处于温饱型以下，2017 年老挝人类发展指数为 0.60，全球排名 139，在中南半岛 5 国中排名第三，低于泰国和越南。2017 年中南半岛 5 国平均人类发展指数为 0.64，比 1990 年增长了 0.21，年均增长率为 1.77%，1990～2017 年老挝人类发展指数增长了 0.20，年均增长率高于中南半岛 5 国平均水平 0.09 个百分点，且高于泰国和越南。

1990～2017 年中南半岛 5 国人类发展指数保持稳定增长。根据时间变化，可将其划分为三个阶段：第一阶段是 1990～1999 年，5 国平均人类发展指数由 1990 年的 0.43 增长至 1999 年的 0.50，年均增长率为 1.69%。在此阶段，老挝的人类发展指数由 1990 年的 0.40 增长至 1999 年的 0.46，年均增长率为 1.57%，低于 5 国平均水平 0.12 个百分点。第二阶段是 2000～2009 年，5 国平均人类发展指数由 2000 年的 0.51 增长至 2009 年的 0.59，年均增长率为 1.63%。在此阶段，老挝的人类发展指数由 2000 年的 0.47 增长至 2009 年的 0.54，年均增长率为 1.55%，低于 5 国平均水平 0.08 个百分点。第三阶段是 2010～2017 年，5 国平均人类发展指数由 2010 年的 0.60 增长至 2017 年的 0.64，年均增长率为 0.93%。在此阶段，老挝的人类发展指数由 2010 年的 0.55 增长至 2017 年的 0.60，年均增长率为 1.25%，高于 5 国平均水平 0.32 个百分点（图 3.1）。

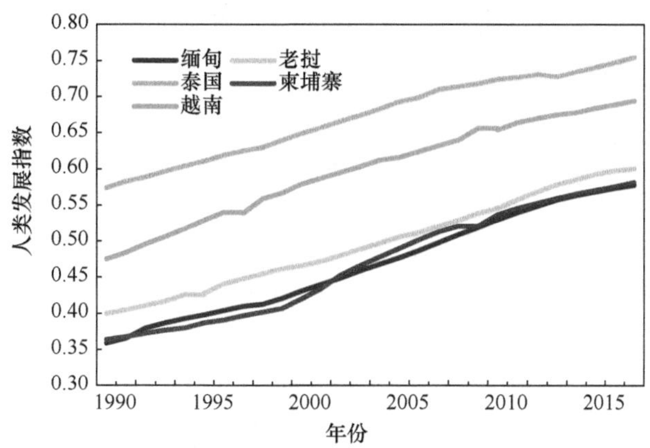

图 3.1　老挝 1990～2017 年人类发展指数变化趋势

数据来源：联合国开发计划署

3.1.2　分项评价

1. 老挝普通教育师生比稳定增长，大学教育师生比波动较大

老挝在历史上曾是东南亚地区文化程度较高的国家之一，但法国殖民者入侵，实行的愚民政策和奴化教育严重降低了老挝人民的文化程度，这也导致了老挝的文盲占全国人口的 95%以上。自老挝人民民主共和国成立后，政府就对国民的文化程度十分关注，贯彻“让教育先行一步”的方针，使四种教育，即幼儿教育、普通教育、职业教育和大学教育同时进行，旨在全面提高老挝国民的文化程度。

2004～2017 年老挝普通教育师生比由 2004 年的 3.2 增长至 2017 年的 5.0，年均增长率为 3.49%。大学教育师生比由 2004 年的 7.0 增长至 2017 年的 10.1，年均增长率为 2.86%，其波动幅度较大，主要是由于 2004 年大学生较少，所以师生比较高，而随着国民对教育重视程度的提高，大学生的数量有所增加，但与此同时，教师的增长速度较慢，因此，大学教育师生比呈先降后升的趋势。

根据时间变化，可将其划分为两个阶段：第一阶段是 2004～2010 年，老挝普通教育师生比由 2004 年的 3.2 增长至 2010 年的 3.9，年均增长率为 3.35%；大学教育师生比由 2004 年的 7.0 减少至 2010 年的 4.1，年均变化率为–8.53%。第二阶段是 2011～2017 年，老挝普通教育师生比由 2011 年的 4.2 增长至 2017 年的 5.0，年均增长率为 2.95%；大学教育师生比由 2011 年的 4.6 增长至 2017 年的 10.1，年均增长率为 14.01%（表 3.1）。

2. 老挝每万人床位数变化幅度较大，近几年呈稳定增长趋势

老挝气候常年温热，为病媒、昆虫的滋生和病原微生物的繁殖提供了有利条件，加之其卫生条件较差，导致流行疾病较多，如疟疾、流感、鼠疫和麻风病等（沈镭等，2020）。自老挝人民民主共和国成立后，政府对医疗卫生工作十分重视，在整顿和逐步完善原有医院和医疗卫生机构的同时，建立了一批新的医院和其他医疗卫生设施，培养了一批医护人员。截至 2017 年底，全国医务人员有 2.04 万人、疾病预防网点 6397 个，拥有病床总数 11070 张。

近十几年来，老挝医疗卫生事业发展较快，国家职工和普通居民均享受免费医疗。2005～2017 年，老挝由 2005 年的每万人 12 个床位数增加至 2017 年的每万人 16 个床位数，年均增长率为 2.43%。根据变化趋势，可将其划分为三个阶段：第一阶段是 2005～2009 年，老挝由 2005 年的每万人 12 个床位数减少至 2009 年的每万人 10 个床位数，年均变化率为–4.46%。第二阶段是 2010～2012 年，老挝由 2010 年的每万人 11 个床位数增加至 2012 年的每万人 15 个床位数，年均增长率为 16.77%。第三阶段是 2013～2017 年，老挝由 2013 年的每万人 11 个床位数增加至 2017 年的每万人 16 个床位数，年均增长率为 11.36%。值得一提的是，2008～2009 年和 2012～2013 年，每万人床位数急剧减少，其主要原因是老挝卫生部对医疗卫生安全的管理力度在该时间段内有所增强，部分医疗机构因违反医疗健康管理法规而被关停，每万人床位数也随之减少（表 3.1）。

表 3.1　老挝 2004～2017 年师生比和每万人床位数变化情况

年份	师生比/%		每万人床位数/个
	普通教育	大学教育	
2004	3.2	7.0	—
2005	3.3	4.6	12
2006	3.3	4.5	12
2007	3.5	3.7	12
2008	3.6	3.4	12
2009	3.5	4.6	10
2010	3.9	4.1	11
2011	4.2	4.6	13
2012	4.4	6.0	15
2013	4.5	10.5	11
2014	4.8	10.9	11
2015	4.7	10.0	12
2016	4.9	9.7	12
2017	5.0	10.1	16

数据来源：《老挝统计年鉴（2005—2018）》。

3. 老挝近几年经济发展较快，人均 GDP 呈稳定增长趋势

老挝地处内陆，无出海口，地形崎岖，交通不便（沈镭等，2020）；产业依然以农业为主，工业基础薄弱，经济增长缓慢，是亚洲最贫穷的国家之一。21 世纪，老挝开始积极促进国内商业的发展，尤其以经济走廊、经济特区和经济专区为主要龙头，大力引进外资，使得老挝经济近些年呈持续增长趋势。

2000～2017 年，老挝人均国内生产总值（gross domestic product，GDP）由 2000 年的 335（US$）增加至 2017 年的 2468（US$）（约为同时期中国人均 GDP 的四分之一），年均增长率为 18.11%。根据时间变化，可将其划分为两个阶段：第一阶段是 2000～2009 年，老挝人均 GDP 由 2000 年的 335（US$）增加至 2009 年的 914（US$），年均增长率为 11.80%。第二阶段是 2010～2017 年，老挝人均 GDP 由 2010 年的 1077（US$）增加至 2017 年的 2468（US$），年均增长率为 12.58%（图 3.2）。

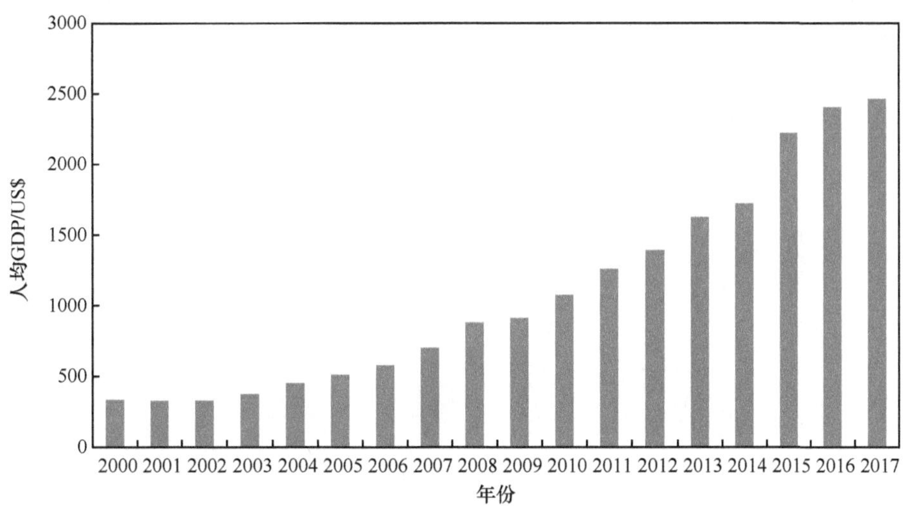

图 3.2　老挝 2000～2017 年人均 GDP 变化情况

数据来源：《老挝统计年鉴（2001—2018）》

3.2　交通通达水平

交通通达指数（transportation accessibility index，TAI）是交通便捷指数和交通密度指数的综合表征，本节交通通达水平用交通通达指数来量化表达（You et al.，2019）。作为中南半岛上唯一的内陆国，老挝交通运输业经过长时间发展仍然比较落后，主要依靠公路进行运输，从中老边境的磨丁口岸到老挝南方的占巴塞，全长 1400 余千米的 13 号公路贯穿了老挝全境，而铁路运输几乎可以忽略不计。据统计，老挝陆路客运量约占全国客运总量的 90%以上。本节从国别尺度将老挝与中南半岛其余 4 国的交通便捷度和交通密度进行对比分析，在此基础上，测度了老挝分省的交通通达度并进行了分级评价。

3.2.1 整体水平

1. 老挝交通通达度在中南半岛5国最低

老挝的交通运输主要依靠公路，其次是内河航运，再次是航空和畜力。自老挝人民民主共和国成立以来，共兴建了公路5700余千米，修整和扩建了公路11200余千米，兴建了公路桥400余座，桥面总长16余千米。湄公河连接了老挝上寮、中寮、下寮三大区，此外，南塔江、南乌河、南坎江、南俄河、南通河、色邦非河等也是运输的重要交通线。即便如此，与中南半岛其余4国相比，老挝交通通达度很低。

从交通通达指数来看，中南半岛5国平均归一化交通通达指数为0.73，其中，老挝归一化交通通达指数最低，主要原因是老挝缺少铁路和大型靠海港口，而泰国归一化交通通达指数最高，高于5国平均水平0.27（图3.3）。

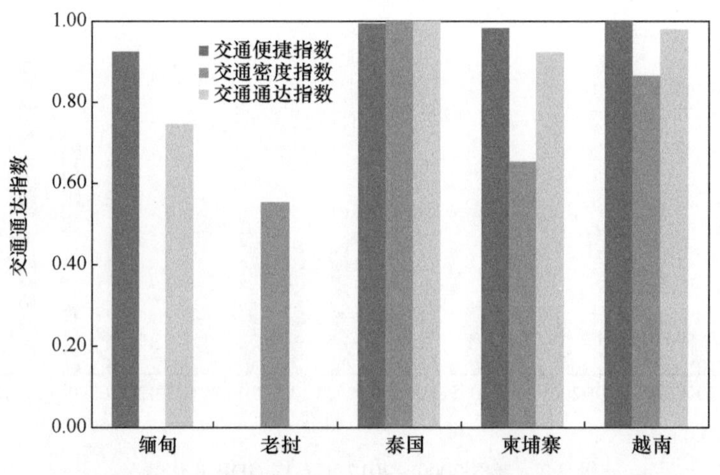

图3.3　老挝交通通达指数构成及其与中南半岛国家对比图

2. 老挝交通便捷度在中南半岛5国最低

中南半岛5国的平均归一化交通便捷指数为0.78，其中，老挝归一化交通便捷指数最低，主要原因是老挝境内缺乏铁路运输，内河流域的河道险滩使水上运输受限。泰国和越南归一化交通便捷指数最高，高于5国平均水平0.22。

具体而言，老挝的铁路和港口便捷指数明显低于中南半岛其余国家，分别低于5国平均水平0.78和0.67，是交通便捷水平中的短板因素。相反，老挝的机场数量相对较多，因此机场便捷指数最高，高于5国平均水平0.54，且远高于越南的机场便捷指数。此外，老挝以公路运输为主，因此道路便捷指数也较高，与5国平均水平相比高出0.17，分别高于缅甸和泰国（图3.4）。

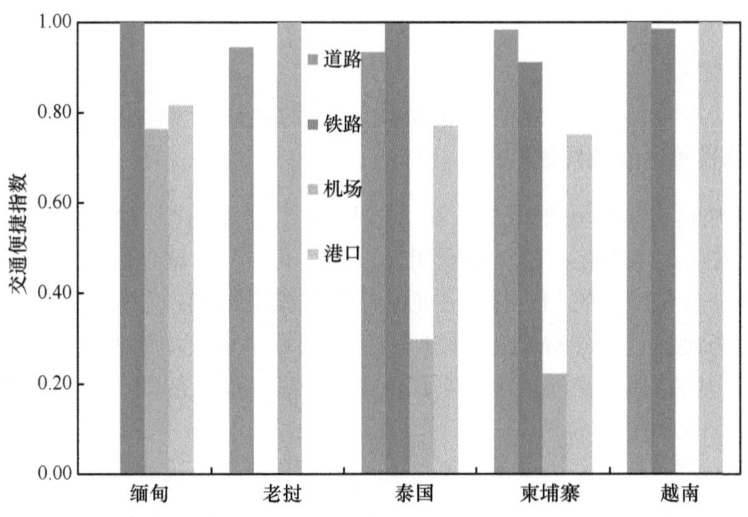

图 3.4　老挝交通便捷指数构成及其与中南半岛国家对比图

3. 老挝道路和水路占主导地位

交通密度指数综合了道路密度指数、铁路密度指数和水路密度指数。中南半岛 5 国平均归一化交通密度指数为 0.61，其中，老挝归一化交通密度指数为 0.55，泰国归一化交通密度指数最高，高于 5 国平均水平 0.39。

具体而言，老挝归一化水路密度指数最高，高于 5 国平均水平 0.47。相反，由于老挝境内铁路交通缺乏，因此其归一化铁路密度指数最低，远低于 5 国平均水平 0.55。此外，值得注意的是，老挝交通运输虽然主要依靠公路，但是由于部分地区还没有通公路，而且现有公路养护不力、新公路建设缓慢，因此其归一化道路密度指数并不高，仅为 0.35，低于 5 国平均水平 0.10，且远低于越南归一化道路密度指数（图 3.5）。

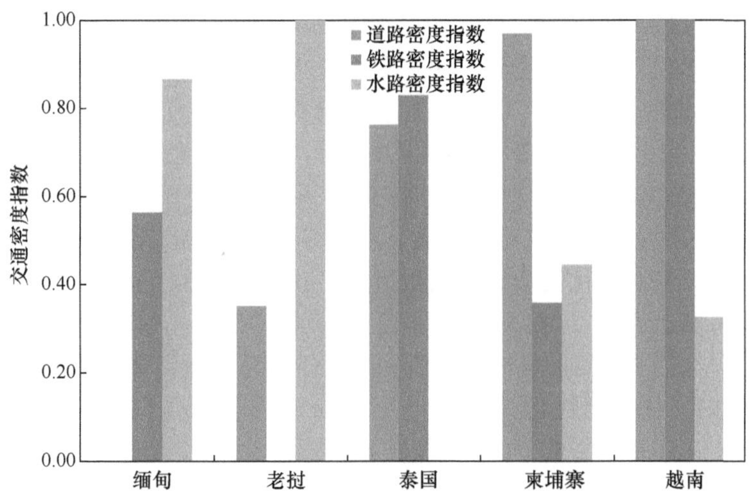

图 3.5　老挝交通密度指数构成及其与中南半岛国家对比图

3.2.2 分省格局

1. 老挝分省通达度差异性较大

老挝交通通达度整体水平很低，在分省尺度上的归一化交通通达指数全国均值为0.36，分省交通通达水平存在明显的空间聚集性。其中，上寮地区总体的交通通达水平普遍很低，在分省尺度上的归一化交通通达指数均值为0.23；中寮地区总体的交通通达水平略高于上寮地区，在分省尺度上的归一化交通通达指数均值为0.31，低于全国平均水平；而下寮地区总体的交通通达水平最高，在分省尺度上的归一化交通通达指数均值为0.67，远高于全国平均水平。

具体来说，老挝交通通达水平最高的是万象市，高于全国平均值0.64。其次是塞公省、占巴塞省和沙拉湾省，归一化交通通达指数分别为0.87、0.78和0.62，三省均位于老挝南部，道路较为密集，交通设施比较完善。琅南塔省、沙耶武里省、阿速坡省、博胶省、沙湾拿吉省和川圹省的归一化交通通达指数在0.31～0.42，与全国平均水平接近。其中，琅南塔省是老挝北部通往中国的主要贸易口岸，南塔河绕城而过，而沙耶武里省东界湄公河，西邻泰国，水路较为发达。波里坎塞省、华潘省、乌多姆赛省和赛宋本省的归一化交通通达指数则均在0.08以下，远低于全国平均水平，其中，华潘省和乌多姆赛省位于老挝东北部，地势较高，不利于交通设施的建设，而赛宋本省由于水路较少，因此交通通达水平最低（图3.6）。

2. 老挝分省交通通达水平差异大，交通通达水平较高的区域面积不到二成

根据分省归一化交通通达指数，将老挝分成交通通达低水平区域、交通通达中水平区域和交通通达中高水平区域。总体来说，交通通达低水平区域集中在上寮地区，而交通通达中高水平区域主要分布在下寮地区（图3.7）。

具体来说，处于交通通达低水平区域的省有7个，分别为赛宋本省、乌多姆赛省、华潘省、波里坎塞省、丰沙里省、琅勃拉邦省和万象省，其归一化交通通达指数值低于0.22，占地面积为10.30万km^2，占比为43.50%，人口总计198.50万人，占总人口的30.58%，人口密度为19.27人/km^2。处于交通通达中水平区域的省份也有7个，分别为甘蒙省、川圹省、沙湾拿吉省、博胶省、阿速坡省、沙耶武里省和琅南塔省，其归一化交通通达指数值介于0.22～0.50，占地面积为9.62万km^2，占比为40.63%，人口总计248.20万人，占总人口的38.23%，人口密度为25.80人/km^2。仅4个省（市）处于交通通达中高水平区域，分别为沙拉湾省、占巴塞省、塞公省和万象市，其归一化交通通达指数值介于0.50～1，占地面积为3.76万km^2，占比为15.87%，人口总计202.50万人，占总人口的31.19%，人口密度为53.86人/km^2（表3.2）。

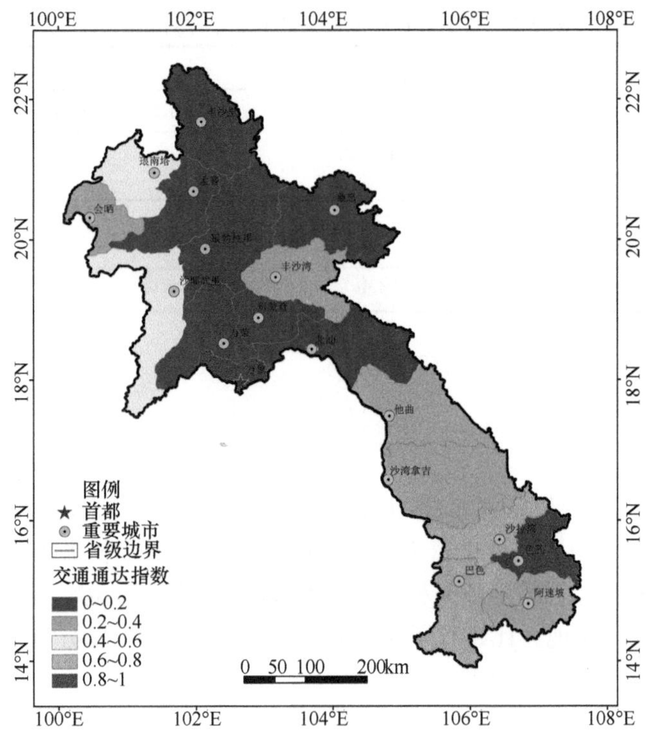

图 3.6　基于分省尺度的归一化交通通达指数分布图

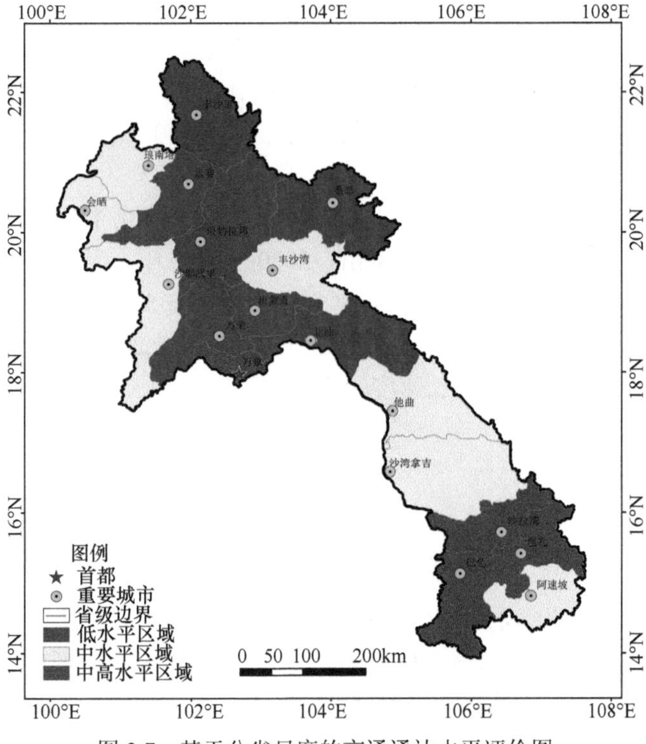

图 3.7　基于分省尺度的交通通达水平评价图

表 3.2 基于分省尺度的交通通达水平评价统计

交通通达水平分区	省（市）	数量/个	土地		人口	
			面积/万 km²	占比/%	总量/万人	占比/%
低水平区域	赛宋本省、乌多姆赛省、华潘省、波里坎塞省、丰沙里省、琅勃拉邦省、万象省	7	10.30	43.50	198.50	30.58
中水平区域	甘蒙省、川圹省、沙湾拿吉省、博胶省、阿速坡省、沙耶武里省、琅南塔省	7	9.62	40.63	248.20	38.23
中高水平区域	沙拉湾省、占巴塞省、塞公省、万象市	4	3.76	15.87	202.50	31.19

3.3 城市化发展水平

本书城市化发展水平是人口城市化率和土地城市化率的综合表征，通过城市化指数（urbanization index，UI）来量化表达（You et al.，2020）。老挝城市化水平整体很低，境内 80%为山地和高原，且多被森林覆盖。本节从国别尺度，将老挝与中南半岛其余 4 国的城市人口和城市用地占比进行了对比分析，在此基础上，以分省为基本单元，对老挝分省的城市化水平进行了分级评价。

3.3.1 整体水平

整体来看，中南半岛 5 国城市化率普遍偏低，老挝归一化城市化指数低于 5 国平均水平。2015 年 5 国平均归一化城市化指数为 0.44，其中，老挝归一化城市化指数为 0.40，略低于 5 国平均水平，泰国归一化城市化指数最高，高于 5 国平均水平 0.54，而柬埔寨归一化城市化指数最低。

具体分项指数来说，与 2000 年相比，2015 年老挝和中南半岛 5 国人口城市化率均值分别增长了 11.13%和 8.66%。可以看出，2000～2015 年，老挝的人口城市化率增长速度显著高于中南半岛 5 国均值。2015 年老挝和中南半岛 5 国平均的土地城市化率分别为 0.07%和 0.45%，与 2000 年相比，分别增长了 0.05%和 0.29%。由此可以看出，2000～2015 年，老挝的土地城市化率增长速度较快。

3.3.2 分省格局

1. 除万象市人口城市化率高外，其他分省城市人口大多不到二成

老挝整体人口城市化率水平很低，其中上寮地区的城市人口所占比重最低，人口城市化率仅为 6.04%；中寮地区总体的城市人口所占比重最高，人口城市化率达到 16.95%；下寮地区的城市人口所占比重略高于上寮地区，人口城市化率为 8.27%。

分省尺度上老挝的人口城市化水平差距明显，仅万象市的城市人口所占比重高，为 37.90%，阿速坡省次之，为 20.77%，而其他分省的人口城市化率均低于 12%。万象市由于经济发展水平高，因而人口城市化水平最高。阿速坡地区是老挝东南部边陲重镇，位于湄公河上游盆地中心，因此人口城市化水平也较高。而赛宋本省、乌多姆赛省、沙拉湾省、华潘省和丰沙里省的城市人口所占比重均低于 5%，人口城市化水平很低。

2. 老挝分省城市土地比重较小但增长显著

老挝上寮地区 2015 年平均土地城市化率为 0.02%，与 2000 年相比，增长了 0.01%，年均增长率为 41.72%。中寮地区 2015 年平均土地城市化率为 0.14%，与 2000 年相比，增长了 0.10%，年均增长率为 46.54%。下寮地区 2015 年平均土地城市化率为 0.04%，与 2000 年相比，增长了 0.02%，年均增长率为 39.64%。

2015 年老挝土地城市化率最高的地区是万象市，为 2.71%，该市南部地区城市用地分布较为密集；其次是占巴塞省和沙湾拿吉省，两者的土地城市化率分别为 0.10%和 0.08%，占巴塞省曾是老挝王国的首都，旅游业发展较好。此外，琅勃拉邦省的城市土地占比也较高，该省省会琅勃拉邦是老挝著名的古都和佛教中心，城市用地相对密集。而其他分省的土地城市化率均在 0.04%以下，其中赛宋本省、阿速坡省、塞公省、川圹省、沙拉湾省和华潘省的土地城市化率低于 0.01%。与 2000 年相比，有 8 个分省的土地城市化率增长超过 0.01%，其中万象市的城市土地比重增长最多，为 1.86%；而阿速坡省、赛宋本省、川圹省、塞公省和华潘省的土地城市化率基本不变。

3. 老挝分省城市化水平地域差异大，万象市城市化水平最高

将人口城市化率和土地城市化率进行加权求和，可以得出城市化指数，用以反映老挝的城市化综合水平。老挝城市化水平整体很低，在分省尺度上的归一化城市化指数全国均值为 0.16，分省城市化水平存在明显的地域差异性和空间聚集性，北部地区城市化总体水平较南部地区低。上寮地区的城市化水平普遍很低，在分省尺度上的归一化城市化指数均值为 0.06，不到全国平均水平的二分之一。中寮地区总体的城市化水平最高，在分省尺度上的归一化城市化指数均值为 0.26，是全国平均水平的 1.6 倍。下寮地区的城市化总体水平较上寮地区高，但低于中寮地区，在分省尺度上的归一化城市化指数均值为 0.15，略低于全国平均水平。

具体来说，万象市的城市化水平最高，其次是阿速坡省和赛宋本省，分别为 0.28 和 0.23，其余分省的归一化城市化指数都低于 0.2。华潘省和川圹省城市化水平最低，其主要原因是老挝东部地区海拔较高，人口稀疏，城市用地占比较少（图 3.8）。

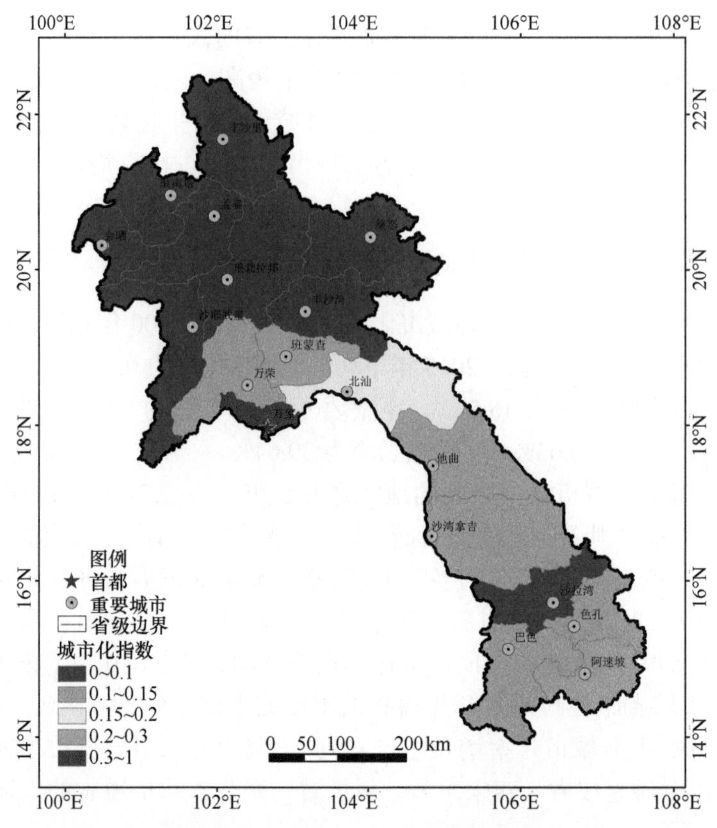

图 3.8　基于分省尺度的归一化城市化指数分布图

4. 老挝分省城市化水平差异大，城市化中高水平区域面积不到一成

根据分省归一化城市化指数，将老挝分成城市化低水平区域、城市化中水平区域和城市化中高水平区域。总体来说，城市化低水平区域集中在上寮地区，而城市化水平较高区域集中分布在万象市和阿速坡省，与此同时，大部分地区属于城市化中水平区域（图 3.9）。

具体来说，处于城市化低水平区域的分省单元有 3 个，分别为华潘省、丰沙里省和川圹省，其归一化城市化指数值低于 0.05，占地面积为 4.87 万 km^2，占比为 20.57%，人口总计 71.20 万人，占总人口的 10.97%，人口密度为 14.62 人/km^2。处于城市化中水平区域的分省单元有 13 个，分别为博胶省、波里坎塞省、占巴塞省、甘蒙省、琅南塔省、琅勃拉邦省、乌多姆赛省、沙拉湾省、沙湾拿吉省、万象省、沙耶武里省、赛宋本省和塞公省，其归一化城市化指数值介于 0.05～0.26，占地面积为 17.39 万 km^2，占比为 73.44%，人口总计 482 万人，占总人口的 74.24%，人口密度为 27.70 人/km^2。阿速坡省和万象市处于城市化中高水平区域，其归一化城市化指数值介于 0.26～1，占地面积为 1.42 万 km^2，占比为 5.99%，人口总计 96 万人，占总人口的 14.79%，人口密度为 67.61 人/km^2（表 3.3）。

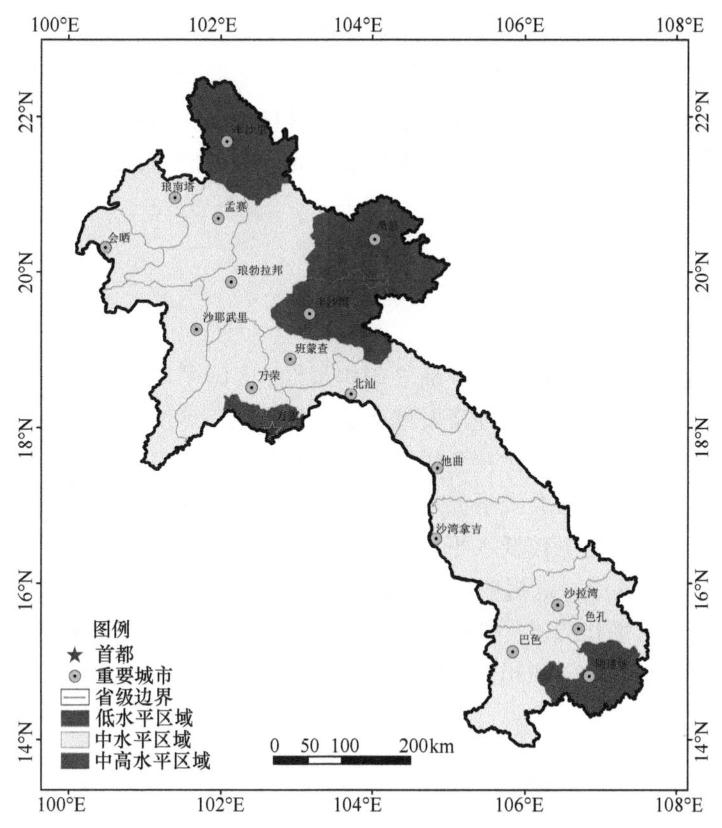

图 3.9　基于分省尺度的城市化水平评价图

表 3.3　基于分省尺度的城市化水平分区评价

城市化水平分区	省（市）	数量/个	土地		人口	
			面积/万 km^2	占比/%	总量/万人	占比/%
低水平区域	华潘省、丰沙里省、川圹省	3	4.87	20.57	71.20	10.97
中水平区域	博胶省、波里坎塞省、占巴塞省、甘蒙省、琅南塔省、琅勃拉邦省、乌多姆赛省、沙拉湾省、沙湾拿吉省、万象省、沙耶武里省、赛宋本省、塞公省	13	17.39	73.44	482	74.24
中高水平区域	阿速坡省、万象市	2	1.42	5.99	96	14.79

3.4　社会经济发展综合水平

社会经济发展综合水平用社会经济发展指数来衡量。社会经济发展指数是根据人类发展水平、交通通达水平和城市化水平三项基础变量得出的综合性指数（You et al., 2020）。总体而言，老挝经济发展落后，以农业为主，工业基础薄弱（肖池伟等，2019）。虽然自 1986 年起推行革新开放后，老挝政府提出了调整经济结构的相关政策，即农林业、工业和服务业相结合，对外实行开放，扩大对外经济关系，争取引进更多的资金、先进技术和管理方式，但与其他国家相比，老挝仍属于社会经济落后地区，且内部发展不均衡，两极分化严重。本节从国别尺度，将老挝与中南半岛其他 4 国的社会经济水平进行了对比分析，在此基础上，以分省为基本单元，对老挝分省的社会经济水平进行了分级评价。

3.4.1 整体水平

老挝社会经济发展水平在中南半岛 5 国中最低。5 国平均归一化社会经济发展指数为 0.47。其中，老挝归一化社会经济发展指数最低，且三个分项指数均处于较低水平，发展均衡度较低，而泰国归一化社会经济发展指数最高。

对比中南半岛 5 国的社会经济分项指数的均衡度，具体而言，5 国平均归一化人类发展指数为 0.36，老挝处于较低水平，为 0.14，高于柬埔寨和缅甸。5 国平均归一化交通通达指数为 0.73，其中，老挝归一化交通通达指数最低，泰国归一化交通通达指数最高，高于 5 国平均水平 0.27。5 国平均归一化城市化指数为 0.44，其中，老挝归一化城市化指数为 0.40，低于泰国和越南（图 3.10）。

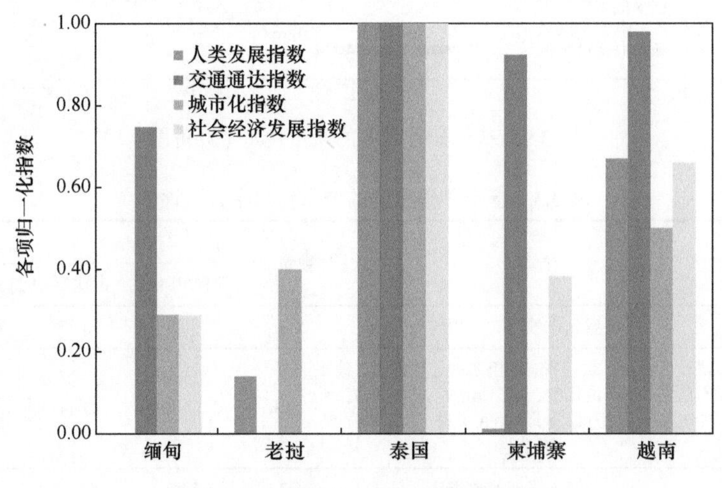

图 3.10　5 国归一化各项指数比较

3.4.2 综合分区

老挝整体社会经济水平较低，在分省尺度上的归一化社会经济发展指数全国均值为 0.09。老挝社会经济发展水平差异较大，南部社会经济总体水平高于北部地区。从分区上看，上寮地区的社会经济水平普遍较低，在分省尺度上的归一化社会经济发展指数均值为 0.02，远低于全国平均水平。中寮地区总体的社会经济水平较上寮地区高，在分省尺度上的归一化社会经济发展指数均值为 0.16。由于下寮地区的交通设施相对完善，南部社会经济总体水平相对较高，在分省尺度上的归一化社会经济发展指数均值为 0.09。

根据归一化社会经济发展指数，本节将老挝分省的经济发展状况分为了四个等级：社会经济发展低水平区域（I）、社会经济发展中低水平区域（II）、社会经济发展中水平区域（III）、社会经济发展中高水平区域（IV）（图 3.11）。

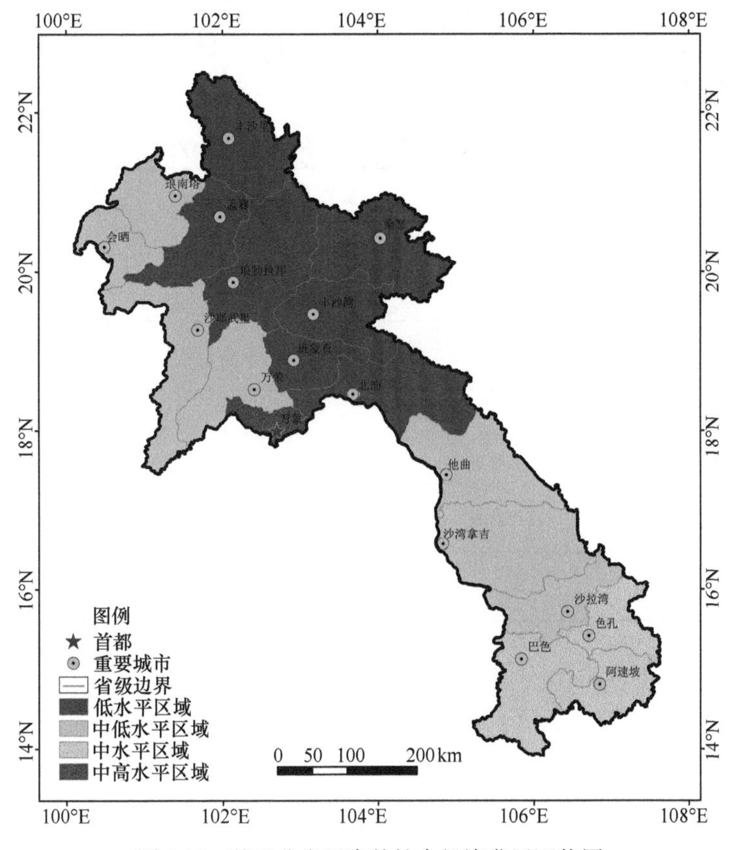

图 3.11　基于分省尺度的社会经济发展评价图

社会经济发展低水平区域（I）有 7 个省，占地面积为 10.04 万 km^2，面积占比为 42.40%，人口总计 181.10 万人，占总人口的 27.89%，人口密度为 18.04 人/km^2。其中波里坎塞省、乌多姆赛省、赛宋本省受交通水平限制（I1），归一化交通通达指数均值为 0.04，接近全国平均水平的十分之一。该类地区占地面积为 3.48 万 km^2，面积占比为 14.70%，人口总量为 66.70 万人，人口占比为 10.27%，人口密度为 19.17 人/km^2。华潘省、琅勃拉邦省、丰沙里省、川圹省受城市化水平限制（I2），归一化城市化指数均值为 0.04，接近全国平均水平的四分之一。该类地区占地面积为 6.56 万 km^2，面积占比为 27.70%，人口总量为 114.4 万人，人口占比为 17.62%，人口密度为 17.44 人/km^2。

社会经济发展中低水平区域（II）有 7 个省份，包含博胶省、甘蒙省、琅南塔省、沙拉湾省、沙湾拿吉省、万象省、沙耶武里省，均受城市化水平限制，归一化城市化指数均值为 0.11，接近全国平均水平的三分之二。该类地区占地面积为 9.91 万 km^2，面积占比为 41.85%，人口总计 291.4 万人，占总人口的 44.89%，人口密度为 29.40 人/km^2。阿速坡省、占巴塞省和塞公省由于交通设施相对完善，属于社会经济发展中水平区域（III），受城市化水平限制，归一化城市化指数均值为 0.17，略高于全国平均水平。该类地区占地面积为 3.34 万 km^2，面积占比为 14.10%，人口总计 94.60 万人，占总人口的 14.57%，人口密度为 28.32 人/km^2。仅万象市属于社会经济发展中高水平区域（IV），人口密度高达 210.51 人/km^2（表 3.4）。

表 3.4　基于分省尺度的社会经济发展评价

分区	分类	省（市）	数量/个	面积		人口	
				总量/万 km^2	占比/%	总量/万人	占比/%
低水平区域（I）	交通通达限制型（I1）	波里坎塞省、乌多姆赛省、赛宋本省	3	3.48	14.70	66.70	10.27
	城市化限制型（I2）	华潘省、琅勃拉邦省、丰沙里省、川圹省	4	6.56	27.70	114.4	17.62
中低水平区域（II）	城市化限制型（II2）	博胶省、甘蒙省、琅南塔省、沙拉湾省、沙湾拿吉省、万象省、沙耶武里省	7	9.91	41.85	291.4	44.89
中水平区域（III）	城市化限制型(III2)	阿速坡省、占巴塞省、塞公省	3	3.34	14.10	94.6	14.57
中高水平区域（IV）	相对平衡	万象市	1	0.39	1.65	82.1	12.65

3.5　存在的问题与对策建议

3.5.1　存在的问题

受到多种因素的综合影响，老挝的社会经济发展水平较为滞后。老挝地处内陆，交通相对闭塞，对外沟通交流受到抑制，难以在全球化产业链中占据重要位置。此外，老挝教育医疗体系相对落后，城市化水平低下对全国工业化水平带动作用有限。其中，最突出的问题有如下几个方面。

第一，高素质劳动力缺乏，人类发展水平相对落后。与周边国家相比，老挝劳动力素质较低，用于研究开发的财政预算匮乏。数据表明，近年来老挝的大学师生比增长缓慢，需要加大对大学教育的投入，以此为经济发展输送高质量人才。而已有的发达工业国的经验表明，经济社会的高质量发展主要依靠科技进步带来的高附加值产品，而老挝当前的科技水平亟待提升。

第二，交通基础设施建设薄弱，难以满足社会经济发展的需求。老挝目前还没有铁路，公路密度也比较低，飞机、机场、航线较少，空运能力较弱。其主要依赖水运，导致物流缓慢，信息阻隔，区域闭塞，发展缓慢。

第三，城市化水平低下，工业化程度低。老挝城市化水平的区域差异性较大，存在明显的空间聚集特征，高城市化水平区域集中在万象市，对全国工业的拉动作用较弱。老挝的工业基础薄弱，产业以农业和劳动密集型产业为主，处于全球产业链的低端，产业附加值低，人均收入水平不高，当前仍为世界银行划分的低收入国家，人民的消费能力有限，创新能力较弱，产业升级动力不足。

3.5.2　政策建议

2021 年，老挝政府制定了第九个五年规划新目标：2021～2025 年的 5 年时间里，老挝国民社会经济发展将关注六大目标，包括维持经济高质量、稳定和可持续增长，培训适应发展需要的人才，提高人民生活水平，满足环保要求、减少自然灾害，加强基础设施建设并高效利用、发挥优势增进区域和国际合作，提高行政管理、国家治理效率。基于此，本章结合老挝社会经济发展现状提出了以下建议。

第一，高度重视科技创新能力的提升，注重培养高素质人才。高素质劳动力是社会经济发展的不竭动力，高度重视高等教育，为经济建设培养人才，提高劳动人口素质。吸引和重用有知识、有能力的人才，实现决策科学化、技术自主化。

第二，加强城市建设，发挥城市对工业的拉动作用。老挝应该发展和完善城市基础设施，积极吸引投资，发挥城市对工业和人口的集聚功能。积极引进外国先进的技术，加强与国际的交流合作（陈艳华等，2019）。同时，重视发展高新技术产业，提高老挝产品的科技含量，提升老挝工农业产品的附加值，兴建劳动密集型产业，为老挝本国人民提供更多的就业岗位（郑一省等，2012）。

第三，加强基础设施建设，积极发展旅游业。加大对基础设施的投入水平，尤其是提高公路和铁路在老挝交通运输中的比重，积极开展与国外资金的合作，加快基础设施建设步伐，为老挝社会经济发展提供支撑。另外，利用老挝丰富的旅游资源，大力发展老挝的旅游观光业，加大老挝旅游的宣传力度，提升老挝旅游在国际上的知名度，吸引更多的国外游客在老挝旅游观光（方志斌，2019）。

参 考 文 献

陈艳华, 张虹鸥, 黄耿志,等. 2019. 中国–老挝境外经贸合作区的发展模式与启示——以万象赛色塔综合开发区为例. 热带地理, 39(6): 844-854.

方志斌. 2019. 中国–中南半岛经济走廊建设的发展现状、挑战与路径选择. 亚太经济, (6): 21-25, 144.

沈镭, 钟帅, 姜鲁光,等. 2020. 中老资源环境研究合作. 人与生物圈, (3): 60-62.

肖池伟, 饶滴滴, 刘怡媛,等. 2019. 地缘经济合作背景下的中国磨憨–老挝磨丁口岸地区建设用地扩张. 地球信息科学学报, 21(10): 1576-1585.

郑一省, 王建坤. 2012. 老挝经济发展及其与中国的经贸合作. 亚太经济, (5): 106-110.

You Z, Shi H, Feng Z M, et al. 2019. Numeriacal simulation and spatial distribution of transportation accessibilit in the regions involved in the Belt and Road Initiative. Sustainability, 6187(11): 1-14.

You Z, Shi H, Feng Z M, et al. 2020. Creation and validation of a socioeconomic development index: A casc study on the countries in the Belt and Road Initiative. Journal of Cleaner Production, 258: 120634.

第 4 章　人居环境适宜性评价与适宜性分区

老挝人居环境适宜性评价与适宜性分区，是在基于地形起伏度（relief degree of land surface，RDLS）的地形适宜性评价、基于温湿指数（temperature humidity index，THI）的气候适宜性评价（suitability assessment of climate，SAC）、基于水文指数的水文适宜性评价、基于地被指数（land cover index）的地被适宜性评价四个单要素自然适宜性评价的基础上，利用地形起伏度、温湿指数、水文指数、地被指数加权构建人居环境指数（human settlements index，HSI），同时根据地形适宜性、气候适宜性、水文适宜性与地被适宜性四个单要素自然适宜性分区评价结果进行因子组合，基于人居环境指数与因子组合相结合的方法完成老挝人居环境适宜性评价。人居环境适宜性评价是开展区域资源环境承载力的基础评价，旨在摸清区域资源环境的承载“底线”。

4.1　地形起伏度与地形适宜性

地形适宜性（suitability assessment of topography，SAT）是人居环境自然适宜性评价的基础与核心内容之一，其着重探讨一个区域地形地貌特征对该区域人类生活、生产与发展的影响与制约。地形起伏度，又称地表起伏度，是对区域海拔和地表切割程度的综合表征（封志明等，2007，2020）。作为影响区域人口分布的重要因素之一，本章将其纳入老挝人居环境地形适宜性评价体系。采用全球数字高程模型数据（ASTER GDEM，http://reverb.echo.nasa.gov/reverb/）构建人居环境地形适宜性评价模型，利用 ArcGIS 空间分析等方法（孙小舟等，2015），提取老挝 1km×1km 栅格大小的地形起伏度，并从海拔、高差与平地等方面开展老挝人居环境地形适宜性评价与适宜性分区研究。

4.1.1　概况

RDLS 试图定量刻画区域地形地貌特征，可以通过海拔、相对高差和平地比例等基础地理数据来定量表达。研究获取了老挝的平均海拔、相对高差与平地及其空间分布状况，为地形起伏度分析研究提供了基础。

（1）老挝山地广布，地势北高南低，平均海拔为 663m。海拔 1000m 以下地区面积约占 80%，其中，500m 以下地区面积占比达 70%以上，主要沿湄公河一线呈带状分布，以中寮的万象市、波里坎塞省、沙湾拿吉省以及下寮的占巴塞省等地区为主，在南乌江、南森河、南塔河等湄公河支流的沿线河谷地区也有一定分布，主要集聚在上寮的博胶省、沙耶武里省和琅南塔省等区域。海拔 500～800m 的地区面积约占 1/4，呈分散分布，以上寮的沙耶武里省、丰沙里省，以及中寮的甘蒙省东部、波里坎塞东部和万象省北部为主，下寮的塞公省和沙拉湾省两省交界处也有零星分布。

（2）基于平地（相对高差小于 30m 的区域）统计分析，老挝平地仅占 4.27%，空间上以下寮和中寮为主，主要分布在万象平原的万象市和沙湾拉吉平原的沙湾拿吉省，以及沙湾拿吉与甘蒙交界地区和占巴塞平原的占巴塞等区域，2015 年其人口数量约占全境的 1/8。

4.1.2 地形起伏度

基于老挝 ASTER GDEM 数据以及海拔、高差与平地等，采用窗口分析法与条件函数等空间分析方法，对老挝的 RDLS 进行提取分析。

（1）老挝地形起伏度以低值为主，平均地形起伏度为 1.45，地形起伏度介于 0.11～4.78，地域差异较大。地形起伏度高值区集中在广大上寮地区，以华潘省、琅勃拉邦省、赛宋本省为主，在塞公省的老越边境地区也有一定分布。地形起伏度低值区沿湄公河及其支流的河谷地区呈带状分布，以万象市、沙湾拿吉省、甘蒙省、沙拉湾省、占巴塞省为主。

（2）当地形起伏度为 1 时（即 RDLS≤1.0），土地占比为 30.14%，相应人口占 63.68%。在 RDLS≤2.0，其土地占比约为 3/4，人口数量近 90%。就分区而言，上寮人口占比全境最高为 47.60%，其 RDLS 以相对高值为主，平均 RDLS 为 1.83，RDLS 介于 0.29～4.43，低值区沿湄公河支流南乌江、南森河、南塔河等河谷地区呈带状分布；高值区主要分布在华潘省。中寮人口约为全境的 1/4，RDLS 以低值为主，平均 RDLS 为 1.30，RDLS 介于 0.16～4.77，低值区沿湄公河谷地区集中连片分布，高值区则零星分布于赛宋本省北部和万象省北部地区；下寮人口占老挝的 27.80%，RDLS 以低值为主，平均 RDLS 为 0.88，RDLS 介于 0.11～3.99，低值区集中分布在沙拉湾省和占巴塞省；高值区集聚在塞公省西北部的长山山脉地区。

4.1.3 地形适宜性评价

根据老挝地形起伏度空间分布特征，完成了老挝基于 RDLS 的人居环境地形适宜性评价和适宜性分区（图 4.1 和表 4.1）。结果表明，老挝以地形适宜为主要特征，临界适宜地区不足 1/100。

（1）地形高度适宜地区：占地近 1/6，相应人口超 1/2。老挝地形高度适宜地区土地面积为 3.83×10^4km^2，约占全境的 16.19%；相应人口占比达全境的 55.51%，为 360.37×10^4 人。老挝地形高度适宜地区主要沿湄公河呈带状分布，以中寮的万象市南部、甘蒙省西部、沙湾拿吉省以及下寮的占巴塞省中东部等地区为主（图 4.1）。该区域的 RDLS 较低，地势低平，加之水热条件优越、光照充足、交通便利，大多是老挝的人口集聚地区，人类活动较为频繁。

（2）地形比较适宜地区：占地约 2/5，相应人口约 1/3。老挝地形比较适宜地区土地面积为 9.88×10^4km^2，超过全境的 41.72%；相应人口为 190.15×10^4 人，约为全境的 29.29%。地形比较适宜地区是老挝占比最大的地形适宜性类型，在空间上广泛分布。地形比较适宜地区主要集中在上寮的沙耶武里省湄公河段河谷地带、博胶省局部地区以及中寮的万象省中南部、波里坎塞省中部、甘蒙省中东部、沙湾拿吉省，以及下寮的沙拉湾省地区等。该区域多为丘陵、高原，人口相对集中。

（3）地形一般适宜地区：占地约 2/5，相应人口约 1/6。老挝地形一般适宜地区土地面积为 9.80×10^4km^2，约占全境的 41.40%；相应人口为 98.35×10^4 人，约为全境的 15.15%。老挝地形一般适宜地区在空间上毗邻地形比较适宜地区，以上寮为主，空间上主要分布在华潘省、琅勃拉邦省、博胶省和丰沙里省；中寮的川圹省、波里坎塞省中东部；下寮的塞公省东部、占巴塞与沙拉湾两省交界处等地区也有零星分布。该区域所在地多为高原、低山和丘陵，人地比例相对适宜。

（4）地形临界适宜地区：占地不到 1%，相应人口不足千分之一。老挝临界适宜地区土地面积为 0.16×10^4km^2，约占全境的 0.69%；相应人口仅 0.32×10^4 人，不足全境的千分之一。老挝地形临界适宜地区是老挝比重最小的地形适宜性类型，在空间上高度集聚在中寮的赛宋本省中北部和川圹省西南部等区域，下寮的塞公省北部也有零星分布。该区域所在地的地形起伏度较大，人口稀少。

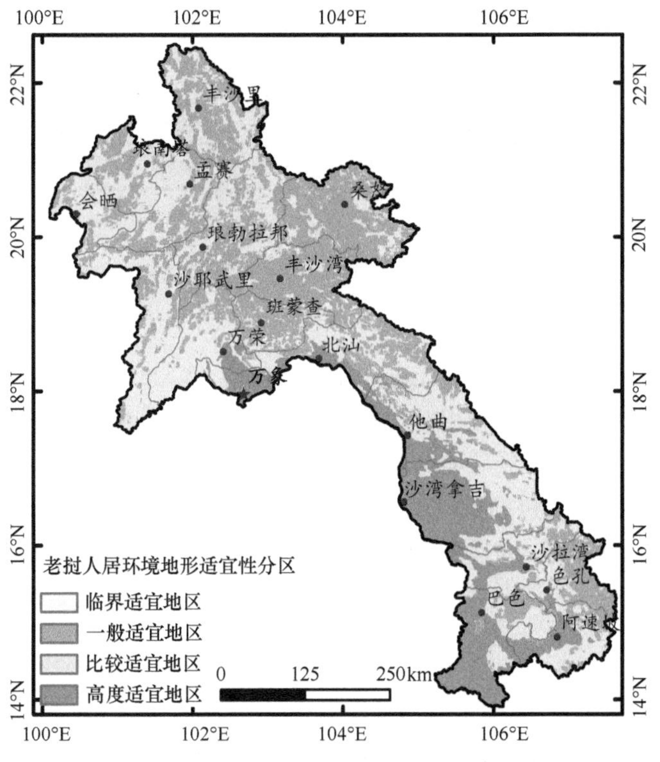

图 4.1　老挝人居环境地形适宜性的空间分布

表 4.1　老挝人居环境地形适宜性评价结果

分区	省（市）	高度适宜地区		比较适宜地区		一般适宜地区		临界适宜地区	
		土地/%	人口/%	土地/%	人口/%	土地/%	人口/%	土地/%	人口/%
上寮	博胶省	0.00	0.00	70.27	90.53	29.57	9.39	0.16	0.08
	丰沙里省	0.00	0.00	39.05	53.41	60.92	46.59	0.03	0.00
	华潘省	0.00	0.00	17.47	34.64	82.10	65.21	0.43	0.15
	琅勃拉邦省	0.00	0.00	42.36	63.60	57.00	36.11	0.64	0.29
	琅南塔省	0.00	0.00	54.86	74.87	45.09	25.13	0.05	0.00
	沙耶武里省	0.00	0.00	67.96	90.54	31.96	9.45	0.08	0.01
	乌多姆赛省	0.00	0.00	52.02	73.31	47.88	26.67	0.10	0.02
中寮	波里坎塞省	15.24	72.9	41.95	22.39	42.35	4.70	0.46	0.01
	川圹省	0.00	0.00	11.43	17.41	85.23	82.35	3.34	0.24
	甘蒙省	27.67	79.79	52.56	16.00	19.42	4.19	0.35	0.02
	赛宋本省	0.53	0.00	19.83	42.63	72.80	55.83	6.84	1.54
	沙湾拿吉省	56.53	91.04	39.01	8.75	4.46	0.21	0.00	0.00
	万象省	9.46	60.49	61.98	33.08	27.94	6.39	0.62	0.04
	万象市	68.18	99.25	29.94	0.74	1.88	0.01	0.00	0.00
下寮	阿速坡省	29.49	84.68	44.97	7.99	25.54	7.33	0.00	0.00
	塞公省	3.30	24.06	28.84	35.17	66.05	40.72	1.81	0.05
	沙拉湾省	26.18	78.20	52.69	20.23	20.66	1.56	0.47	0.01
	占巴塞省	57.66	91.68	26.84	3.55	15.49	4.77	0.01	0.00
老挝		16.19	55.51	41.72	29.29	41.40	15.15	0.69	0.05

4.2　温湿指数与气候适宜性

气候适宜性评价（suitability assessment of climate，SAC）是人居环境适宜性评价的一项重要内容。本节利用气温和相对湿度数据计算了老挝的温湿指数，采用地理空间统计的方法，开展了老挝的人居环境气候适宜性评价与适宜性分区。本节所采用的气温数据源自瑞士联邦研究所提供的地球陆表高分辨率气候数据（The Climatologies at High Resolution for the Earth’s Land Surface，CHELSA，https：//chelsa-climate.org/），相对湿度数据来自国家气象科学数据中心。

4.2.1　概况

气温和相对湿度是用来计算温湿指数的基础气候要素，研究分析了老挝的气温和相对湿度的空间分布状况，为温湿指数分析提供了研究基础。

（1）老挝各地区年均气温介于 11～27℃，约 90%人口分布于年均温高于 20℃的地区。老挝年均气温整体上呈现由西南向东北递减的空间分布规律。年均温度低于 20℃的地区面积占比为 27.07%，人口占比为 11.28%，该部分地区主要分布在华潘省、川圹省和占巴塞省的高原地区以及丰沙里省、琅南塔省、塞公省等海拔相对较高的山地地区。年均气温高于 25℃的地区面积占比为 8.63%，相应人口占比高达 35.93%，主要分布在中寮的万象市、下寮的占巴塞省的西南部以及阿速坡省的中西部等海拔较低的地区。老挝 64.30%的地区年均温度介于 20～25℃，广泛分布于各个省（市），承载了全国超过一半的人口（约 52.79%）。

（2）老挝各地区年均相对湿度介于 68%～80%，近 2/3 的人口分布于相对湿度介于 70%～80%的地区。老挝各地区年均相对湿度低于 70%的地区面积占比为 20.08%，人口占比达 38.01%，主要位于上寮的琅勃拉邦省的东南部和沙耶武里省的南部，中寮的沙湾拿吉省的西南角以及下寮的沙拉湾省和占巴塞省的西部地区。年均相对湿度为 70%～75%的地区面积占比为 61.19%，广泛分布在各个省（市），人口占比为 54.53%。老挝 18.73%的地区年均相对湿度介于 75%～80%，相应人口占比为 7.46%，广泛分布于上寮的博胶省和琅南塔省北部和华潘省东部，中寮的波里坎塞省和甘蒙省东部，下寮的沙拉湾省、塞公省以及阿速坡省东部。

4.2.2 温湿指数

基于对老挝温度与相对湿度数据的分析，采用温湿指数（temperature humidity index，THI）模型（Oliver，1973），计算老挝的温湿指数并分析其空间分布特征。

（1）老挝各地区温湿指数范围为 52～77，整体上呈现出由东北向西南递增的空间分布趋势。温湿指数的高值区主要沿湄公河及其支流河谷地区分布，主要分布在万象省、万象市、沙湾拿吉省、沙拉湾省、占巴塞省以及阿速坡省。温湿指数低值区主要分布在海拔较高的高原山地地区，以华潘省、川圹省、赛宋本省以及塞公省为主。

（2）老挝温湿指数为 70～75 的地区面积占比接近 1/2，相应人口占比约 3/4。老挝温湿指数低于 65 的清凉地区面积占比为 15.93%，人口占比为 6.55%，零星分布于除沙湾拿吉省外的其他省（市）海拔相对较高的高原山地地区。温湿指数为 65～70 的气候较暖的地区面积占比为 37.85%，相应人口占比为 15.12%，主要分布在上寮的高原山地地区，中寮的川圹省和赛宋本省的大部分区域、波里坎塞省和甘蒙省的东部地区，下寮的沙拉湾省、塞公省以及占巴塞省的东部地区。温湿指数为 70～75 的地区面积接近总面积的 1/2，为 44.73%，相应人口占比达 73.05%，广泛分布于中寮和下寮地区，主要包括万象省和万象市、波里坎塞省和甘蒙省西南部、沙湾拿吉省和占巴塞省大部分地区以及塞公省和阿速坡省的中西部地区。温湿指数超过 75 的地区面积占比为 1.48%，相应人口占比为 5.28%，主要分布在下寮地区的各省份，包括沙湾拿吉省西南部的湄公河流域、沙拉湾省中西部平原区、占巴塞省中部和南部湄公河流域地区。

4.2.3 气候适宜性评价

根据人居环境气候适宜性分区标准，完成了基于温湿指数的老挝人居环境气候适宜性评价和适宜性分区（图 4.2 和表 4.2）。结果表明，老挝 99.64%的地区属于气候适宜区，其中 64%的地区属于气候高度适宜区，相应人口占比为 27.44%。

（1）气候高度适宜地区：面积占比近 2/3，人口占比超 1/4。老挝气候高度适宜地区土地面积为 $15.16\times10^4\text{km}^2$，占全国土地总面积的 64.00%；相应人口占比 27.44%，为 178.14×10^4 人。老挝气候高度适宜地区是老挝占比最大的气候适宜性类型，广泛分布于各地区。其中，上寮各省份的气候高度适宜地区面积占比均超过 1/2，除博胶省和沙耶武里省以外，其余 5 个省份的气候高度适宜地区面积占比均超过 90%；中寮气候高度适宜地区主要位于川圹省、赛宋本省，波里坎塞省、甘蒙省以及沙湾拿吉省的东部也有分布；下寮的塞公省、沙拉湾省和占巴塞省的东部也有分布。

（2）气候比较适宜地区：面积占比超 1/4，人口占比超 1/3。老挝气候比较适宜地区土地面积为 $6.48\times10^4\text{km}^2$，约为全国的 27.37%；相应人口为 237.80×10^4 人，约为全国总人口的 36.63%。其主要分布在湄公河及其支流沿线地区，主要包括上寮的博胶省西部、沙耶武里省的中南部，中寮的甘蒙省西南部、沙湾拿吉省和万象省的大部分地区，下寮的沙拉湾省和阿速波省的西部地区。以上地区气候比较适宜，且交通便利，因此人口密度相对较大。

（3）气候一般适宜地区：面积占比不足 1/10，人口占比超 1/3。老挝气候一般适宜地区土地面积为 $1.96\times10^4\text{km}^2$，约占全国的 8.27%；相应人口为 226.77×10^4 人，约占全国的 34.93%。老挝的气候一般适宜地区主要分布在中寮和下寮。该类地区虽然年均温高，湿度较大，气候炎热，但社会经济发达，交通便利，因此人口密度大。例如，中寮的万象省和万象市气候一般适宜地区面积占比分别为 11.78%和 77.40%，但人口占比分别为 61.67%和 99.81%；下寮的阿速坡省气候一般适宜地区面积占比不足 3/10，但人口占比高达 87.28%。

（4）气候临界适宜地区：面积占比为 0.36%，人口占比约 1/100。老挝气候临界适宜地区土地面积仅有 $0.09\times10^4\text{km}^2$，约占全国的 0.36%；相应人口为 6.49×10^4 人，约为全国的 1.00%。老挝的气候临界适宜地区仅分布在下寮的占巴塞省，面积占比仅为该省的 12.69%，人口占比达 57.23%，集中分布于湄公河流域南部地区。

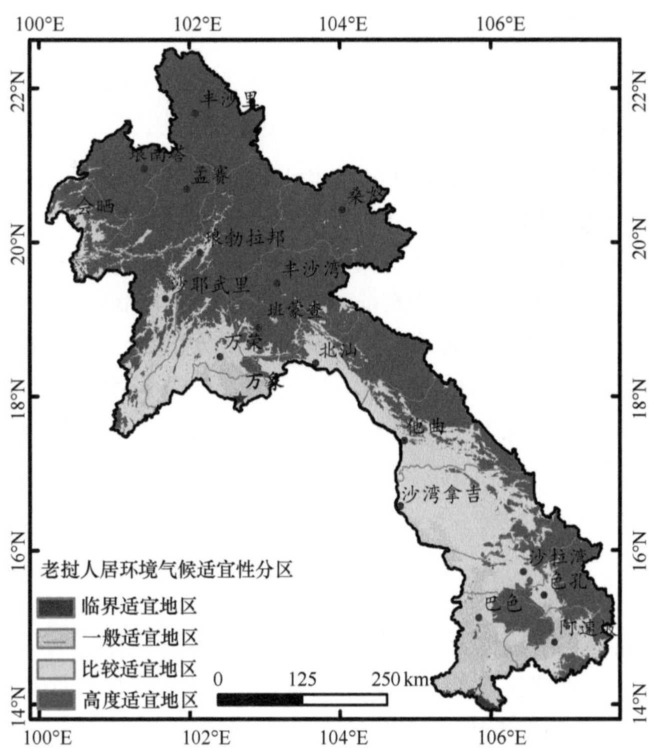

图 4.2　老挝人居环境气候适宜性的空间分布

表 4.2　老挝人居环境气候适宜性评价结果

分区	省（市）	高度适宜地区		比较适宜地区		一般适宜地区		临界适宜地区	
		土地/%	人口/%	土地/%	人口/%	土地/%	人口/%	土地/%	人口/%
上寮	博胶省	68.37	23.37	29.88	74.05	1.75	2.58	0.00	0.00
	丰沙里省	99.99	100.00	0.01	0.00	0.00	0.00	0.00	0.00
	华潘省	99.49	99.93	0.51	0.07	0.00	0.00	0.00	0.00
	琅勃拉邦省	93.54	59.40	6.46	40.60	0.00	0.00	0.00	0.00
	琅南塔省	98.87	99.01	1.13	0.99	0.00	0.00	0.00	0.00
	沙耶武里省	54.42	23.65	42.62	67.08	2.96	9.27	0.00	0.00
	乌多姆赛省	94.93	87.06	5.07	12.94	0.00	0.00	0.00	0.00
中寮	波里坎塞省	46.08	6.98	19.16	24.26	34.76	68.76	0.00	0.00
	川圹省	96.41	99.89	3.50	0.11	0.09	0.00	0.00	0.00
	甘蒙省	49.91	4.74	50.09	95.26	0.00	0.00	0.00	0.00
	赛宋本省	81.87	56.24	18.05	43.76	0.08	0.00	0.00	0.00
	沙湾拿吉省	14.99	0.77	77.69	76.34	7.32	22.89	0.00	0.00
	万象省	28.99	4.42	59.23	33.91	11.78	61.67	0.00	0.00
	万象市	1.85	0.01	20.75	0.18	77.40	99.81	0.00	0.00
下寮	阿速坡省	32.85	7.10	37.35	5.62	29.80	87.28	0.00	0.00
	塞公省	78.98	52.62	19.81	40.72	1.21	6.66	0.00	0.00
	沙拉湾省	36.50	5.14	50.83	57.05	12.67	37.81	0.00	0.00
	占巴塞省	54.27	34.53	33.04	8.24	0.00	0.00	12.69	57.23
老挝		64.00	27.44	27.37	36.63	8.27	34.93	0.36	1.00

4.3 水文指数与水文适宜性

水文适宜性（suitability assessment of hydrology，SAH）是人居环境自然适宜性评价的基础内容之一，其着重探讨一个区域水文特征对该区域人类生活、生产与发展的影响与制约。水文指数又称地表水丰缺指数（land surface water abundance index，LSWAI）是区域降水量和地表水文状况的综合表征。本节将基于水文指数的水文适宜性评价纳入老挝人居环境适宜性评价体系。采用降水量和地表水分指数（land surface water index，LSWI）构建了人居环境水文适宜性评价模型，利用 ArcGIS 空间分析等方法，提取了老挝 1km×1km 栅格大小的水文指数，并从降水量、地表水分指数等方面开展了老挝人居环境水文适宜性评价。

4.3.1 概况

LSWAI 定量表征了区域地表水文状况，可以通过年均降水量、地表水分指数基础地理数据来定量表达。研究获取了老挝的年均降水量、地表水分指数及其空间分布状况，为水文指数分析研究提供了基础。

（1）老挝以湿润地区为主，年均降水量超 1100mm，中部最为丰沛。老挝在空间上降水量由西北、东南向中部逐渐增加（表 4.3）。其中，以中部甘蒙省的年均降水量最为丰富（1276.29mm），而万象省年均降水量略低（999.56mm）。具体而言，老挝北部降水量空间差异较大，以华潘省降水量最高（1178.33mm），而博胶省降水量最低（888.52mm），琅勃拉邦省、乌多姆赛省和丰沙里省降水量均为 1000mm 左右；老挝南部除阿速坡省（1039.92mm）外，其余各省年均降水量均为 1100mm 左右。总体而言，老挝东部降水较西部丰沛。

（2）老挝地表水分指数均值为 0.60，水文状况北部优于南部。老挝地表水资源丰富，在空间上地表水分指数由中部向北部、南部逐渐增大。老挝地表水分指数空间统计表明（表 4.3），中部以波里坎塞省地表水分指数均值最高（0.63），而万象市地表水分指数均值最低（0.47），中部其他各省地表水分指数均为 0.5 左右。具体而言，老挝北部地表水分状况差别较小，博胶省、华潘省、琅勃拉邦省和乌多姆赛省的地表水分指数均为 0.61 或 0.62，而琅南塔省、丰沙里省地表水分指数均值略高（0.65），沙耶武里省较低（0.57）；老挝南部地表水分状况差别较大，塞公省、阿速坡省地表水分指数均值达 0.63 以上，而占巴塞省、沙拉湾省地表水分指数均值较低（0.57 和 0.58）。

4.3.2 水文指数

基于老挝年均降水量、地表水分指数数据，构建水文指数并对老挝的水文适宜性进行计算分析。

（1）老挝水文指数均值为 0.62，以湿润类型最为显著，水文指数介于 0.32～0.92。在空间上，水文指数分布较为均衡（表 4.3）。具体而言，老挝北部的华潘省、丰沙里省、琅勃拉邦省水文指数较高（0.78 或 0.8），其次为琅南塔省、乌多姆赛省（水文指数均值为 0.75 和 0.74），而博胶省、沙耶武里省水文指数均值较低；老挝中部水文指数空间差异较大，以波里坎塞省最高（水文指数均值为 0.82），以万象市水文指数均值最低（0.64），中部其他各省水文指数介于 0.73～0.81；就老挝南部而言，塞公省水文指数均值较高（0.82），阿速坡省和沙拉湾省水文指数为 0.77，此外，占巴塞省水文指数也达到 0.75。

（2）老挝水文指数主要介于 0.7～0.8，占地约 2/5。老挝水文指数低于 0.4 的地区零星分布在其北部的万象省、万象市（表 4.3），土地占比仅为 0.05%；水文指数介于 0.4～0.6 的地区分布在老挝北部的乌多姆赛省、沙耶武里省、万象省和万象市的部分地区，属于湿润类型，相应土地占比为 1.93%；水文指数介于 0.6～0.7 的地区约占老挝面积的 12.89%，位于老挝西北部、西南部各省（市），中部部分省（市）也有分布；此外，老挝中部各省（市）、东南部各省（市）水文指数较高，地表水资源非常丰富，水文指数介于 0.7～0.9，相应土地占比则达到 84.03%；而水文指数高于 0.9 的地区零星分布在老挝东部，相应土地占比为 1.10%。

表 4.3　老挝各省（市）的水文指数、地表水分指数和年均降水量均值

分区	省（市）	水文指数均值	地表水分指数均值	年均降水量均值/mm
上寮	博胶省	0.71	0.62	888.52
	丰沙里省	0.78	0.65	1039.56
	华潘省	0.8	0.61	1178.33
	琅勃拉邦省	0.78	0.62	1095.25
	琅南塔省	0.75	0.65	926.28
	沙耶武里省	0.7	0.57	942.59
	乌多姆赛省	0.74	0.61	1009.95
中寮	波里坎塞省	0.82	0.63	1214.64
	川圹省	0.79	0.59	1193.46
	甘蒙省	0.81	0.58	1276.29
	沙湾拿吉省	0.76	0.53	1233.47
	赛宋本省	0.79	0.62	1132.96
	万象省	0.73	0.59	999.56
	万象市	0.64	0.47	1005.89
下寮	阿速坡省	0.77	0.64	1039.92
	塞公省	0.82	0.66	1154.52
	沙拉湾省	0.77	0.58	1167.26
	占巴塞省	0.75	0.57	1102.41

4.3.3 水文适宜性评价

根据老挝水文指数空间分布特征与水文适宜性评价分级标准，完成了老挝基于水文指数的人居环境水文适宜性评价和水文适宜性分区（图 4.3 和表 4.4）。结果表明，老挝以水文高度适宜地区为主，相应土地面积占比 97.53%，集中分布在老挝中部和东部。

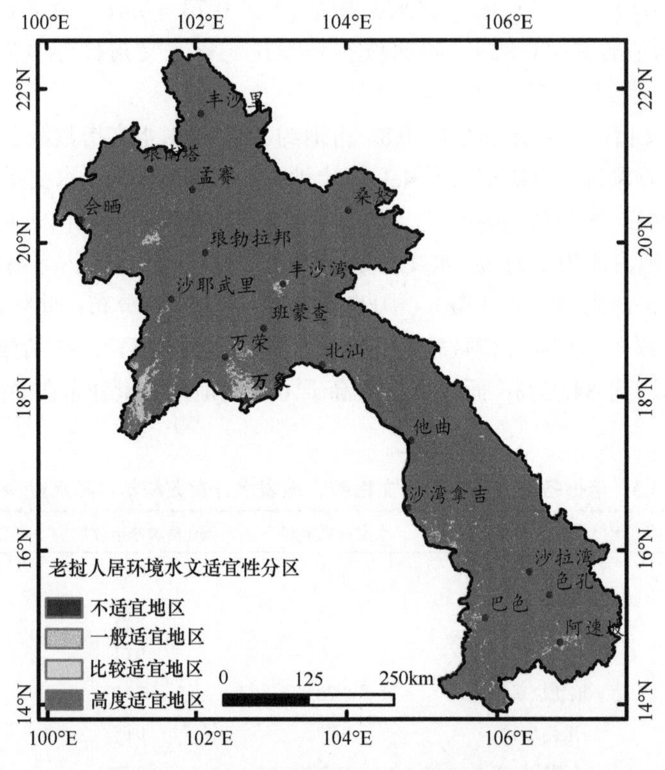

图 4.3 老挝人居环境水文适宜性的空间分布

（1）水文高度适宜地区：老挝人居环境水文高度适宜地区土地占比为 97.53%（表 4.4），相应地，2015 年人口比重占 77.86%。人居环境水文高度适宜地区以沙拉湾省、塞公省、波里坎塞省、琅南塔省、华潘省和丰沙里省最为典型，相应土地面积占该区域的 99%以上，相应人口占比在 90%以上；其次，博胶省、乌多姆赛省、川圹省、沙湾拿吉省、阿速坡省和占巴塞省的水文高度适宜类型土地占比均达到 97%左右，相应人口占比约为各省的 4/5。空间上，人居环境水文高度适宜地区在全域呈面状分布。

（2）水文比较适宜地区：就人居环境水文比较适宜地区而言，土地面积占比 0.18%，相应人口占老挝总人口的 5.82%。其中，万象市水文比较适宜地区土地面积占该市的 4.22%，相应人口占比为 27.50%；其次为沙耶武里省，其水文比较适宜地区占该区域的 0.87%，相应人口占比为 4.07%；而博胶省、赛宋本省和万象省的水文比较适宜地区占比仅为 0.4%以下，相应人口占比分别为 2.86%、0.02%、0.77%。空间上，人居环境水文比较适宜地区零星分布在老挝中部、北部。

表 4.4　老挝人居环境水文适宜性评价结果

分区	省（市）	高度适宜地区		比较适宜地区		一般适宜地区		不适宜地区	
		土地/%	人口/%	土地/%	人口/%	土地/%	人口/%	土地/%	人口/%
上寮	博胶省	97.65	81.06	0.27	2.86	2.08	16.08	0.00	0.00
	丰沙里省	99.92	99.20	0.00	0.00	0.08	0.80	0.00	0.00
	华潘省	99.91	99.78	0.01	0.01	0.08	0.21	0.00	0.00
	琅勃拉邦省	99.80	88.59	0.00	0.00	0.20	11.41	0.00	0.00
	琅南塔省	99.67	92.93	0.00	0.00	0.33	7.07	0.00	0.00
	沙耶武里省	89.11	63.67	0.87	4.07	10.02	32.26	0.00	0.00
	乌多姆赛省	97.36	88.51	0.09	0.63	2.55	10.86	0.00	0.00
中寮	波里坎塞省	99.77	92.76	0.00	0.00	0.23	7.24	0.00	0.00
	川圹省	97.66	74.89	0.06	0.20	2.28	24.91	0.00	0.00
	甘蒙省	99.16	89.86	0.02	4.41	0.82	5.73	0.00	0.00
	沙湾拿吉省	98.09	88.70	0.03	2.95	1.88	8.35	0.00	0.00
	赛宋本省	99.35	99.78	0.22	0.02	0.42	0.20	0.01	0.00
	万象省	95.53	73.47	0.36	0.77	4.11	25.76	0.00	0.00
	万象市	67.75	27.56	4.22	27.50	28.03	44.94	0.00	0.00
下寮	阿速坡省	97.20	83.67	0.02	0.02	2.78	16.31	0.00	0.00
	塞公省	99.96	99.86	0.00	0.00	0.04	0.14	0.00	0.00
	沙拉湾省	99.14	94.47	0.01	0.01	0.85	5.52	0.00	0.00
	占巴塞省	97.37	79.12	0.04	9.90	2.59	10.98	0.00	0.00
老挝		97.53	77.86	0.18	5.82	2.29	16.32	0.00	0.00

（3）水文一般适宜地区：就人居环境水文一般适宜地区而言，土地占比为 2.29%，相应人口占比为 16.32%。其中，万象市水文一般适宜地区土地面积占该区域的 28.03%，相应人口占比为 44.94%；其次为沙耶武里省，其水文一般适宜地区占该区域的 10.02%，相应人口占比为 32.26%；而博胶省、乌多姆赛省、川圹省、阿速坡省的水文一般适宜地区占比在 3%以下，相应人口占比分别为 16.08%、10.86%、24.91%、16.31%；其他各省的水文一般适宜地区类型分布较少。空间上，人居环境水文一般适宜地区主要分布在老挝北部地区。

4.4　地被指数与地被适宜性

地被适宜性（suitability assessment of vegetation，SAV）是人居环境自然适宜性评价的基础内容之一，其着重探讨一个区域地被覆盖特征对该区域人类生活、生产与发展的影响与制约。本节利用土地覆被类型和归一化植被指数（normalized differential vegetation index，NDVI）的乘积构建老挝的地被指数（land cover index），并对老挝的地被适宜性进行评价分析。采用的土地覆被类型数据来源于国家科技基础条件平台——国家地球系统科学数据中心——共享服务平台（http：//www.geodata.cn），数据时间为 2017 年，空间分辨率为 30m，对土地覆被数据重采样成 1km。MOD13A1 数据（V006，包括 NDVI）来源于 NASA EarthData 平台，时间跨度为 2013～2017 年，空间分辨率为 1km。

4.4.1 概况

地被指数（LCI）试图定量刻画区域地被特征，可以通过土地覆被类型及其植被指数的乘积来定量表达。研究获取了老挝的土地覆被类型分布、植被指数与地被指数及其空间分布状况，为地被指数分析提供了基础。

（1）老挝主要土地覆被类型为森林、农田、草地，其中以森林为主，占国土面积的 77.49%，人口比重为 30.04%，主要分布在丰沙里省、琅勃拉邦省、川圹省、波里坎塞省、甘蒙省、沙湾拿吉省等地区；农田占 13.26%，人口占比为 42.21%，主要分布在沙湾拿吉省、万象市、沙耶武里省南部以及占巴塞省和阿速坡省等地区；草地面积占 4.79%，人口占比为 11.71%，零星分布在川圹省、沙耶武里省、琅勃拉邦省、阿速坡省等省份；灌丛面积占 2.80%，人口占比为 2.76%，分布在波里坎塞省、甘蒙省等地区；湿地面积占 0.01%，人口占比仅为 0.01%，零星分布在河流沿岸；水体占 1.18%，人口占比为 2.25%，主要分布在万象省、甘蒙省等地；不透水层面积占比为 0.45%，人口占比为 10.86%，主要分布在各地区的城区地带；裸地占 0.02%，人口占比为 0.16%（表 4.5）。

表 4.5　老挝土地利用与土地覆被类型面积及人口占比统计

土地覆被类型	面积占比/%	人口占比/%
农田	13.26	42.21
森林	77.49	30.04
草地	4.79	11.71
灌丛	2.80	2.76
湿地	0.01	0.01
水体	1.18	2.25
不透水层	0.45	10.86
裸地	0.02	0.16

（2）老挝全境归一化植被指数均值较高，但区域差异较大。老挝归一化植被指数多年均值为 0.74，最高为 0.91，由南向北逐渐增大；人口主要分布在归一化植被指数为 0.45～0.80 的区间，并在 0.55 左右出现峰值；人口集中分布在归一化植被指数高值区域，当归一化植被指数小于 0.30 和大于 0.85 时，人口分布十分有限。整体而言，老挝归一

化植被指数自南向北依次递增，归一化植被指数低值区集中分布在万象市南部、沙湾拿吉省西部地区以及占巴塞省，归一化植被指数高值区在空间上呈连片带状之势，主要集中分布在丰沙里省、琅勃拉邦省、华潘省等省份。

4.4.2　地被指数

基于老挝土地覆被类型和归一化植被指数构建地被指数模型，计算老挝地被指数并分析其空间分布特征。

（1）老挝地被指数以低值为主，但区域差异较大。老挝全境地被指数均值为 0.27，地被指数介于 0～1.00，地域差异较大。空间上，地被指数高值区集中在沙耶武里省，万象市、万象省、沙湾拿吉省、沙拉湾省、阿速坡省和占巴塞省的老泰边境地区也有一定分布。地被指数低值区在空间上连片分布，以琅勃拉邦省、华潘省、丰沙里省、甘蒙省、沙拉湾省、占巴塞省为主。

（2）近 1/2 的人口集中分布在地被指数介于 0.10～0.30 的区域，占地约 4/5。老挝 54.59%的人口集中分布在地被指数小于 0.30 的区域，占地超过 86%；约 18.24%的人口居住在地被指数大于 0.70 的地区。由表 4.6 可知，地被指数对老挝人口分布的影响极为显著，大部分人口集聚于低地被指数值区域。当地被指数为 0.20～0.30 时，土地面积占比为 44.78%，相应的地区人口占比为 15.31%，集中分布在琅勃拉邦省、华潘省、沙耶武里省、川圹省、沙湾拿吉省、塞公省等。当地被指数介于 0.10～0.30 时，土地面积占比约为 82.40%，相应人口占比达到总量的 49.20%，分布在老挝大部分地区；当地被指数介于 0.30～1.00 时，所占土地面积占比不足 14%，相应人口占比 45.41%，主要分布在万象市、沙耶武里省、沙湾拿吉省、沙拉湾省西部地区以及占巴塞省和阿速坡省部分地区。

表 4.6　老挝人居环境地被指数与人口面积占比的统计

项目	<0.10	0.10～0.20	0.20～0.30	0.30～0.40	0.40～0.50	0.50～0.60	0.60～0.70	0.70～1.00
面积/万 km^2	0.93	8.91	10.6	0.05	0.06	0.16	0.73	2.25
面积比例/%	3.92	37.62	44.78	0.23	0.24	0.69	3.04	9.48
人口数量/万	34.99	220.01	99.39	21.10	7.99	35.90	111.40	118.42
人口比例/%	5.39	33.89	15.31	3.25	1.23	5.53	17.16	18.24

4.4.3　地被适宜性评价

根据老挝地被指数空间分布特征及人居环境地被适宜性评价指标体系，完成了老挝地被指数的人居环境地被适宜性评价。结果表明，老挝以地被适宜为主要特征，地被适宜地区占 96.04%，相应人口超过 94%。

（1）地被适宜地区：土地面积占比为 96.04%，集中分布在老挝北部和南部。老挝地被适宜地区以比较适宜为主要类型，其中高度适宜、比较适宜与一般适宜三种类型的土地面积比重分别占 13.64%、77.93%与 4.47%。相应地，2015 年地被适宜地区人口比重占老挝的 94.62%。其中，地被高度适宜、比较适宜与一般适宜地区相应人口比重分别为 48.83%、31.77%与 14.02%。在空间上，地被高度适宜地区主要分布在沙耶武里省、沙湾拿吉省、沙拉湾省、占巴塞省、万象省南部地区、甘蒙省西部地区和阿速坡省等地区；地被比较适宜地区分布在老挝大部分地区；地被一般适宜地区主要集中分布在川圹省、琅勃拉邦省、沙湾拿吉省，以及零星分布在乌多姆赛省、丰沙里省等地区（图 4.4）。

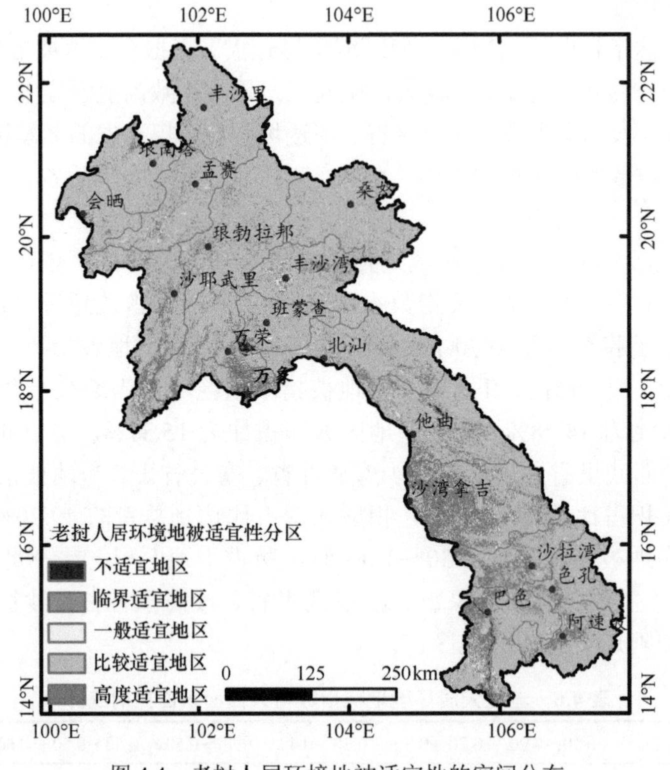

图 4.4 老挝人居环境地被适宜性的空间分布

（2）地被临界适宜地区：土地面积占比为 3.73%，集中分布在万象省、波里坎塞省和甘蒙省。地被临界适宜地区土地面积为 $0.88\times10^4km^2$，占比约为 3.73%。相应地，2015 年相应人口为 33.63×10^4 人，比重约占 5.18%。在区域分布上，临界适宜地区零星分布在万象省、波里坎塞省和甘蒙省，以及博胶省、乌多姆赛省，空间上主要在地被一般适宜地区周围。

（3）地被不适宜地区：土地面积占比 0.23%，集中分布在万象省和甘蒙省。老挝地被不适宜地区土地面积占 0.23%，相应 2015 年的人口比重约 0.20%。在区域分布上，地被不适宜地区主要连片集中分布在万象省和甘蒙省，此外还零星分布在老挝其他区域（表 4.7）。

表 4.7　老挝人居环境地被适宜性评价结果

分区	省（市）	高度适宜地区		比较适宜地区		一般适宜地区		临界适宜地区		不适宜地区	
		土地/%	人口/%	土地/%	人口/%	土地/%	人口/%	土地/%	人口/%	土地/%	人口/%
上寮	博胶省	6.53	34.09	88.82	52.40	2.09	11.13	2.56	2.38	0.00	0.00
	丰沙里省	2.21	9.11	96.11	87.30	0.48	2.49	1.20	1.10	0.00	0.00
	华潘省	3.28	11.85	94.13	84.30	0.43	1.32	2.16	2.53	0.00	0.00
	琅勃拉邦省	4.92	20.50	90.23	65.43	1.15	5.18	3.70	8.89	0.00	0.00
	琅南塔省	4.01	29.44	94.13	62.86	0.87	6.32	0.99	1.38	0.00	0.00
	沙耶武里省	16.84	52.62	71.36	24.23	5.60	13.78	6.19	9.36	0.01	0.01
	乌多姆赛省	6.90	18.28	86.30	69.28	3.51	8.37	3.29	4.07	0.00	0.00
中寮	波里坎塞省	8.87	42.28	84.21	26.62	2.81	23.41	4.05	7.41	0.06	0.28
	川圹省	8.14	42.01	82.69	28.34	4.65	24.88	4.52	4.77	0.00	0.00
	甘蒙省	12.12	55.20	74.95	17.07	5.88	21.44	6.69	6.12	0.36	0.17
	沙湾拿吉省	40.17	68.94	45.28	9.82	11.37	17.41	3.06	3.66	0.12	0.17
	赛宋本省	3.82	15.43	89.43	70.20	1.78	4.07	4.32	10.26	0.65	0.04
	万象省	15.98	59.33	73.10	18.30	4.45	16.54	4.99	5.81	1.48	0.02
	万象市	45.59	50.01	34.72	31.35	12.87	13.21	6.60	5.17	0.22	0.26
下寮	阿速坡省	14.34	65.11	77.38	17.00	5.13	12.60	3.13	5.29	0.02	0.00
	塞公省	7.12	34.52	89.77	52.42	1.35	8.59	1.76	4.47	0.00	0.00
	沙拉湾省	26.91	62.02	62.63	12.36	7.22	22.44	3.23	3.17	0.01	0.01
	占巴塞省	24.26	62.10	60.05	13.50	9.76	17.80	4.78	5.39	1.15	1.21
老挝		13.64	48.83	77.93	31.77	4.47	14.02	3.73	5.18	0.23	0.20

4.5　人居环境适宜性综合评价与适宜性分区

老挝基于公里格网的人居环境指数，以及基于人居环境指数的人居环境适宜性评价与分区结果，均来源于《绿色丝绸之路：人居环境适宜性评价》（封志明等，2022）。该书是绿色丝绸之路沿线国家人居环境适宜性评价研究成果的综合反映和集成表达。人居环境自然适宜性综合评价与分区研究是开展资源环境承载力评价的基础研究。它是在基于地形起伏度的地形适宜性评价、基于温湿指数的气候适宜性评价、基于水文指数的水文适宜性评价，以及基于地被指数的地被适宜性评价的基础上，利用地形起伏度、温湿指数、水文指数与地被指数，通过构建人居环境指数，结合单要素适宜性与限制性因子组合，将人居环境自然适宜性划分为三大类、7 小类。其中，人居环境指数（human settlements index，HSI）是反映人居环境地形、气候、水文与地被适宜性与限制性特征的加权综合指数（封志明等，2008）。

根据《绿色丝绸之路：人居环境适宜性评价》，分别以人居环境指数平均值 35 与 44 作为划分人居环境不适宜地区与临界适宜地区、临界适宜地区与适宜地区的特征阈值。在此基础上，根据人居环境地形适宜性、气候适宜性、水文适宜性与地被适宜性四个单要素评价结果进行因子组合分析，再进行人居环境适宜性与限制性 7 个小类划分。具体而言，老挝人居环境适宜性与限制性划分为三个大类、7 个小类。分别如下。

（1）人居环境不适宜地区（non-suitability area，NSA），根据地形、气候、水文、地被等自然限制性因子类型（即不适宜）及其组合特征，把人居环境不适宜地区再分为人居环境永久不适宜地区（permanent NSA，PNSA）和条件不适宜地区（conditional NSA，CNSA）。

（2）人居环境临界适宜地区（critical suitability area，CSA），根据地形、气候、水文、地被等自然限制性因子类型（即临界适宜）及其组合特征，把人居环境临界适宜地区再分为人居环境限制性临界地区（restrictively CSA，RCSA）与适宜性临界地区（narrowly CSA，NCSA）。

（3）人居环境适宜地区（suitability area，SA），根据地形、气候、水文、地被等适宜性因子类型（主要是高度适宜与比较适宜）及其组合特征，将人居环境适宜地区再分为一般适宜地区（low suitability area，LSA）、比较适宜地区（moderate suitability area，MSA）与高度适宜地区（high suitability area，HSA）。

4.5.1 人居环境指数空间特征与省际差异

老挝人居环境指数介于 34.43～93.76（表 4.8），平均值约为 65.85。人居环境不适宜、临界适宜与适宜三个大类在该国均有分布，其中以人居环境适宜性占绝对优势，其土地面积超过 $23.67\times10^4\mathrm{km}^2$（老挝国土面积为 $23.68\times10^4\mathrm{km}^2$），占比高达 99.98%。

表 4.8 老挝各省（市）人居环境指数统计

分区	省（市）	最小值	最大值	平均值	标准偏差
上寮	博胶省	45.07	87.28	62.69	4.79
	丰沙里省	54.17	92.30	68.18	4.07
	华潘省	52.49	93.70	68.59	4.72
	琅勃拉邦省	47.20	92.57	66.06	5.40
	琅南塔省	52.35	89.17	66.07	4.39
	沙耶武里省	44.80	88.06	62.91	6.23
	乌多姆赛省	47.15	91.70	66.01	5.55
中寮	波里坎塞省	49.44	93.76	67.23	5.66
	川圹省	47.88	92.84	68.24	5.88
	甘蒙省	49.65	90.57	66.66	5.88
	沙湾拿吉省	47.07	89.95	67.05	6.47
	赛宋本省	43.66	91.41	63.92	5.11
	万象省	34.43	85.03	62.45	6.22
	万象市	44.17	80.11	61.66	7.11
下寮	阿速坡省	47.58	89.84	63.43	5.16
	塞公省	50.54	92.29	67.37	5.46
	沙拉湾省	48.83	90.11	65.90	6.83
	占巴塞省	46.44	90.43	63.63	6.79

基于人居环境指数的人居环境自然适宜性评价结果表明，除万象省与赛宋本省外，其他省（市）人居环境指数最小值均大于人居环境临界适宜地区与适宜地区的特征阈值（图 4.5 和表 4.8）。由此可知，老挝人居环境不适宜地区与临界适宜地区零星分布在万象省与赛宋本省，其他省（市）均为人居环境适宜地区。对比人居环境指数最大值，老挝全国 18 个省（市）的取值范围介于 80～94。其中，万象市人居环境指数最大值低于 85；沙湾拿吉省、阿速坡省、琅南塔省、沙耶武里省、博胶省与万象省 6 省人居环境指数最大值介于 85～90；其他 11 个省，即波里坎塞省、华潘省、川圹省、琅勃拉邦省、丰沙里省、塞公省、乌多姆赛省、赛宋本省、甘蒙省、占巴塞省与沙拉湾省相应的人居环境指数最大值均超过 90。

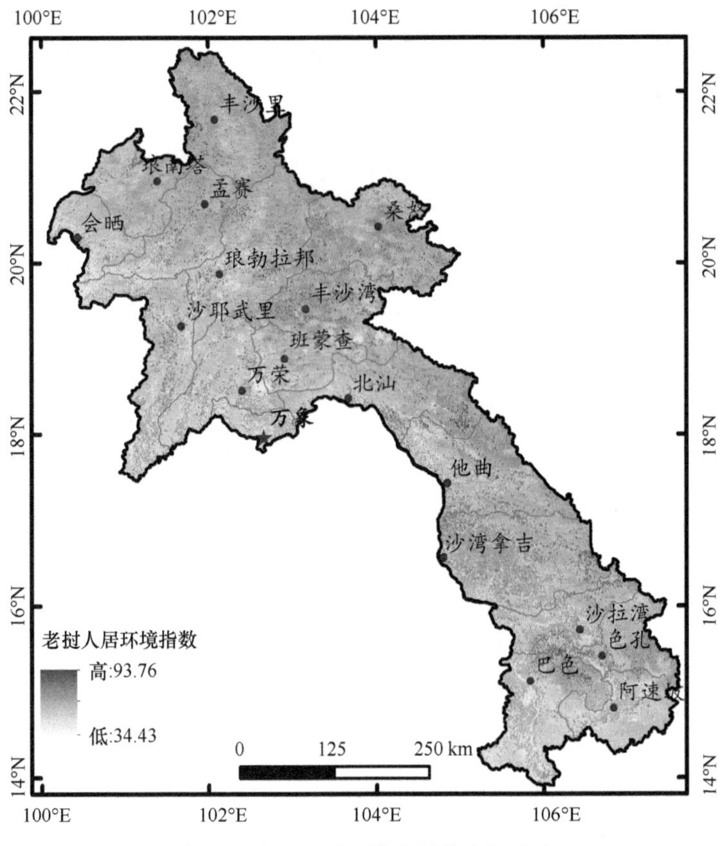

图 4.5　老挝人居环境指数的空间分布

从空间上看，老挝人居环境指数高值区东部省份多于西部省份、北部省份多于南部省份，主要分布在华潘省、川圹省、丰沙里省、塞公省、波里坎塞省、沙湾拿吉省、甘蒙省、琅南塔省、琅勃拉邦省、乌多姆赛省、沙拉湾省。结合老挝地形来看，东部长山山脉沿线地区人居环境指数平均值相对较大，而湄公河沿线地区人居环境指数平均值相对较小。另外，北部省份人居环境指数高值区呈集中分布特征，而南部省份人居环境指数高值区呈零散分布特征。

4.5.2 基于人居环境指数的人居环境适宜性评价

根据老挝人居环境指数，老挝人居环境总体以适宜类型为主（图 4.6），且人居环境适宜类型几近覆盖老挝全境，因此，下文主要针对人居环境适宜性的三个亚类，即一般适宜、比较适宜与高度适宜进行分析。

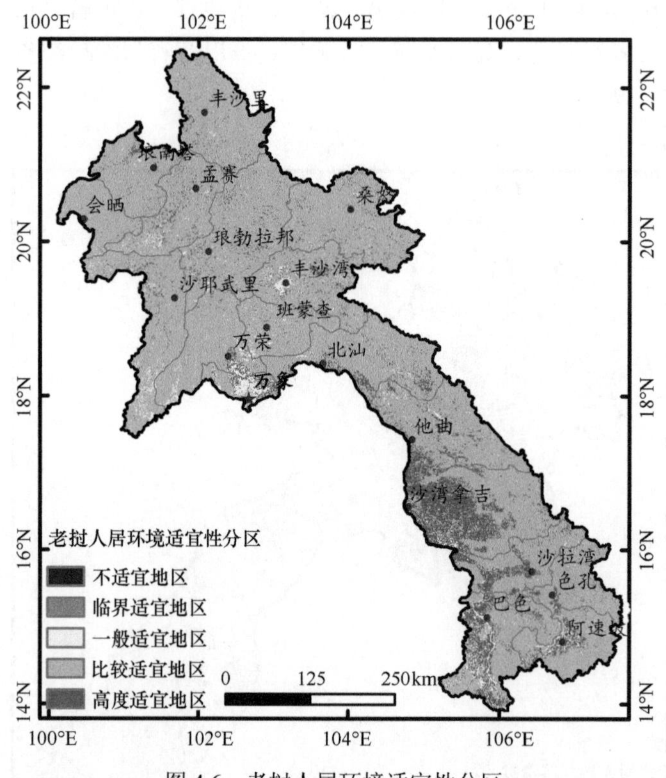

图 4.6　老挝人居环境适宜性分区

（1）人居环境一般适宜地区：老挝人居环境一般适宜地区土地面积为 2.23 万 km^2，占比 9.42%。空间上，人居环境一般适宜地区在全国 18 个省（市）中均有分布，其中以万象市、川圹省与占巴塞省三省（市）分布相对较为集中。以 2015 年老挝总人口计，老挝人居环境一般适宜地区相应人口数量为 129.42 万人，相应占比为 19.94%。老挝上寮、中寮与下寮人居环境一般适宜地区人口约为 11.87 万人、84.22 万人、33.33 万人。老挝各省（市）人居环境一般适宜地区与人口详见表 4.9。

（2）人居环境比较适宜地区：老挝人居环境比较适宜地区土地面积为 20.18 万 km^2，占比 85.26%。空间上，人居环境比较适宜地区在全国 18 个省（市）中普遍分布。以 2015 年老挝总人口计，老挝人居环境比较适宜地区相应人口数量为 319.49 万人，相应占比为 49.22%。老挝上寮、中寮与下寮人居环境比较适宜地区人口约为 163.01 万人、118.94 万人、37.54 万人。老挝各省（市）人居环境比较适宜性分区土地与人口详见表 4.9。

（3）人居环境高度适宜地区：老挝人居环境高度适宜地区土地面积为 1.26 万 km^2，占比 5.32%。空间上，人居环境高度适宜地区集中分布在老挝南部沙湾拿吉省西部，且在老挝其他省（市）亦呈零星分布特征。以 2015 年老挝总人口计，老挝人居环境高度适宜地区人口数量为 200.26 万人，相应占比为 30.85%。老挝上寮、中寮与下寮人居环境高度适宜地区人口约为 19.4 万人、117.44 万人、63.42 万人。全国各省（市）人居环境高度适宜性分区土地与人口详见表 4.9。

表 4.9 老挝人居环境适宜性评价分区相应土地与人口统计

分区	省（市）	高度适宜地区		比较适宜地区		一般适宜地区		适宜地区	
		土地/万 km^2	人口/万人	土地/万 km^2	人口/万人	土地/万 km^2	人口/万人	土地/万 km^2	人口/万人
上寮	博胶省	0.01	0.22	0.68	17.20	0.01	0.48	0.70	17.90
	丰沙里省	0.02	1.69	1.53	15.79	0.03	0.32	1.58	17.80
	华潘省	0.04	4.72	1.69	23.59	0.06	0.59	1.79	28.90
	琅勃拉邦省	0.05	2.02	1.93	38.79	0.07	2.38	2.05	43.19
	琅南塔省	0.01	4.40	0.96	12.98	0.04	0.22	1.01	17.60
	沙耶武里省	0.11	2.84	1.46	29.27	0.04	5.99	1.61	38.10
	乌多姆赛省	0.05	3.51	1.10	25.39	0.06	1.89	1.21	30.79
中寮	波里坎塞省	0.04	12.01	1.47	14.61	0.13	0.77	1.64	27.39
	川圹省	0.12	7.10	1.09	7.09	0.09	10.31	1.30	24.50
	甘蒙省	0.04	19.58	1.50	18.07	0.17	1.56	1.71	39.21
	沙湾拿吉省	0.07	59.14	1.38	26.38	0.76	11.48	2.21	97.00
	赛宋本省	0.04	0.70	0.74	7.20	0.01	0.60	0.79	8.50
	万象省	0.10	11.01	1.14	15.53	0.04	15.36	1.28	41.90
	万象市	0.15	7.90	0.15	30.06	0.07	44.14	0.37	82.10
下寮	阿速坡省	0.10	6.42	0.78	2.30	0.10	5.17	0.98	13.89
	塞公省	0.01	2.93	0.81	7.85	0.04	0.52	0.86	11.30
	沙拉湾省	0.04	20.98	0.82	14.07	0.19	4.65	1.05	39.70
	占巴塞省	0.26	33.09	0.95	13.32	0.32	22.99	1.53	69.40
老挝		1.26	200.26	20.18	319.49	2.23	129.42	23.67	649.17

4.6 小　结

近 10 年来，人居环境适宜性评价结果已在主体功能区规划、区域人口承载力研究以及人口–资源–环境–发展等领域得到了广泛应用（苏华等，2010；冯琰玮和甄江红，2022）。老挝经济持续平稳发展，日益频繁的人类活动对区域气候、生态环境的影响更为深刻，其中以区域土地覆被和植被–水文条件变化尤为突出。针对自然环境要素变化，认识新常态下的老挝人居环境，对老挝人口合理分布提供决策依据具有重要意义。基于公里格网的海拔、温度、相对湿度、降水量、地表水分指数、归一化植被指数、土地覆被类型和人口数据，构建的地形起伏度、温湿指数、水文指数、地被指数以及人居环境指数，对老挝的地形、气候、水文、地被和人居环境综合适宜性进行评价。研究的主要结论与对策建议如下。

通过人居环境适宜性综合评价，可以得出以下主要结论：老挝人居环境优良，其中高度适宜、比较适宜与一般适宜三种类型土地面积分别为 1.26 万 km^2、20.18 万 km^2、2.23 万 km^2。空间上，人居环境一般适宜地区在全国 18 个省（市）中均有零散分布，而比较适宜地区在全国 18 个省（市）中普遍分布，高度适宜地区集中分布在沙湾拿吉省西部。以 2015 年老挝总人口计，老挝人居环境一般适宜地区、比较适宜地区、高度适宜地区的相应人口数量分别为 129.42 万人、319.49 万人、200.26 万人。一般适宜、比较适宜与高度适宜地区人口相应占比约为 2∶5∶3。就分区而言，人居环境一般适宜地区以中寮人口最多（84.22 万人），比较适宜地区以上寮人口最多（163.01 万人），而高度适宜地区以中寮人口最多（117.44 万人）。

基于上述主要结论提出如下建议：①地形条件是老挝人居环境适宜性的限制因素，水文和地被条件的可更新性和人为可调节性使得老挝不同的地理空间呈现人居环境综合适宜性的差异性，因此，增强区域地表水的丰富度或增强区域地表覆盖程度，均可能对人居环境综合适宜性有所改善。②受地形因素“无弹性”制约的人居环境，对老挝山区生产、生活造成了限制，依据老挝人居环境地形适宜性评价结果，建议加强山区不适宜地区的资源环境保护。

参考文献

封志明, 李鹏, 游珍. 2022. 绿色丝绸之路: 人居环境适宜性评价. 北京: 科学出版社.

封志明, 李文君, 李鹏, 等. 2020. 青藏高原地形起伏度及其地理意义. 地理学报, 75(7): 1359-1372.

封志明, 唐焰, 杨艳昭, 等. 2007. 中国地形起伏度及其与人口分布的相关性. 地理学报, 62(10): 1073-1082.

封志明, 唐焰, 杨艳昭, 等. 2008. 基于 GIS 的中国人居环境指数模型的建立与应用. 地理学报, 63(12): 1327-1336.

冯琰玮, 甄江红. 2022. 内蒙古自治区人居环境综合适宜性评价及空间优化.地球信息科学学报, 24(6): 1204-1217.

苏华, 王云鹏, 陈永品, 等. 2010. 基于格网的广州市萝岗区人居环境适宜性评价. 中国人口•资源与环境, 20(S2): 107-110.

孙小舟, 周致远, 邵文静, 等. 2015. 人居环境自然适宜性评价的 GIS 空间分析建模研究. 湖北文理学院学报, 36(8): 27-32.

Oliver J E. 1973. Climate and Man’s Environment: An Introduction to Applied Climatology. New Jersey: John Wiley.

第 5 章　土地资源承载力评价与增强策略

土地资源是人类赖以生存和发展的最重要的自然资源之一，土地资源承载力评价是明晰资源环境底线，厘定资源环境承载上限，确定区域发展路线的重要方面（封志明，1994）。面向老挝国别评价的需求，开展老挝土地资源承载力基础考察与评价，科学认识土地资源承载能力演变过程和规律，提出土地资源承载力适应策略，是老挝土地资源国别评价的重要组成部分。

本章从土地资源利用与农产品生产特征、食物消费水平与结构两个侧面，分析了老挝的土地资源利用现状及其变化、老挝土地资源生产能力和老挝居民的食物消费结构，并从人粮平衡和当量平衡等多角度分析了全国、分地区和分省不同尺度的土地资源承载力及其承载状态的整体状况和时空格局；在此基础上，定量分析了老挝的土地资源生产潜力，分情景评价了老挝未来土地资源承载力，探讨了老挝土地资源承载力的增强策略。

5.1　土地资源利用及其变化

本节主要对老挝的土地利用类型、土地利用现状及土地利用变化进行分析，主要探讨了老挝现状年各土地利用类型的面积及其所占国土面积的比重，以及各主要土地利用类型的空间分布格局，并通过比对 2000 年、2010 年和 2017 年老挝土地利用类型状况，分析了三个时间点各土地利用类型面积的变化情况及其各利用类型的相互转变，为全面摸清老挝的土地资源利用状况提供基础。

5.1.1　土地利用现状

老挝境内 80%为山地和高原，且多被森林覆盖。地势北高南低，全国自北向南分为上寮、中寮和下寮三个地区，上寮地区地势最高，川圹高原海拔为 2000～2800m，最高峰普比亚山海拔为 2820m。

老挝土地资源利用类型主要为林地资源，其次是耕地资源，其他土地利用类型较少。2017 年，老挝林地资源面积为 183490.63km^2，约占土地总面积的 77.49%；耕地资源约 31390.36km^2，约占土地总面积的 13.26%；草地资源相对较少，为 11353.80km^2，约占 4.79%；灌丛面积 6630.11km^2，约占土地总面积的 2.80%；水域面积 2795.79km^2，约占土地总面积的 1.18%；其他土地利用类型面积较少，合占土地总面积的约 0.5%左右（表 5.1）。

表 5.1　老挝现状年土地利用概况

土地利用类型	面积/km^2	占比/%
耕地	31390.36	13.26
林地	183490.63	77.49
草地	11353.80	4.79
灌丛	6630.11	2.80
湿地	25.74	0.01
水域	2795.79	1.18
不透水层	1064.43	0.45
裸地	49.14	0.02

注：数据来源于国家地球系统科学数据中心——共享服务平台（http：//www.geodata.cn）。

空间分布上，以林地和耕地为主，老挝地势北高南低，北部与中国云南的滇西高原接壤，东部老、越边境为长山山脉构成的高原，所以老挝北部及东部以林地资源为主；西部是湄公河谷地和湄公河及其支流沿岸的盆地和小块平原，由此耕地资源主要分布在西部及西南部地区；发源于中国的湄公河是老挝境内最大河流，流经西部约 1900km，流经首都万象，水域占地面积较少，主要分布在中西部地区（图 5.1）。

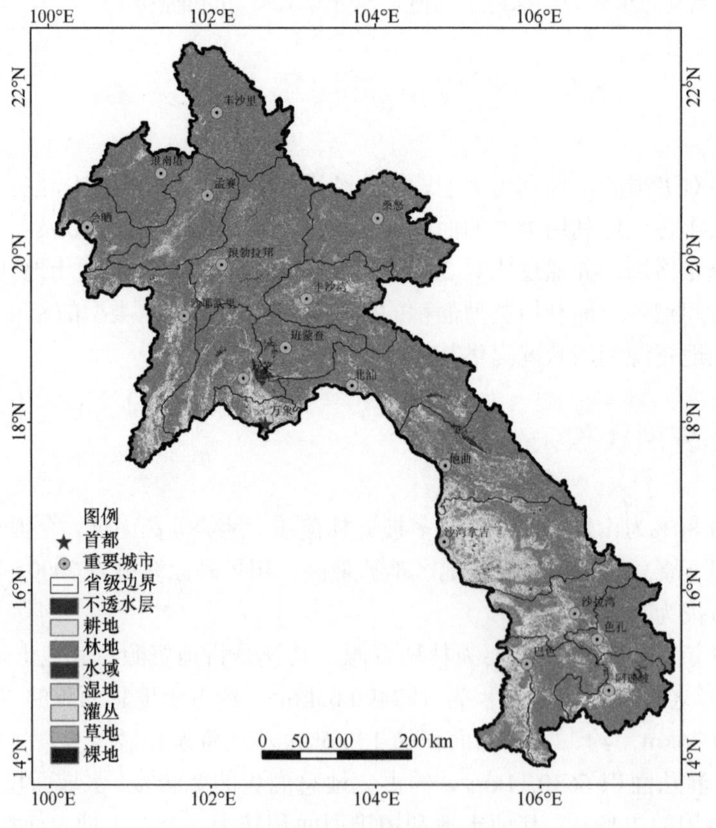

图 5.1　2017 年老挝土地利用图

数据来源于国家地球系统科学数据中心——共享服务平台（http：//www.geodata.cn）

5.1.2　土地利用变化

分析老挝 2000 年、2010 年和 2017 年的土地利用数据，并分别比较相近的两期的土地利用数据，得到土地利用转移矩阵，可得出以下结论。

2000～2010 年，老挝耕地资源量以增长为主要特征，耕地资源增加 1842.9km^2，约增长 9%；林地资源呈现减少态势，减少约 1595.8km^2，但由于林地资源总量较大，所以减少幅度相对较少；草地资源呈现减少趋势，减少约 150.9km^2；水域面积减少了约 178.1km^2；不透水层面积少量增加，增加约 38.9km^2（图 5.2）。

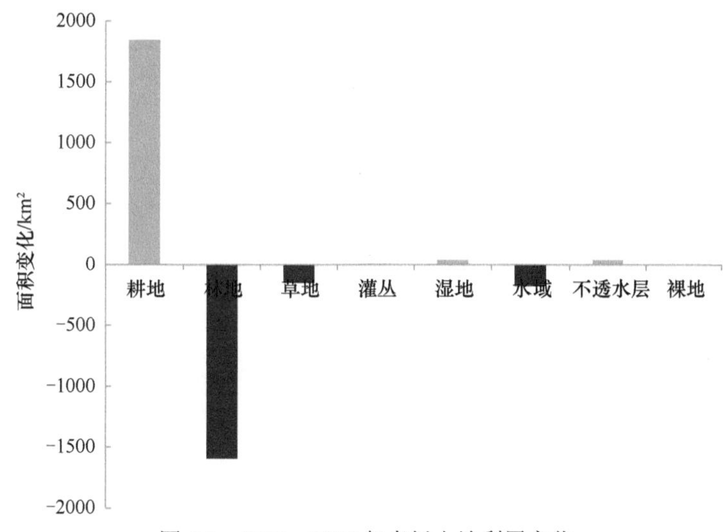

图 5.2　2000～2010 年老挝土地利用变化

数据来源于国家地球系统科学数据中心——共享服务平台（http：//www.geodata.cn）

从 2000～2010 年老挝土地利用变化来看，耕地资源中约 1763.26km^2 转变为其他土地类型，其中转变为林地资源最多，为 1395.46km^2，其次是草地，为 250.11km^2；约有 3609.42km^2 其他土地类型转变为耕地资源，其中林地资源最多，约有 2642.00km^2 转变为耕地，草地资源约有 834.49km^2 转变为耕地资源。

林地资源转变为草地资源的最多，约有 5468.40km^2，其次是转变为耕地资源；其他转变为林地资源的用地类型中，草地资源最多，约有 5023.55km^2 转变为林地资源。

草地资源转变为林地资源最多，耕地资源次之；转变为草地的土地类型中，林地资源最多。

2000～2010 年老挝其他土地利用类型相互转变较少（表 5.2）。

2010～2017 年，老挝耕地资源继续增加，总面积增加约 9443.4km^2，约增长 40%；林地资源继续减少，总面积减少约 8346.9km^2，但由于林地资源总量大，其减少幅度相对较小；草地资源呈现出较大的减少趋势，总面积减少约 8400.2km^2，减少幅度约 43%；灌丛面积增加约 6230.1km^2；不透水层面积增加约 907.9km^2（图 5.3）。

表 5.2　老挝 2000～2010 年土地利用转变矩阵　　（单位：km^2）

用地类型	耕地	林地	草地	灌丛	湿地	水域	不透水层	裸地
耕地	18739.65	1395.46	250.11	4.37	29.99	44.84	38.36	0.13
林地	2642.00	185016.06	5468.40	76.35	31.35	159.72	12.81	30.47
草地	834.49	5023.55	13888.74	59.42	4.61	65.77	6.82	21.62
灌丛	6.31	77.18	55.03	255.33	0.00	0.56	0.01	0.00
湿地	11.19	14.17	2.58	0.02	97.39	12.90	0.04	0.00
水域	98.19	276.18	67.78	4.49	14.11	1725.71	0.70	1.12
不透水层	15.55	2.64	0.83	0.01	0.00	0.66	97.82	0.00
裸地	1.69	33.48	18.99	0.00	0.00	0.43	0.00	61.70

注：数据来源于国家地球系统科学数据中心——共享服务平台（http：//www.geodata.cn）。

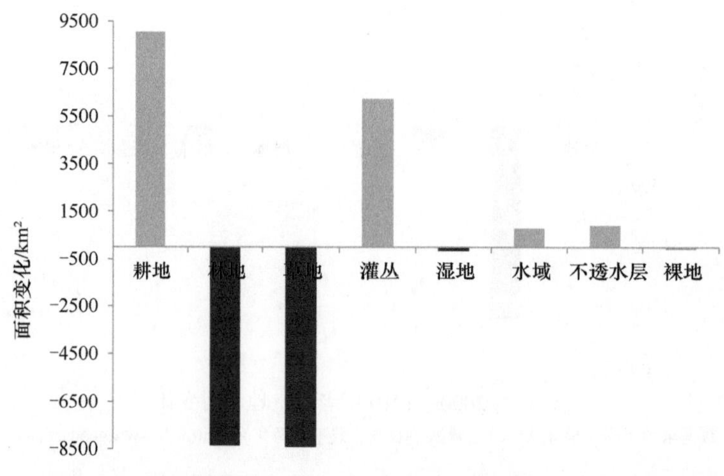

图 5.3　2010～2017 年老挝土地利用变化

数据来源于国家地球系统科学数据中心——共享服务平台（http：//www.geodata.cn）

2010～2017 年老挝土地利用变化中，耕地资源约 8785.92km^2 转变为其他土地类型，其中转变为林地资源最多，为 4539.28km^2，其次是草地，为 2882.78km^2；约有 17830.59km^2 其他土地类型转变为耕地资源，其中林地资源最多，约有 14610.47km^2 转变为耕地，草地资源约有 2864.98km^2 转变为耕地资源。

林地资源转变为耕地资源最多，转变为草地资源次之，约为 6076.31km^2；其他类型土地转变为林地资源中，草地资源最多，约有 13016.61km^2 转变为林地资源，其次为耕地资源。

草地资源转为林地资源最多，转为耕地资源次之；转为草地的土地类型中，林地资源最多。

2010～2017 年老挝其他土地利用类型之间相互转变较少（表 5.3）。

表 5.3　老挝 2010～2017 年土地利用转变矩阵　（单位：km^2）

用地类型	耕地	林地	草地	灌丛	湿地	水域	不透水层	裸地
耕地	13561.02	4539.28	2882.78	684.00	2.10	132.13	530.60	15.03
林地	14610.47	165388.96	6076.31	4609.85	11.65	802.43	315.12	22.93
草地	2864.98	13016.61	2319.71	1290.53	2.52	124.78	130.68	4.21
灌丛	10.57	360.54	17.57	7.10	0.00	3.59	0.59	0.00
湿地	103.47	34.17	7.29	2.05	1.10	24.82	3.83	0.57
水域	178.70	83.87	13.12	3.98	8.37	1706.30	12.35	5.98
不透水层	55.34	5.60	23.75	1.71	0.01	0.84	68.88	0.42
裸地	7.06	52.28	17.31	35.83	0.004	0.48	1.99	0.01

注：数据来源于国家地球系统科学数据中心——共享服务平台（http：//www.geodata.cn）。

5.2　农业生产能力及其地域格局

本节主要就老挝的土地资源生产供给能力进行了分析评价。首先探讨了 1995 年以来老挝的耕地资源时空变化格局，以及老挝的粮食及其主要农作物的播种面积和产量的变化情况，然后定量分析了老挝分地区和分省份的农业生产能力。

5.2.1　耕地资源禀赋

1995～2017 年，基于 FAO 的统计数据分析表明，老挝耕地面积总体呈现增长态势，1995 年耕地面积为 82.8 万 hm^2，到 2017 年耕地面积达到 152.5 万 hm^2，年增长约 3.17 万 hm^2；其中 2000～2010 年耕地面积增长较快，年增长约 5 万 hm^2。人均耕地面积变化趋势基本与耕地总面积变化趋势相同，呈现增长趋势。其中，1995～1999 年，由于人口增长较快，而耕地面积增长较慢，所以人均耕地面积呈现下降趋势，由 1995 年的人均 0.171hm^2 减少到 1999 年左右的人均 0.167hm^2；1999 年之后，随着耕地面积增长变快，人均耕地面积也呈现增长趋势，由 1999 年左右的 0.167hm^2 增长到 2017 年的 0.226hm^2（图 5.4 和表 5.4）。

空间分布上，老挝的耕地资源主要分布于老挝西南部及中部少数区域，北部及东南部分布较少。具体到各省（市），沙湾拿吉省、万象市、沙拉湾省、占巴塞省和阿速坡省耕地资源分布较多，其他省耕地资源分布较少，其中，丰沙里省、华潘省等省份耕地资源只有零星分布（图 5.5）。

5.2.2　国家水平

1995～2017 年老挝各类农作物产量总体都呈现增长趋势。主要粮食作物中，块茎类产量增幅最大，由不到 10 万 t 增长至 280 万 t，增长 27 倍；水稻产量由 141.7 万 t 增长

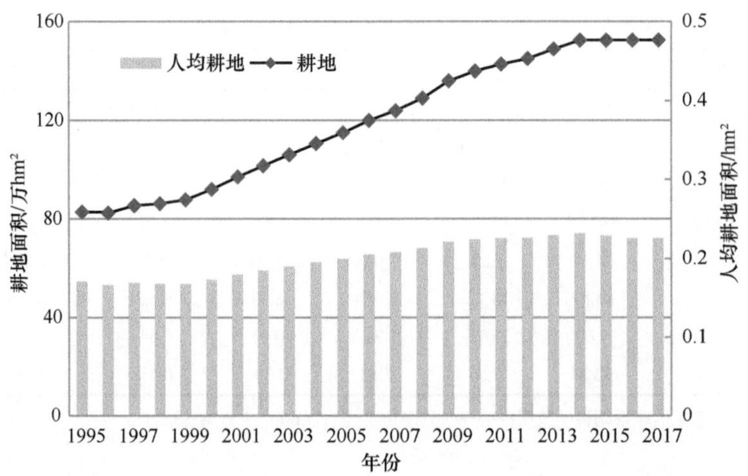

图 5.4　1995～2017 年老挝耕地面积及人均耕地占有量变化态势

表 5.4　1995～2017 年老挝耕地面积及人均耕地占有量

年份	耕地面积/万 hm²	人均耕地面积/hm²	年份	耕地面积/万 hm²	人均耕地面积/hm²
1995	82.80	0.171	2007	124.00	0.208
1996	82.40	0.166	2008	129.00	0.213
1997	85.40	0.169	2009	136.00	0.221
1998	86.20	0.167	2010	140.00	0.224
1999	87.70	0.167	2011	142.80	0.225
2000	92.00	0.173	2012	145.00	0.226
2001	97.00	0.179	2013	148.90	0.229
2002	101.50	0.185	2014	152.50	0.232
2003	106.00	0.190	2015	152.50	0.229
2004	110.50	0.195	2016	152.50	0.226
2005	115.00	0.200	2017	152.50	0.226
2006	120.00	0.205			

数据来源：FAO。

至 414.9 万 t，增长近 2 倍；玉米产量由 4.8 万 t 增长至 156 万 t（图 5.6）。主要经济作物中，蔬菜和甘蔗产量增长较快，蔬菜由 5.6 万 t 增长至 170 万 t；甘蔗由 6.1 万 t 增长至 180 万 t；其他经济作物产量较少，增幅较低。

老挝牲畜养殖主要为牛、羊和猪。其中，牛和猪的产量较高，羊的产量相对较低。1995～2017 年，老挝各类牲畜养殖总体都呈现增长趋势，牛和猪的数量波动上升（图 5.7）。具体分析如下。

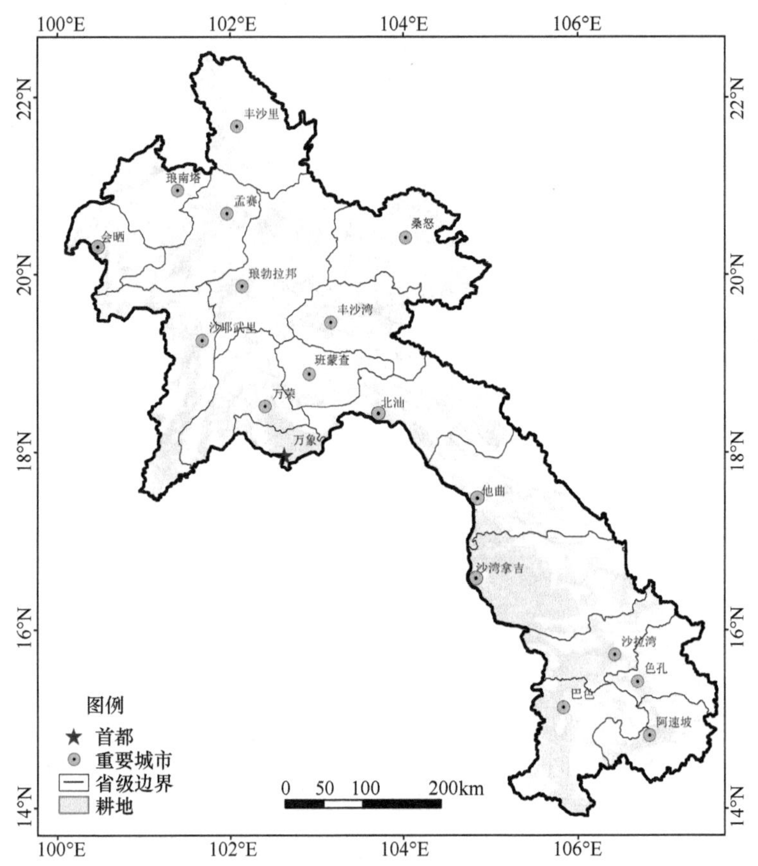

图 5.5　老挝耕地资源空间分布（2017 年）

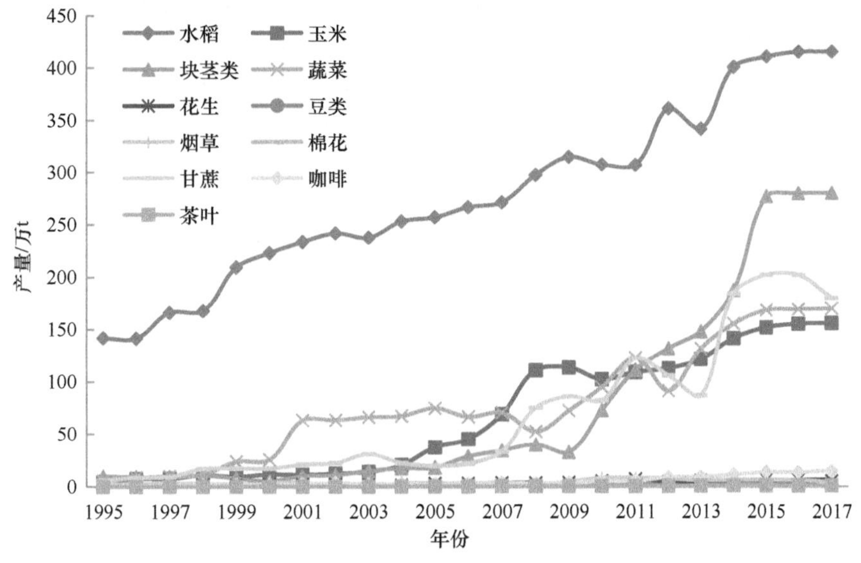

图 5.6　老挝 1995～2017 年主要农作物产量变化情况

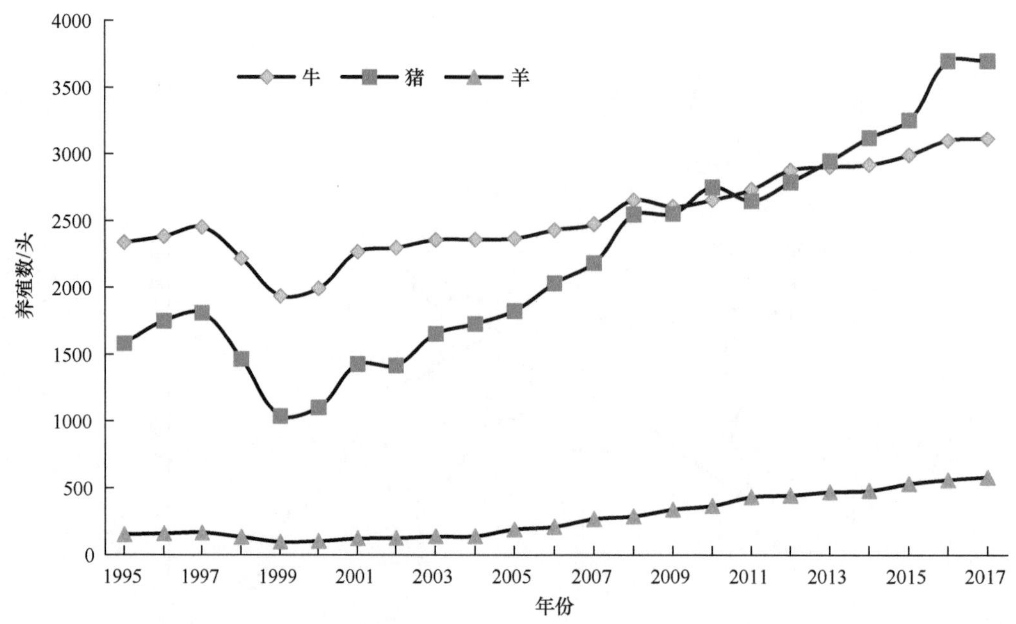

图 5.7　老挝 1995～2017 年牲畜数量及其变化情况

牛的养殖规模由 1995 年的 2339 头增长至 2017 年的 3115 头，1998～2000 年出现减少趋势，1999 年降至最低水平，为 1937 头，其后保持增长趋势，到 2017 年突破 3000 头，达到 3115 头，较 1995 年增长 33%左右。

羊的养殖产量较少，基本保持较慢的增长趋势，从 1995 年的 153 头增至 2017 年的 582 头，总体数量相对较少。

猪的养殖规模变化与牛的变化趋势相似，由 1995 年的 1582 头增长至 2017 年的 3700 头，其中 1998～2000 年出现减少趋势，1999 年达到最低水平 1037 头，其后保持增长，2006 年突破 2000 头，2014 年突破 3000 头，到 2017 年达到 3700 头。

1995～2017 年，老挝肉、蛋、奶产量总体呈现增长趋势。其中，肉产量最高，且增长较快，由 6.76 万 t 增长到 18 万 t 左右。奶类产量较低，由 3.8 万 t 增长到约 6 万 t；蛋类产量最低，由 0.47 万 t 增长到 1.5 万 t（图 5.8）。

1995～2017 年，老挝粮食产量总体呈现波动增长趋势。其中，1995～2009 年粮食产量处于快速增长阶段，由 146.82 万 t 增长至 427.92 万 t，年增长约 20 万 t。2010 年和 2011 年粮食产量出现减少现象，减少到 409.15 万 t 和 416.20 万 t。2012～2017 年粮食产量恢复增长态势，2017 年达到 587.12 万 t，年增长恢复到 20 万 t 水平。粮食单产变化趋势基本与总量变化趋势相近，大体呈现增长态势，由 1995 年地均 2492.7kg 增长到 2017 年地均 4630.7kg，增长了约一倍（图 5.9 和表 5.5）。

老挝粮食作物主要包括水稻、玉米和块茎类作物。其中水稻为最主要的粮食作物，1995～2004 年，水稻产量占粮食作物产量的比重均超过 90%，1995 年占比高达 95.42%，之后呈下降趋势，到 2017 年水稻产量占粮食作物总产量的比重降为 66.27%，依然占据较大比重。玉米产量占比较小，2004 年之前占比不足 10%，但是总体呈现增长趋势，到 2017 年玉米产量占粮食产量约 25%。块茎类作物相对量较少，到 2017 年仅为 8.94%，不足十分之一（图 5.10）。

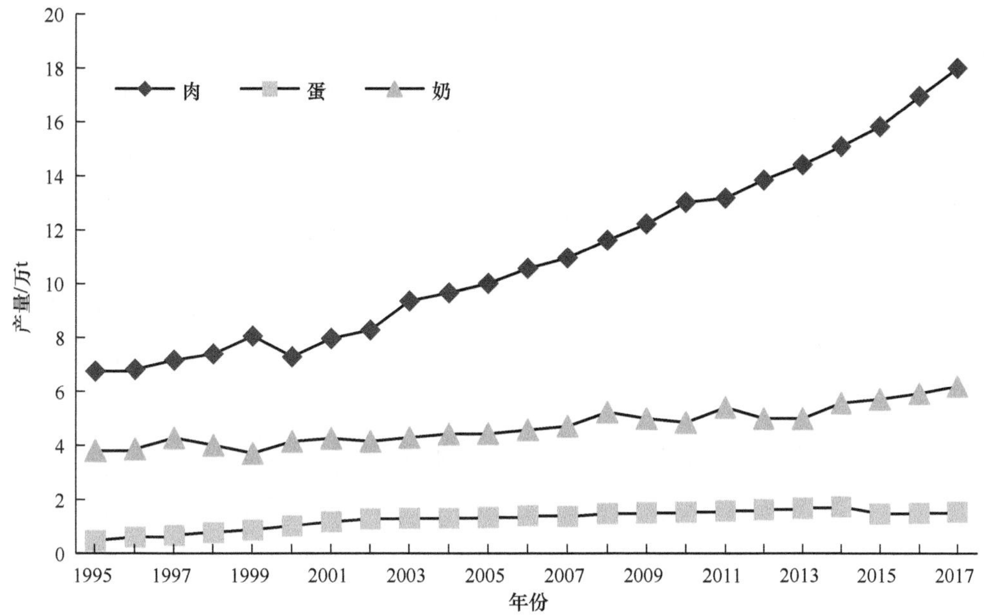

图 5.8　老挝 1995～2017 年肉、蛋、奶产量及其变化情况

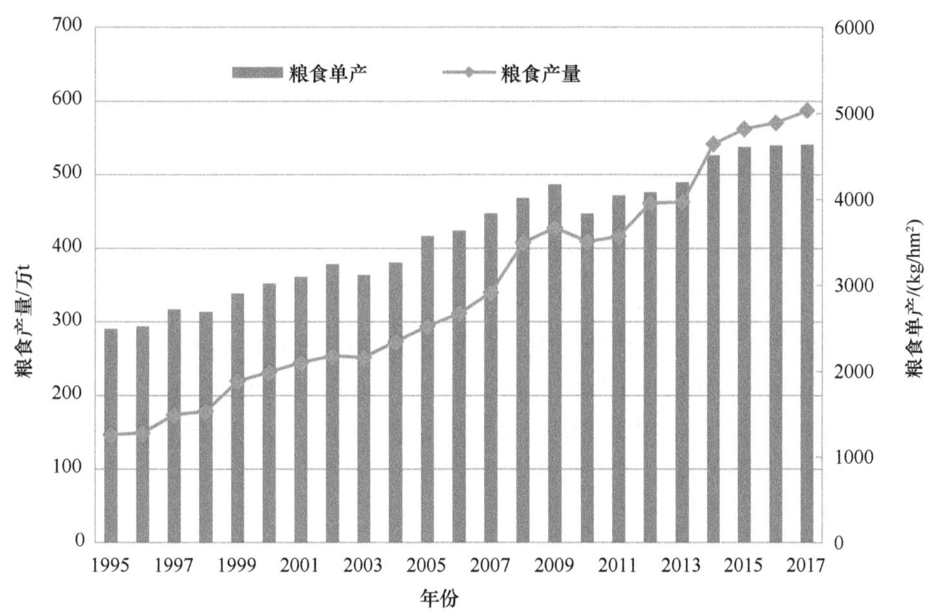

图 5.9　老挝 1995～2017 年粮食产量及粮食单产变化情况

表 5.5　老挝粮食产量及粮食单产

年份	粮食产量/万 t	粮食单产/（kg/hm^2）	年份	粮食产量/万 t	粮食单产/（kg/hm^2）
1995	146.82	2492.7	2007	339.82	3837.3
1996	149.16	2523.3	2008	407.77	4015.5
1997	173.83	2719.1	2009	427.92	4170.1
1998	178.44	2687.6	2010	409.15	3831.5
1999	219.89	2899.8	2011	416.20	4043.3
2000	231.87	3017.7	2012	461.47	4081.7
2001	244.66	3094.4	2013	462.86	4195.6
2002	254.06	3244.5	2014	541.49	4507.8
2003	251.83	3116.7	2015	561.83	4608.2
2004	273.25	3261.4	2016	570.12	4626.7
2005	294.06	3577.2	2017	587.12	4630.7
2006	311.37	3634.4			

数据来源：FAO。

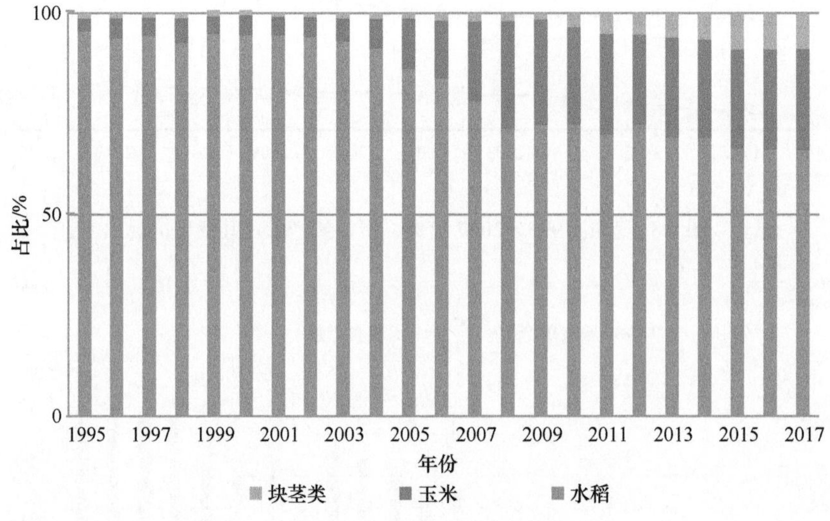

图 5.10　老挝 1995～2017 年主要粮食作物占比

1995～2017 年，老挝粮食播种面积总体呈现波动增长趋势，由 59 万 hm^2 增长到 123 万 hm^2，此期间 2011 年和 2013 年出现减少现象，分别减少 3.85 万 hm^2 和 2.73 万 hm^2。粮食作物占农作物的比重（粮作比例）总体呈现减小趋势，由 1995 年的 88%以上减少至 2017 年的 68%（图 5.11）。

5.2.3　地区格局

1. 上寮地区

上寮处于老挝北部地区，包括丰沙里省、琅南塔省、华潘省、琅勃拉邦省、乌多姆

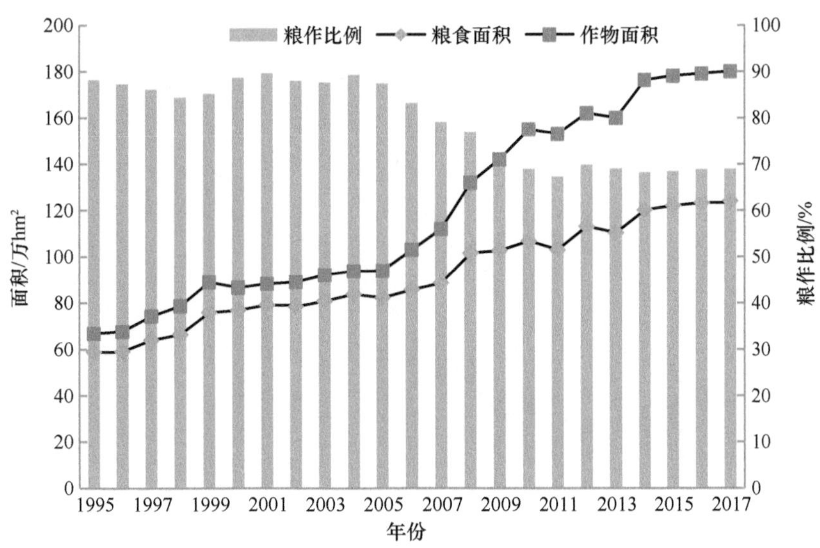

图 5.11 老挝 1995～2017 年粮食种植面积及粮作比例变化情况

赛省、博胶省、沙耶武里省 7 省，面积约 9.7 万 km^2，主体是山地和高原，海拔多在 500～1500m，局部地区超出 2000m。大部分地区为河流上游流域，多陡峭峡谷，有会芬高原、川圹高原和全国最高峰比亚山。

1995～2017 年，上寮地区粮食产量总体呈现波动增长趋势。1995～2003 年，粮食产量处于平缓增长阶段，由 57.11 万 t 增长至 68.95 万 t，年增长不足 2 万 t；2003 年之后粮食产量快速增长，2017 年达到 284.50 万 t，年增长约 15.40 万 t。

人均粮食占有量变化趋势与粮食产量变化趋势相似，1995 年人均粮食占有量为 359.88kg，到 2003 年人均粮食占有量增长到 372.72kg，年增长约 1.605kg；2003 年之后增长较快，2017 年人均粮食占有量为 1174.5kg，年增长达到 57.27kg（图 5.12 和表 5.6）。

上寮地区主要农作物包括玉米、水稻、块茎类、蔬菜和甘蔗等，玉米是最主要的种植作物。1995～2017 年，上寮地区各类农作物产量总体都呈现增长趋势。其中，主要粮食作物中，玉米增长速度最快，由 3.9 万 t 增长至 119.6 万 t，增长约 30 倍；其次为块茎类，由 4 万 t 增长接近 80 万 t，增长 19 倍；水稻产量由 48.8 万 t 增长至 83.7 万 t，增长近 1 倍。主要经济作物中，蔬菜和甘蔗产量较高，增长较快，蔬菜由 1.6 万 t 增长至 45.2 万 t；甘蔗由 4.2 万 t 增长至 36.7 万 t。其他经济类作物产量较少，变化趋势不明显（图 5.13）。

2. 中寮地区

中寮是老挝中部地区的习惯称呼，包括万象省、波里坎塞省、甘蒙省、川圹省、沙湾拿吉省、赛宋本省和万象市，面积约 9.4 万 km^2，地势东高西低，东部是富良山脉西坡山丘及甘蒙高原，西部是万象平原及其以南的湄公河沿岸低地。

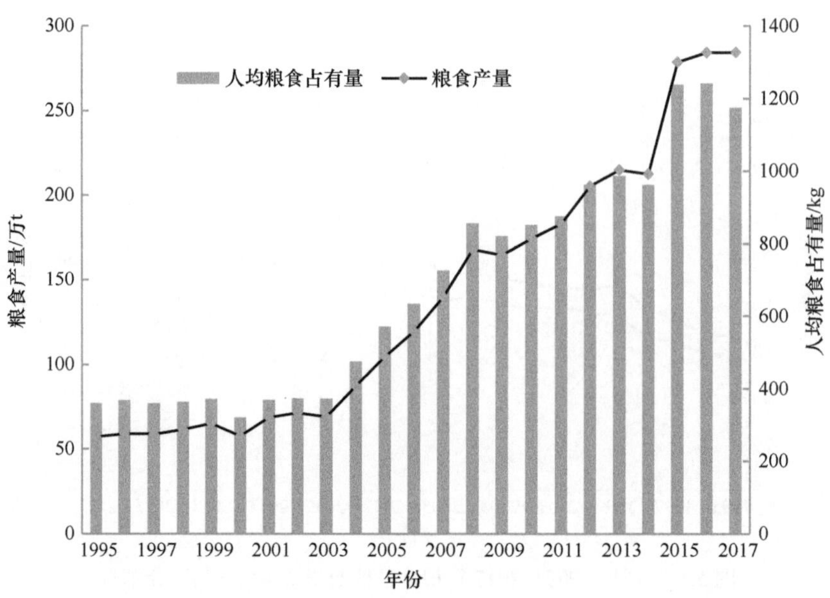

图 5.12　上寮地区 1995～2017 年粮食产量及人均占有量变化情况

表 5.6　上寮地区粮食产量及人均占有量

年份	粮食产量/万 t	人均粮食占有量/（kg/人）	年份	粮食产量/万 t	人均粮食占有量/（kg/人）
1995	57.11	359.88	2007	139.78	726.15
1996	58.85	367.79	2008	168.00	855.88
1997	58.62	359.61	2009	164.67	820.06
1998	61.37	363.15	2010	174.54	850.99
1999	64.98	371.32	2011	183.13	874.95
2000	57.51	319.14	2012	205.31	962.07
2001	68.49	368.61	2013	214.90	986.22
2002	71.31	373.56	2014	212.53	961.68
2003	68.95	372.72	2015	278.70	1238.66
2004	87.30	474.47	2016	284.31	1241.52
2005	104.63	570.79	2017	284.50	1174.5
2006	119.42	633.87			

数据来源：《老挝统计年鉴》。

1995～2017 年，中寮地区粮食产量总体呈现增长趋势，此期间有较小的波动。1995～2007 年，粮食产量处于平缓增长阶段，由 1995 年的 32.32 万 t 增长至 2007 年的 98.81 万 t，年增长约 5.54 万 t。2008 年之后粮食产量呈现快速增长态势，由 82.45 万 t 增长到 2017 年的 204 万 t，年增长约 13.51 万 t 水平。人均粮食占有量变化趋势与粮食产量变化趋势相似，1995 年人均粮食占有量为 256.74kg，到 2007 年人均粮食占有量增长到 560.77kg，

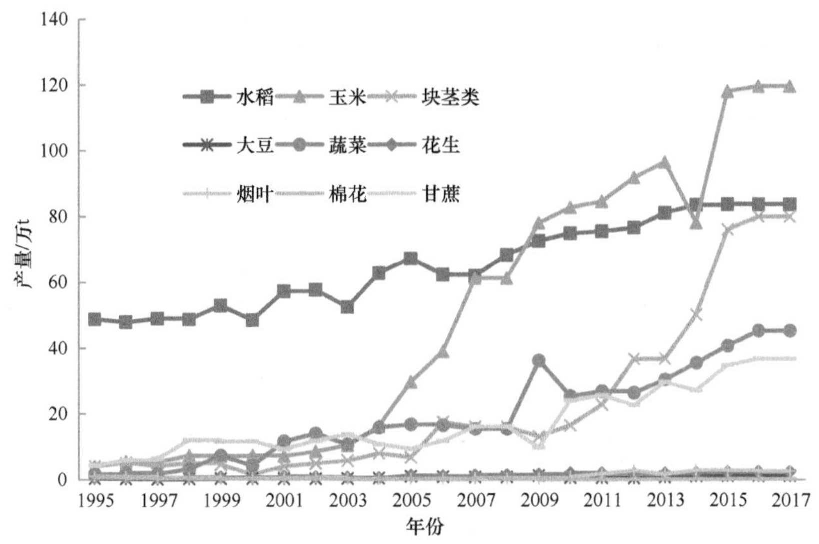

图 5.13　上寮地区 1995～2017 年各农作物产量

年增长约 25.34kg；2008 年之后增长较快，人均粮食占有量由 2008 年的 457.29kg 增长至 2017 年的 999.02kg，年平均增长约 60.19kg（图 5.14 和表 5.7）。

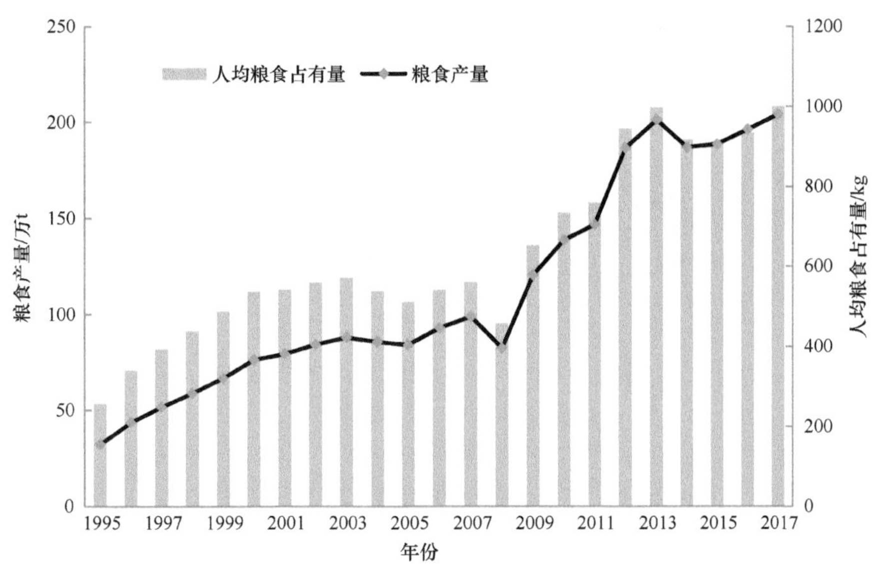

图 5.14　中寮地区 1995～2017 年粮食产量及人均占有量变化情况

1995～2017 年，中寮地区的主要农作物产量总体都呈现增长趋势。粮食作物中，水稻是中寮地区最主要的农作物，产量最高，由 30.5 万 t 增长至 119.4 万 t，增长约 3 倍；块茎类作物前期产量增幅大，由 1995 年的 1.6 万 t 增长至 2013 年的 87 万 t，增长约 53.38 倍，但是 2013 年之后开始减少；玉米产量由 0.41 万 t 增长至 14.0 万 t，增长约 33.15 倍。经济作物中，蔬菜产量由 0.5 万 t 增长至 26.5 万 t。其他作物产量较低，变化趋势不明显（图 5.15）。

表 5.7 中寮地区粮食产量及人均占有量

年份	粮食/万 t	人均粮食占有量/（kg/人）	年份	粮食/万 t	人均粮食占有量/（kg/人）
1995	32.32	256.74	2007	98.81	560.77
1996	43.58	340.45	2008	82.45	457.29
1997	51.58	393.73	2009	120.31	652.11
1998	58.76	438.51	2010	138.69	733.79
1999	66.76	487.29	2011	146.79	759.37
2000	76.38	536.77	2012	186.47	943.68
2001	79.46	542.38	2013	201.08	995.92
2002	84.29	559.68	2014	186.88	916.08
2003	87.93	570.98	2015	188.50	910.63
2004	85.65	538.70	2016	196.16	934.08
2005	84.15	510.31	2017	204	999.02
2006	92.99	540.63			

数据来源：《老挝统计年鉴（1996—2018）》。

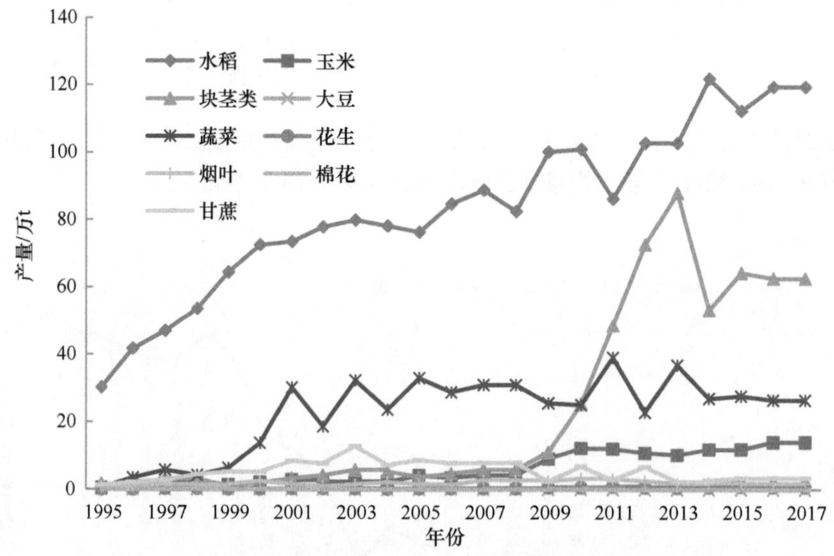

图 5.15 中寮地区 1995～2017 年各农作物产量

3. 下寮地区

下寮是老挝南部地区的习惯称呼，包括沙拉湾、塞公、阿速坡、占巴塞四省，面积约 4.41 万 km^2。地势东高西低，东有富良山脉西坡及波罗芬高原，拥有多种热带农林资源，如龙脑香、红木、铁木、楠木、豆蔻、砂仁、烟草、咖啡、金鸡纳、茶树等，有广大草场放牧。西为沙湾拿吉平原和巴色低地，是老挝重要的粮食基地和热带经济作物重点发展区。

1995～2017 年，下寮地区粮食产量总体呈现波动增长趋势。1995～2012 年，粮食产量处于平缓增长阶段，由 67.59 万 t 增长至 200.46 万 t，年增长约 7.82 万 t；2013 年之后粮食产量呈现快速增长态势，由 196.06 万 t 增长到 2017 年的 379.00 万 t，年增长约 45.74 万 t 水平。人均粮食占有量变化趋势与粮食产量变化趋势相似，1995 年人均粮食占有量 425.63kg，到 2012 年增长到 899.34kg，年增长约 27.87kg；2013 年之后增长较快，由 864.10kg 增长至 2017 年的 1570.60kg，年增长约 176.63kg（图 5.16 和表 5.8）。

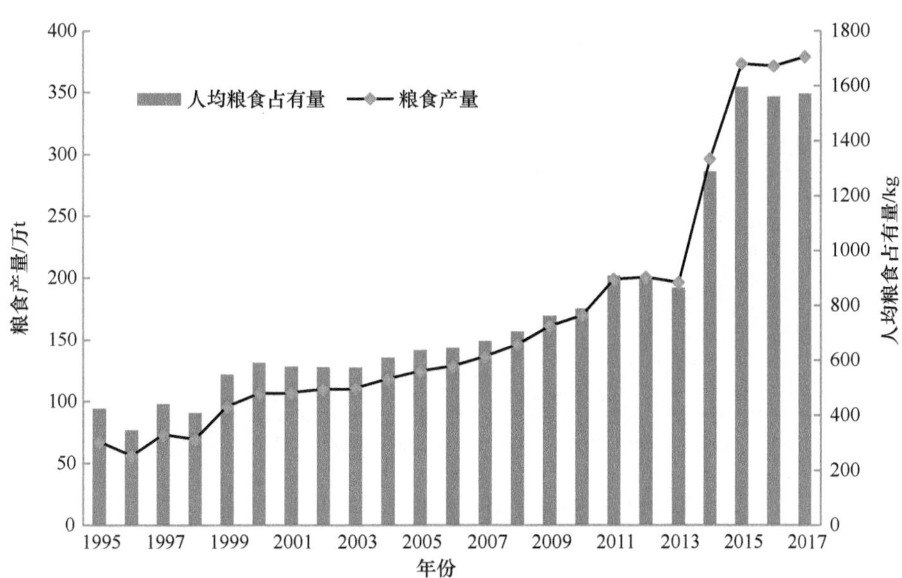

图 5.16　下寮地区 1995～2017 年粮食产量及人均粮食占有量变化情况

表 5.8　下寮地区粮食产量及人均占有量

年份	粮食产量/万 t	人均粮食占有量/(kg/人)	年份	粮食产量/万 t	人均粮食占有量/（kg/人）
1995	67.59	425.63	2007	136.38	670.52
1996	56.16	346.66	2008	146.19	705.21
1997	73.24	441.18	2009	161.09	762.75
1998	69.53	408.99	2010	169.66	788.76
1999	95.92	548.10	2011	198.72	907.41
2000	106.54	591.22	2012	200.46	899.34
2001	107.20	576.97	2013	196.06	864.10
2002	109.83	575.02	2014	296.15	1287.60
2003	110.77	573.93	2015	373.21	1594.93
2004	118.29	609.74	2016	371.28	1560.01
2005	124.51	637.23	2017	379.00	1570.60
2006	128.57	644.78			

数据来源：《老挝统计年鉴（1996—2018）》。

1995～2017 年下寮地区各类主要农作物产量总体都呈现增长趋势。主要粮食作物中，水稻是最主要的粮食作物，产量最高，由 62.7 万 t 增长至 211.7 万 t，增长约 2.38 倍，增长速度较快；块茎类作物增幅最大，产量由 4.3 万 t 增长至 137.2 万 t，尤其在 2013 年之后增速提升较快；玉米产量由 0.45 万 t 增长至 21.6 万 t，增长 47 倍。主要经济作物中，蔬菜和甘蔗产量较高，增长较快，其中蔬菜由 3.5 万 t 增长至 97.4 万 t。其他作物产量较少，增幅不明显（图 5.17）。

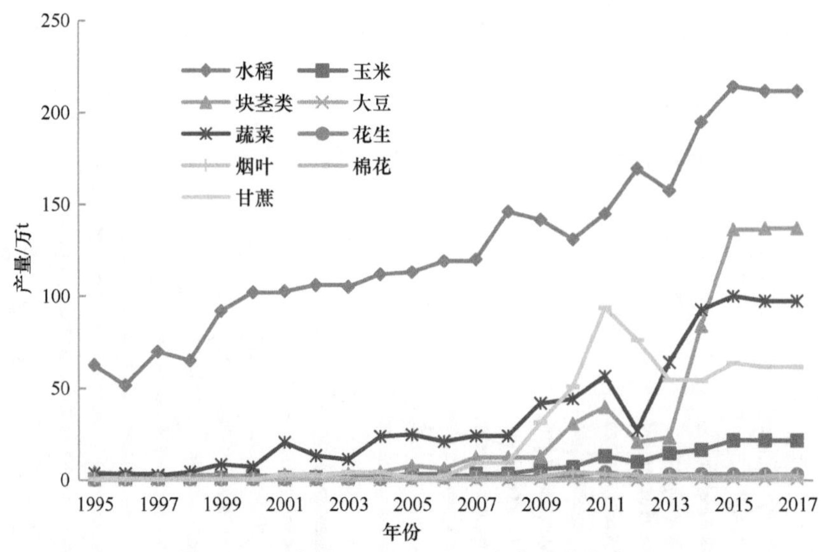

图 5.17　下寮地区 1995～2017 年各农作物产量

5.2.4　分省格局

分析各省（市）的粮食产量发现，2017 年占巴塞省、沙湾拿吉省、沙耶武里省等几个省份粮食产量较高，其中沙湾拿吉省粮食产量最高，达到 1041638t，为粮食总产量的 19.85%；占巴塞省为 558285t，占粮食总产量的 10.64%；沙耶武里省为 547300t，占粮食总产量的 10.43%。赛宋本省、琅南塔省、塞公省、阿速坡省和丰沙里省等省粮食产量相对较低，其中赛宋本省粮食产量最少，为 34830t（表 5.9）。

表 5.9　2017 年各省（市）粮食产量及比重

省（市）	产量/t	占比/%	省（市）	产量/t	占比/%
沙湾拿吉省	1041638	19.85	琅勃拉邦省	198601	3.78
占巴塞省	558285	10.64	波里坎塞省	180288	3.44
沙耶武里省	547300	10.43	华潘省	167981	3.20
乌多姆赛省	407006	7.76	博胶省	105008	2.00
沙拉湾省	399759	7.62	丰沙里省	98521	1.88
甘蒙省	394315	7.51	阿速坡省	79360	1.51
万象省	356620	6.80	塞公省	65744	1.25
万象市	325435	6.20	琅南塔省	60598	1.15
川圹省	226645	4.32	赛宋本省	34830	0.66

数据来源：《老挝统计年鉴（2018）》。

从历年来粮食产量的变化（表 5.10）可以看出，沙湾拿吉省粮食产量一直保持最高。2000 年和 2005 年沙湾拿吉省、占巴塞省、万象市粮食产量排前三，2010 年沙湾拿吉省、沙耶武里省和万象省粮食产量排前三，2015 年和 2017 年前三位分别是沙湾拿吉省、占巴塞省和沙耶武里省。

从各省（市）的变化趋势来看，产量较高的前几个省份仍在持续增产，均呈现显著的增长趋势，例如，沙湾拿吉省、占巴塞省、沙耶武里省；而一些产量较少的省份出现降低趋势，例如，华潘省、塞公省、琅南塔省等（表 5.10）。

表 5.10　各省（市）粮食产量及其变化趋势　　（单位：t）

省（市）	2000年	2005年	2010年	2015年	2017年
沙湾拿吉省	442411	597535	707100	1077189	1041638
占巴塞省	315864	315415	296100	608935	558285
沙耶武里省	114285	262320	495175	532063	547300
乌多姆赛省	71342	152000	207120	414370	407006
沙拉湾省	187757	233540	292665	455333	399759
甘蒙省	147799	191640	243600	358270	394315
万象省	164560	242170	365800	365321	356620
万象市	268265	303425	344895	360940	325435
川圹省	79556	124675	178510	256075	226645
琅勃拉邦省	106037	121340	138810	182281	198601
波里坎塞省	117686	144405	177780	157725	180288
华潘省	77998	113180	197225	286074	167981
博胶省	40561	119860	205625	111313	105008
丰沙里省	51884	54075	69090	105685	98521
阿速坡省	49521	43435	56380	131753	79360
塞公省	19125	29650	31725	86082	65744
琅南塔省	46938	63985	84185	91326	60598
赛宋本省	17112	0	0	38542	34830

数据来源：《老挝统计年鉴（2001—2018）》。

从地均粮食产量来看，占巴塞省地均粮食产量最高，2017 年地均粮食产量达到 37.04t/hm^2，远超过其他省（市）。其次是万象省，2017 年地均粮食产量为 11.37t/hm^2。琅南塔省、赛宋本省、塞公省和甘蒙省 4 个省份地均粮食产量较少，不足 1t/hm^2。

从地均粮食产量的变化来看，占巴塞省、万象省、沙耶武里省、沙湾拿吉省、甘蒙省和乌多姆赛省地均粮食产量呈现增长，沙拉湾省、万象市、琅勃拉邦省、川圹省、华潘省、波里坎塞省、塞公省、琅南塔省、丰沙里省、博胶省、阿速坡省、赛宋本省地均粮食产量有所减少（表 5.11）。

通过对不同农作物在各省（市）的产量分布分析发现，主要粮食作物中，水稻主要分布在沙湾拿吉省、占巴塞省、甘蒙省、万象省和万象市等省（市），其中，沙湾拿吉省水稻产量最高，达到 983700t；玉米主要分布在沙耶武里省、乌多姆赛省、华潘省和川圹省，其中，沙耶武里省玉米产量最高，约 349995t；块茎类作物在沙耶武里省、波里坎塞省、沙拉湾省、占巴塞省分布较多，其中占巴塞省块茎类作物产量最高，约 549265t。

主要经济作物中，蔬菜产量较多的省份有占巴塞省、塞公省、沙拉湾省和沙湾拿吉省，占巴塞省蔬菜产量最高，为 410360t；花生主要分布在沙耶武里省和沙拉湾省，沙拉湾省花生产量最高，为 14605t；甘蔗主要分布在沙湾拿吉省、阿速坡省和琅南塔省等，其中沙湾拿吉省甘蔗产量最高，达到了 987525t（表 5.12）。

表 5.11　各省（市）地均粮食产量及其变化趋势　　　　（单位：t/hm²）

省（市）	2000年	2005年	2010年	2015年	2017年
占巴塞省	9.51	9.81	13.05	35.46	37.04
万象省	4.00	5.96	10.00	11.58	11.37
沙耶武里省	0.93	2.11	4.00	7.70	8.77
华潘省	1.59	2.42	4.00	6.55	3.80
沙湾拿吉省	2.32	3.18	3.80	6.09	5.99
沙拉湾省	0.89	1.06	1.75	4.40	3.62
川圹省	0.86	1.31	2.04	2.82	2.42
万象市	1.62	1.85	2.76	2.72	2.17
丰沙里省	0.97	1.13	1.74	2.24	1.87
阿速坡省	0.74	0.66	0.93	2.22	1.48
波里坎塞省	0.43	0.53	0.78	1.63	0.60
博胶省	0.59	1.76	2.97	1.63	1.54
琅勃拉邦省	0.52	1.10	1.01	1.23	1.12
乌多姆赛省	0.18	0.38	0.51	1.05	1.04
琅南塔省	0.31	0.45	0.51	1.05	0.68
赛宋本省	0.14	0.00	0.00	0.53	0.37
塞公省	0.09	0.12	0.12	0.48	0.40
甘蒙省	0.15	0.19	0.24	0.40	0.43

数据来源：《老挝统计年鉴（2001—2018）》。

表 5.12　2017 年各农作物在各省（市）的分布情况　　　　（单位：t）

省（市）	水稻	玉米	块茎类	蔬菜	花生	大豆	甘蔗
万象市	335300	12995	37120	80855	560	50	7550
丰沙里省	52422	57140	18885	27035	1735	855	105325
琅南塔省	56670	31010	73285	21125	450	110	209930
乌多姆赛省	84860	315320	28790	85912	4230	3060	16235
博胶省	91740	21630	1660	4800	1290	375	0
琅勃拉邦省	121930	82100	68680	103930	2620	665	16955
华潘省	107268	176125	17440	50420	1040	5095	9705
沙耶武里省	192200	349995	531635	115100	10975	130	4320
川圹省	97400	157570	34590	42080	1160	367	3785
万象省	297450	54230	123125	94390	2090	90	4165
波里坎塞省	167350	34535	416925	41120	5245	60	9195
甘蒙省	394300	39250	48785	48650	260	0	13115
沙湾拿吉省	983700	54490	133385	117838	6135	0	987525
沙拉湾省	432400	31250	547515	143430	14605	995	3260
塞公省	46900	36940	64505	299620	2520	113	154675
占巴塞省	569200	42515	549265	410360	8105	7125	16085
阿速坡省	85050	50610	76865	2805	70	0	456420
赛宋本省	32660	4655	24730	1430	110	40	755

数据来源：《老挝统计年鉴（2017）》。

5.3　食物消费结构与膳食营养水平

本节主要分析了老挝居民的食物消费与膳食营养结构来源，通过访谈和问卷的形式对老挝居民进行了主要食物种类以及早、中、晚三餐食物摄取情况调查。基于收集整理的有效调研问卷，通过归纳与对比，对居民消费水平与消费结构方面进行了分析与探讨，在此基础上揭示了老挝居民食物消费结构与膳食营养水平。

5.3.1　居民食物消费问卷分析

为了解老挝居民食物摄入的基本情况，通过梳理归纳相关文献资料并总结以往调研经验，在遵循科学性、系统性、独立性、可比性等原则的基础上，对老挝居民食物消费问卷内容进行初步设计后，邀请老挝方面的专家进行讨论，形成老挝居民食物消费情况调查问卷。问卷主要包括以下基本内容：家庭居住地、家庭成员数、成员年龄结构、主要食物种类，以及一日三餐每餐的食物摄入种类及数量（图 5.18）。

ແບບສອບຖາມ ສະພາບການບໍລິໂພກອາຫານຂອງປະຊາຊົນ

- ຄອບຄົວຕັ້ງຢູ່: ☐ ເຂດຕົວເມືອງ / ☐ ເຂດຊົນນະບົດ.
- ສະມາຊິກຄອບຄົວທັງໝົດມີ____ຄົນ; ອາຍຸ 0-18 ປີມີ____ຄົນ, ອາຍຸ 19-25 ປີມີ____ຄົນ, ອາຍຸ 26-39 ປີມີ____ຄົນ, ອາຍຸ 40-59 ປີມີ____ຄົນ, ອາຍຸ 60 ປີຂຶ້ນໄປມີ____ຄົນ.
- ປະເພດອາຫານຫຼັກ: ☐ ເຂົ້າໜຽວ / ☐ ເຂົ້າຈ້າວ / ☐ ເຜືອກມັນ.
- ກະລຸນາຕື່ມຂໍ້ມູນການບໍລິໂພກອາຫານທັງ 3 ຄາບເຂົ້າໃນມື້ໜຶ່ງ ລົງໃສ່ໃນຕາຕະລາງຕໍ່ໄປນີ້ (ຖ້າບໍ່ມີໃຫ້ຂຽນ 0):

ເຂົ້າເຊົ້າ: ອາຫານຫຼັກແມ່ນ____; ປະລິມານ____ກິໂລ;
ພືດຜັກ____ກິໂລ; ຊີ້ນ____ກິໂລ; ໄຂ່ໄກ່____ໜ່ວຍ;
ນົມ ແລະ ຜະລິດຕະພັນນົມ____ກິໂລ; ສັດນ້ຳ(ກຸ້ງ ຫອຍ ປູ ປາ)____ກິໂລ;
ນອກຈາກນີ້ຍັງມີ____; ປະລິມານ____ກິໂລ.

ເຂົ້າສວາຍ: ອາຫານຫຼັກແມ່ນ____; ປະລິມານ____ກິໂລ;
ພືດຜັກ____ກິໂລ; ຊີ້ນ____ກິໂລ; ໄຂ່ໄກ່____ໜ່ວຍ;
ນົມ ແລະ ຜະລິດຕະພັນນົມ____ກິໂລ; ສັດນ້ຳ(ກຸ້ງ ຫອຍ ປູ ປາ)____ກິໂລ;
ນອກຈາກນີ້ຍັງມີ____; ປະລິມານ____ກິໂລ.

ເຂົ້າແລງ: ອາຫານຫຼັກແມ່ນ____; ປະລິມານ____ກິໂລ;
ພືດຜັກ____ກິໂລ; ຊີ້ນ____ກິໂລ; ໄຂ່ໄກ່____ໜ່ວຍ;
ນົມ ແລະ ຜະລິດຕະພັນນົມ____ກິໂລ; ສັດນ້ຳ(ກຸ້ງ ຫອຍ ປູ ປາ)____ກິໂລ;
ນອກຈາກນີ້ຍັງມີ____; ປະລິມານ____ກິໂລ.

- ປະເພດໝາກໄມ້ ໃນມື້ໜຶ່ງບໍລິໂພກປະມານ____ກິໂລ;
- ນ້ຳມັນປຸງແຕ່ງອາຫານຕຸກໜຶ່ງໃຊ້ໄດ້____ວັນ; ນ້ຳມັນທີ່ໃຊ້ຕຸກໜຶ່ງມີ____ .

居民食物消费情况调查问卷

家庭居住地：　☐ 城镇　/　☐ 农村

家庭成员数____人；0-18 岁____人、19-25 岁____人、26-39 岁____人、40-59 岁____人、60 岁以上____人.

主要食物种类包括：☐ 糯米 / ☐ 大米 / ☐米粉、米线.

请将您全家每天三餐吃的食物情况填入下表（没有填 0）：

早饭：吃的主食为____；数量为____kg；
蔬菜吃____kg；肉吃____kg；蛋吃____个；
奶及奶制品吃____kg；水产品吃____kg；
其他还有____；数量为____kg.

午饭：吃的主食为____；数量为____kg；
蔬菜吃____kg；肉吃____kg；蛋吃____个；
奶及奶制品吃____kg；水产品吃____kg；
其他还有____；数量为____kg.

晚饭：吃的主食为____；数量为____kg；
蔬菜吃____kg；肉吃____kg；蛋吃____个；
奶及奶制品吃____kg；水产品吃____kg；
其他还有____；数量为____kg.

水果类食物每天吃____kg；

食用油多久用完一桶____天；一桶多少____L(升).

图 5.18　老挝居民食物消费情况调查问卷（左：老挝语，右：汉语）

通过与老挝居民进行访谈交流，对老挝居民的部分饮食习惯、主要食物种类（蔬菜品种、水果品种、肉类食品以及各种特色食物）及其做法等有了初步的认识和了解。

基于收集的问卷整理分析可得，老挝整体家庭规模为每户 6 人左右，每户最少 3 人，最多 9 人。人口结构中，青年和中年人口为主，26～39 岁人口最多，约占 32%以上，老年人口相对较少，约占 5%。主要食物种类中，糯米与大米为主要食物，其中以糯米食物居多，约占 80%以上（图 5.19）。

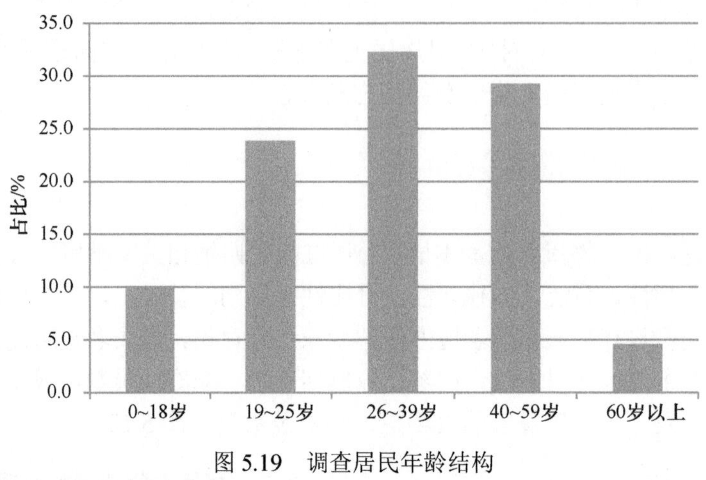

图 5.19　调查居民年龄结构

5.3.2　居民主要食物结构

老挝地处热带，光照充足，雨量充沛，特别适合水稻生长。老挝居民的主食为稻米及米制品。主食以米饭或米粉种类为主，主要有咖喱饭、椰浆饭、炒饭、鸡饭、米粉、炒面、粽子等。糯米饭是老挝人最爱吃的主食，在食物结构中约占 70%。米线和米粉是老挝人最主要的便食之一，深得老挝人的喜爱。考顿，类似于中国的粽子，是老挝人的日常食品。

在老挝的饮食结构中，蔬菜和水果的地位仅次于大米。热带、亚热带的地理条件和气候因素决定该地区盛产蔬菜和水果，街道两旁就种植着椰子、香蕉、槟榔、龙眼等果树，不仅品种丰富且长年不断地供给。老挝的水果种类较多，其中以榴莲最多、最普遍，另外还有凤梨、柚子、红毛丹、香蕉、龙眼、莲雾、菠萝蜜、芒果、椰子、西瓜、荔枝、山竹、椰子等。老挝最有代表性的“舂木瓜”就是以木瓜为原料制作的，这道菜是老挝人最爱吃的，可以称为老挝的国菜。老挝饮食中的蔬菜基本以佐蘸料生食为主，辅以炒和蒸的方式。蔬菜中以圆白菜、生菜、长豇豆、空心菜、豆腐、黄瓜、番茄、马铃薯最为常见。

老挝虽然属于内陆国家，但各种新鲜、干制的水产品及其他衍生加工品也是不可缺少的美食。但在老挝的饮食结构中，肉制品所占的比重较小。肉食原料主要是鸡、猪、牛等。由于宗教信仰不同，肉食原料存在着地区与族群取舍的明显不同。水产品和肉类的种类和吃法有很多，最具有代表性的菜品就是凉拌碎肉—— 腊普。腊普是老挝语“Laap”的译音，是一种最具有老挝民族特色的菜肴，也是老挝人招待重要客人或聚会的必备菜色。

整理分析问卷可以得到，老挝居民食物消费三餐结构有所不同。早餐以粮食为主，人均粮食摄取量约 0.31kg；蔬菜和水产品次之，分别约为 0.14kg 和 0.09kg。午餐中，肉类和水产品摄入提高，肉类从 0.08kg 增加到 0.11kg；水产品从 0.09kg 增加至 0.18kg，粮食摄入为 0.30kg，较早餐略有减少。晚餐肉类是三餐中摄入最高的，为 0.16kg，蔬菜增加至 0.21kg，粮食减少至 0.26kg（图 5.20）。

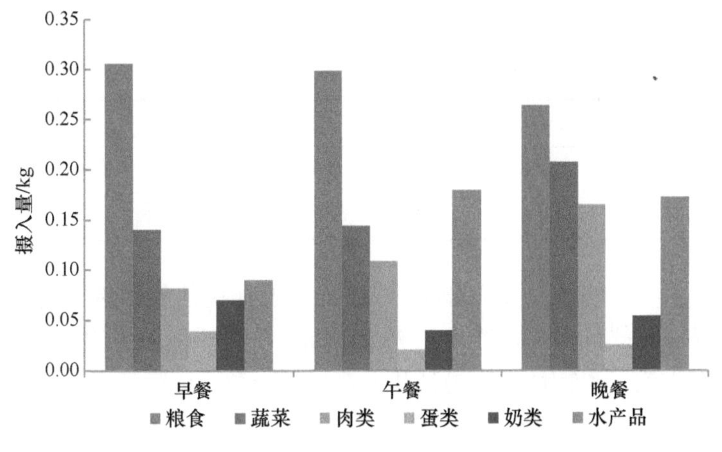

图 5.20　老挝居民三餐食物结构

根据 FAO 统计数据分析得到，老挝居民各类食物消费以粮食为主，2017 年人均消费量约为 259.5kg；其次是蔬菜，年人均消费量为 208.44kg；水果年人均消费量约为 126.96kg；水产品、肉类消费也较多，肉类人均消费量约 26.22kg，水产品人均消费量约 25.27kg（图 5.21）。

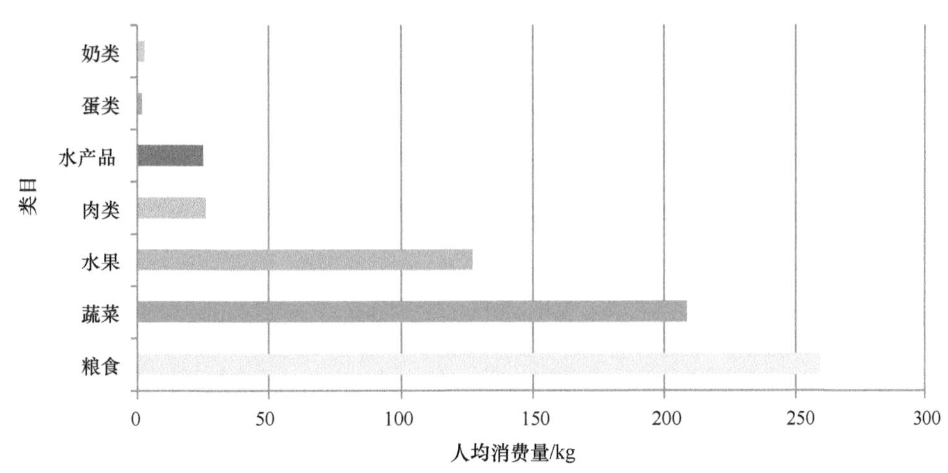

图 5.21　老挝居民食物消费结构

5.3.3 居民膳食营养来源

能量、蛋白质和脂肪是人体生理活动所必需的三类主要营养素。居民营养素的摄取水平取决于食物消费结构和消费量，当食物种类和消费数量确定后，其提供的热量、蛋白质和脂肪的量就已经确定。计算营养素摄取水平的基础工具是主要食物营养素成分表（表 5.13），把居民消费的食物分为 7 大类，表 5.13 中每类食物的营养素成分是建立在每种食物的营养含量基础之上的加权平均值。

表 5.13　每千克主要食物营养素成分

项目	粮食	蔬菜	水果	肉类	蛋类	奶类	水产品
热量/kcal	2800	220	450	1880	1390	610	782
蛋白质/g	93	11.4	6.2	99.5	123.8	33.6	125

根据每千克主要食物营养素成分换算表，对老挝居民热量和蛋白质摄入量进行转换计算得到，老挝居民热量摄入量约为 2373.25kcal，蛋白质摄入量约为 76g，其中，动物性蛋白约占 30%左右，植物性食物仍是其主要热量来源。从营养素来源看，粮食对热量贡献较多，可以占 80%；蛋白质主要来源于粮食、水产品和肉类，分别占 72%、9%和 8%（图 5.22）。

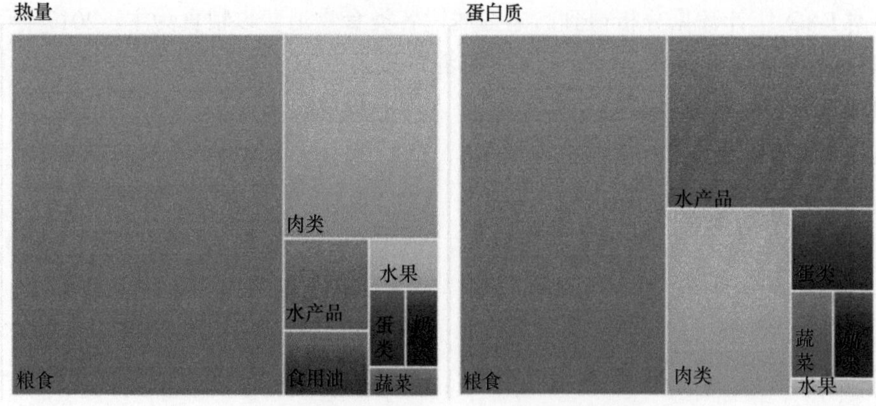

图 5.22　老挝居民热量、蛋白质来源

5.4　土地资源承载力与承载状态

本节主要根据老挝国家、地区及各省（市）粮食产量和各种农作物以及肉、蛋、奶产量，基于人粮平衡和当量平衡（唐华俊和李哲敏，2012），计算老挝多尺度的土地资源承载力及其承载状态，分析多尺度土地资源承载力的空间分布格局，并通过计算老挝粮食作物生产潜力，结合未来耕地面积及复种指数等因素（封志明等，2017），对老挝未来粮食生产能力及其承载能力进行情景分析。

5.4.1　基于人粮平衡的土地资源承载力评价

1. 基于人粮平衡的土地资源承载力

国家水平上，1995～2017 年以来，老挝土地资源承载力趋于增强，可承载人口数逐步增加（图 5.23）。

根据老挝居民食物消费水平以及膳食营养需求结构分析，以老挝居民年人均粮食消费量 500kg 为标准计算，老挝土地承载力研究表明：

1995～2004 年，老挝土地资源人口承载力低于现实人口数，其中 1995 年可承载人口数为 294 万人，远低于现实的 485 万人；2004 年可承载人口数达到 547 万人，与现实人口数 566 万人相近。

2005～2009 年，随着粮食产量的逐步增加，土地资源承载能力随之提高，可承载人口数增长速度快于现实人口增速，2009 年可承载人口数达到 856 万人。

2009 年以来，老挝粮食产量稳定增长，土地资源可承载人口数超过现实人口数。2017 年可承载人口数达到 1174 万人，远远高于现实人口数。

从单位耕地面积上的可承载人口数来看，老挝地均承载人口数呈现上升趋势，由 1995 年每公顷可承载约 3.55 人上升至 2017 年每公顷可承载约 7.70 人，增长显著（图 5.23 和表 5.14）。

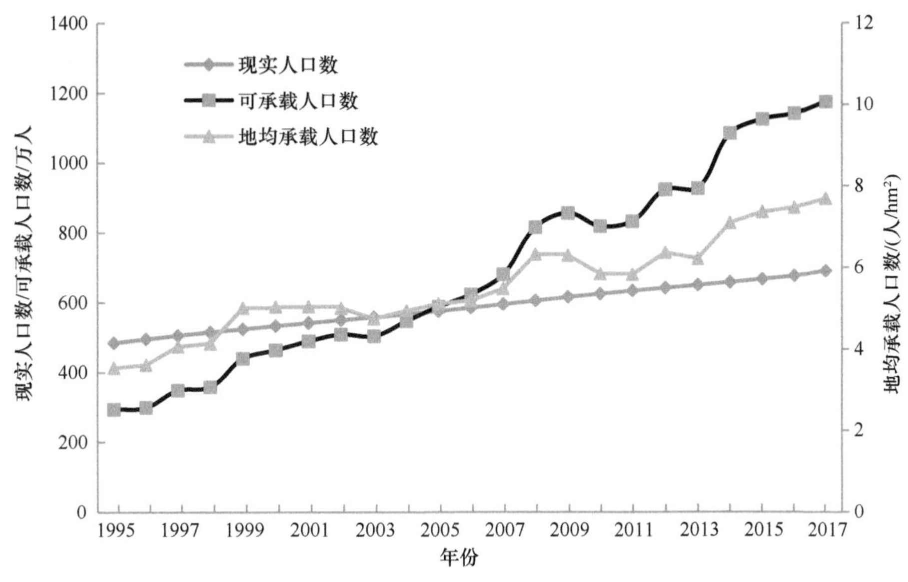

图 5.23　1995～2017 年基于人粮平衡的老挝土地资源承载力

表 5.14　1995～2017 年基于人粮平衡的老挝土地资源承载力

年份	可承载人口数/万人	地均承载人口数/（人/hm^2）	年份	可承载人口数/万人	地均承载人口数/（人/hm^2）
1995	294	3.55	2007	680	5.48
1996	298	3.62	2008	816	5.32
1997	348	4.07	2009	856	6.29
1998	357	4.14	2010	818	5.85
1999	440	5.01	2011	832	5.83
2000	464	5.04	2012	923	6.37
2001	489	5.04	2013	926	6.22
2002	508	5.01	2014	1083	7.10
2003	504	4.75	2015	1124	7.37
2004	547	4.95	2016	1140	7.48
2005	588	5.11	2017	1174	7.70
2006	623	5.19			

2. 基于人粮平衡的土地资源承载状态

1995～2017 年以来，老挝土地资源承载状态趋于改善，人粮关系基本平衡，并向盈余状态转变。具体而言：

1995～2000 年，老挝土地资源承载指数介于 1.15～1.65，土地资源承载力表现为粮食短缺、土地超载。

2000～2007 年，随着粮食产量的逐步增加，土地资源承载力随之提高，土地资源承载指数介于 0.875～1.11，人粮关系趋于平衡。

2008 年以来，老挝粮食产量稳定增长，土地资源承载指数介于 0.59～0.74，人粮关系盈余且向着富裕转变（图 5.24）。

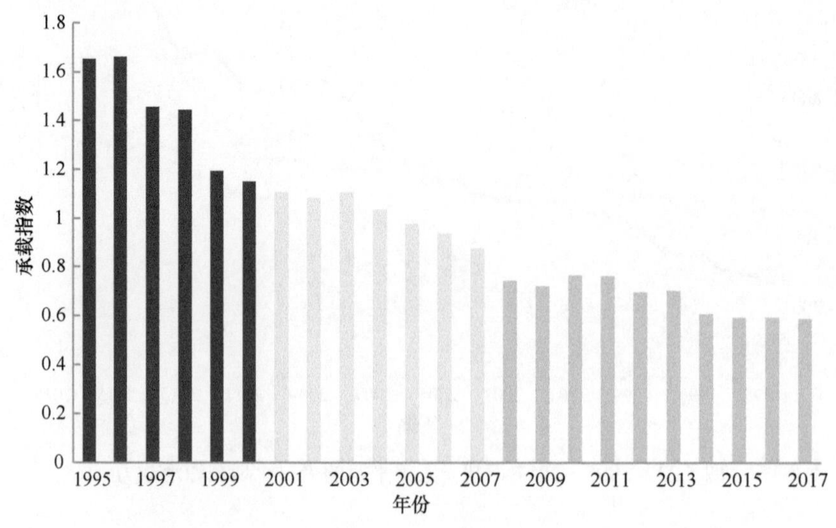

图 5.24　1995～2017 年基于人粮平衡的老挝土地资源承载指数

5.4.2 基于当量平衡的土地资源承载力评价

1. 基于热量平衡的土地资源人口承载力与承载状态

根据世界卫生组织出版的《热量和蛋白质摄取量》一书提出的居民膳食能量需要量，以中等身体活动水平的成年男性和女性的平均每天所需热量 2400kcal 为标准，计算老挝粮食、植物油、糖类、蔬菜、水果、肉类、水产品、奶类、蛋类等产量所对应的热量值，进而获得老挝基于热量平衡的土地资源承载力。

以热量平衡计，1995～2017 年，老挝基于热量平衡的土地资源人口承载力增长显著，承载力从 1995 年的 630 万人增加到 2017 年的 2400 万人。地均承载人口数由 1995 年的 3.70 人/hm^2 增长到 2017 年的 10.63 人/hm^2，增长显著（图 5.25 和表 5.15）。

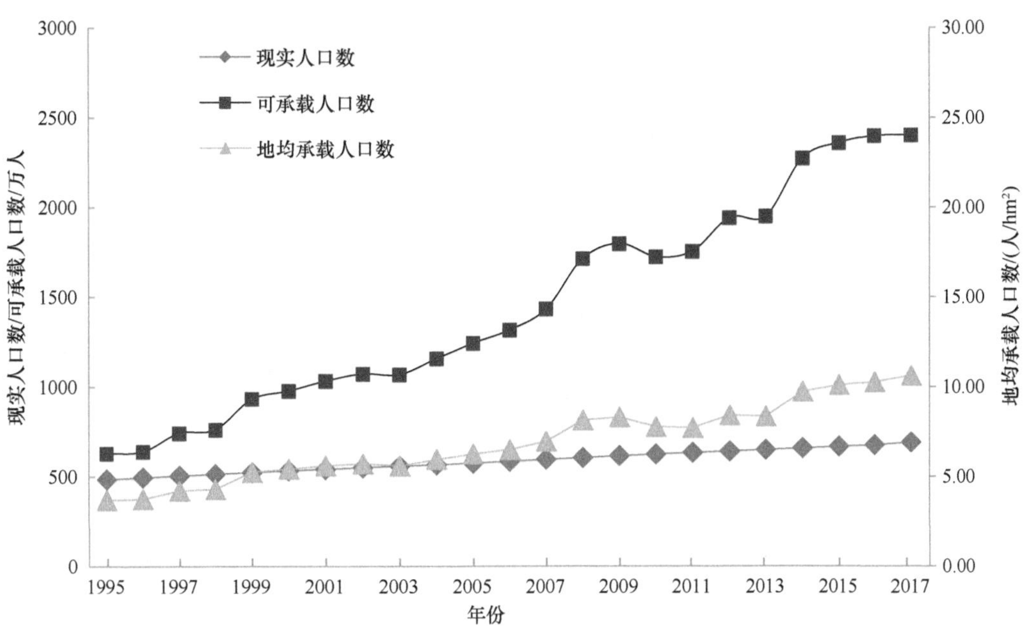

图 5.25 1995～2017 年基于热量平衡的土地资源人口承载力

老挝基于热量平衡的土地资源承载指数介于 0.28～0.77（图 5.26），土地资源承载状态整体处于盈余状态。1995～1996 年承载指数介于 0.75～0.875，人地关系处于盈余状态；1997～2003 年，承载指数介于 0.5～0.75，处于富裕状态；2004 年之后，承载指数低于 0.5，承载状态达到富富有余状态，人口承载力持续增强，2017 年人地关系处于富富有余状态。

表 5.15　1995～2017 年基于热量平衡的土地资源承载力

年份	可承载人口数/万人	地均承载人口数/（人/hm²）	年份	可承载人口数/万人	地均承载人口数/（人/hm²）
1995	630	3.70	2007	1433	6.95
1996	640	3.76	2008	1712	8.14
1997	742	4.22	2009	1797	8.29
1998	761	4.31	2010	1724	7.77
1999	932	5.26	2011	1754	7.70
2000	978	5.42	2012	1940	8.41
2001	1033	5.61	2013	1949	8.34
2002	1073	5.72	2014	2271	9.73
2003	1069	5.59	2015	2356	10.10
2004	1157	5.95	2016	2395	10.27
2005	1243	6.26	2017	2400	10.63
2006	1316	6.50			

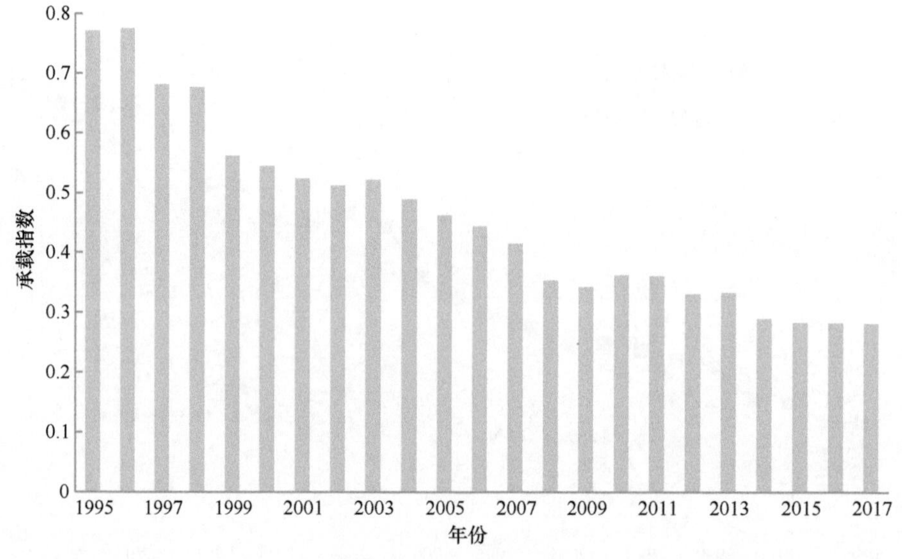

图 5.26　1995～2017 年老挝基于热量平衡的土地资源承载指数

2. 基于蛋白质平衡的土地资源承载力与承载状态

根据世界卫生组织出版的《热量和蛋白质摄取量》一书中提出的居民蛋白质参考摄入量，以成年男性和女性平均每天所需蛋白质 75g 为标准，计算老挝粮食、植物油、糖类、蔬菜、水果、肉类、水产品、奶类、蛋类等产量所对应的蛋白质含量，进而获得老挝基于蛋白质平衡的土地资源承载力。

以蛋白质平衡计，1995～2017 年，老挝基于蛋白质平衡的土地资源承载力显著增强，可承载人口数从 1995 年的 530 万人增加到 2017 年的 2060 万人；地均承载人口数由 1995 年的 3.12 人/hm² 增长到 2017 年的 9.13 人/hm²（图 5.27 和表 5.16）。

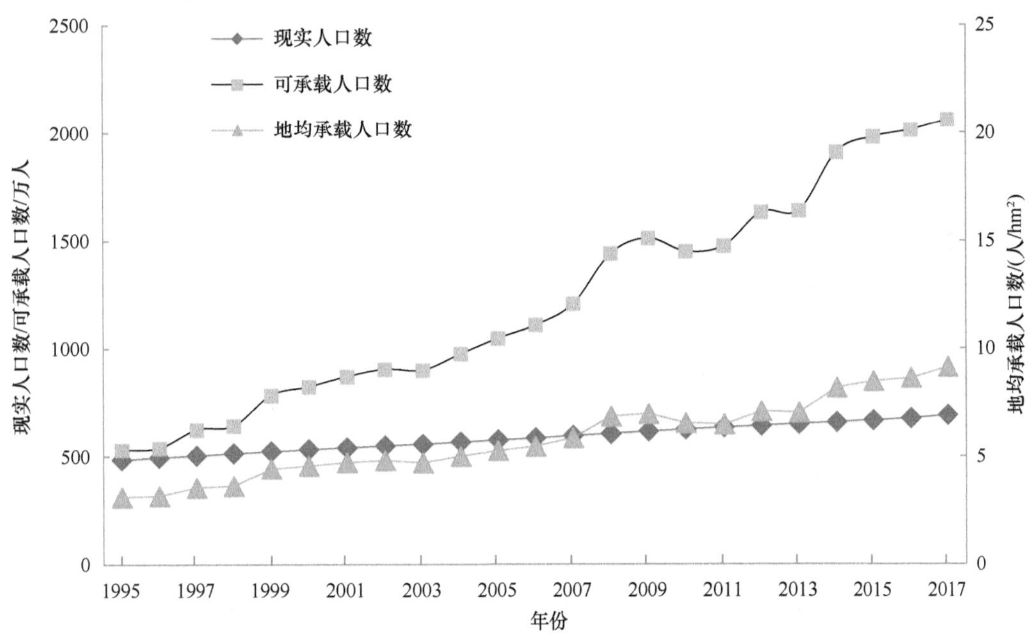

图 5.27　1995～2017 年基于蛋白质平衡的土地资源承载力

表 5.16　1995～2017 年基于蛋白质平衡的土地资源承载力

年份	可承载人口数/万人	地均承载人口数/（人/hm^2）	年份	可承载人口数/万人	地均承载人口数/（人/hm^2）
1995	530	3.12	2007	1206	5.85
1996	539	3.17	2008	1441	6.85
1997	625	3.56	2009	1511	6.97
1998	642	3.64	2010	1450	6.53
1999	785	4.43	2011	1476	6.48
2000	824	4.56	2012	1632	7.07
2001	871	4.73	2013	1639	7.02
2002	904	4.82	2014	1909	8.18
2003	901	4.71	2015	1980	8.49
2004	975	5.01	2016	2013	8.63
2005	1047	5.27	2017	2060	9.13
2006	1108	5.47			

数据来源：FAO。

老挝基于蛋白质平衡的土地资源承载指数介于 0.33～0.92，土地资源承载状态由平衡有余状态转变为富裕状态并向富富有余状态发展。1995～1996 年承载指数介于 0.875～1，处于平衡有余状态；1997 年之后承载指数低于 0.875，承载状态处于盈余到富裕状态；2007 年之后，承载指数小于 0.5，达到富富有余状态。总体上，基于蛋白质平衡的人地关系处于供大于需的土地资源盈余状态（图 5.28）。

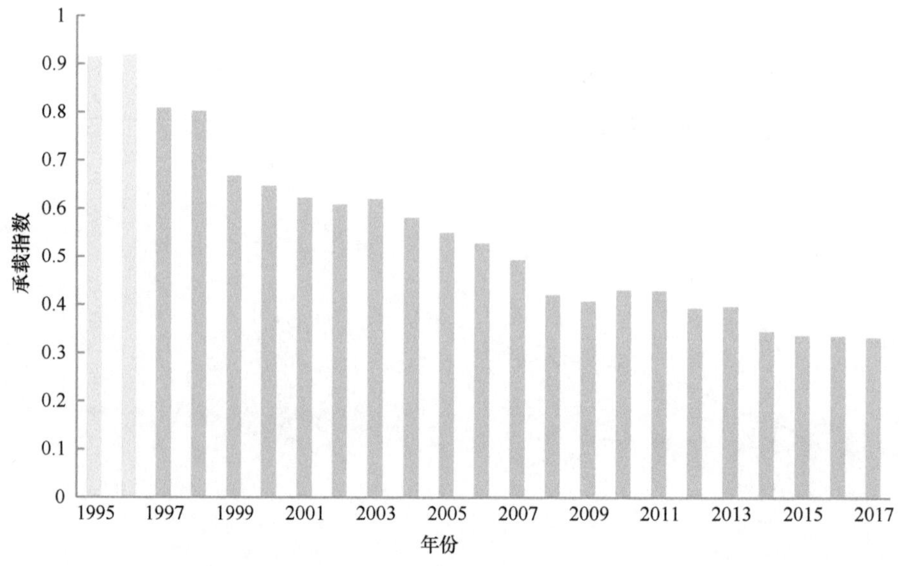

图 5.28　1995～2017 年老挝基于蛋白质平衡的土地资源承载指数

5.4.3　分地区土地资源承载力及承载状态

限于数据的可得性，基于人粮平衡的土地资源承载力研究，分析了上寮、中寮、下寮三个地区 2000 年、2005 年、2010 年和 2015 年四个时间节点的土地资源承载力，并对比三个地区得出以下结论。

整体而言，上寮承载力相对较弱，中寮承载力最强。从时间分布上看，上寮、中寮和下寮各地区承载力均在增强（图 5.29）。

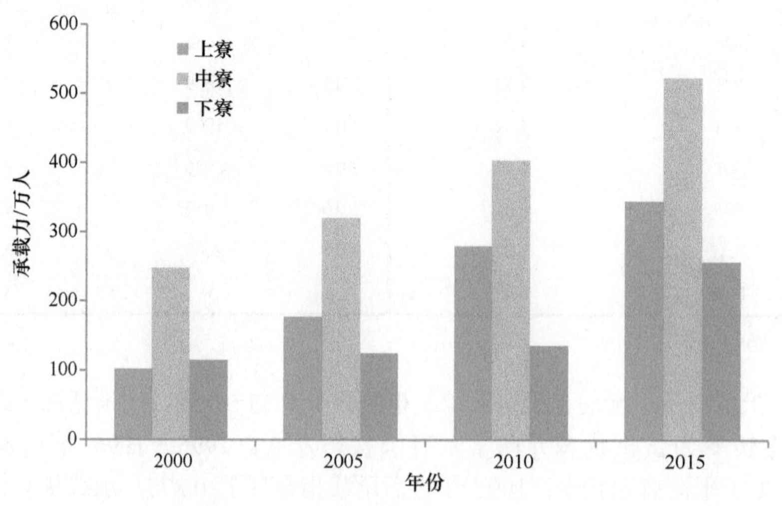

图 5.29　老挝分地区土地资源承载力

2000 年，上寮可承载人口数约 101.8 万人，低于现实人口数，承载指数为 1.67，处于超载状态；中寮可承载人口数约 247.47 万人，与现实人口数接近，承载指数为 1.00，处于临界超载状态；下寮可承载人口数约 114.45 万人，超过现实人口数，承载指数为 0.90，处于平衡有余状态。

2005 年，上寮可承载人口数约 177.35 万人，接近现实人口数，承载指数为 0.98，处于平衡有余状态；中寮可承载人口数约 320.77 万人，高于现实人口数，承载指数为 0.85，处于平衡有余状态；下寮可承载人口数约 124.41 万人，超过现实人口，承载指数为 0.80，为盈余状态。

2010 年，上寮可承载人口数约 279.45 万人，高于现实人口数，承载指数为 0.70，承载状态处于富裕状态；中寮可承载人口数约 403.5 万人，高于现实人口数，承载指数为 0.75，处于盈余状态；下寮可承载人口数约 135.37 万人，超过现实人口，承载指数为 0.78，为盈余状态。

2015 年，上寮可承载人口数约 344.62 万人，约为现实人口数的 2 倍，承载指数为 0.56，处于富裕状态；中寮可承载人口数约 522.81 万人，高于现实人口数，承载指数为 0.70，处于盈余状态；下寮可承载人口数约 256.42 万人，约为现实人口数的 2 倍，承载指数为 0.52，为富富有余状态。老挝整体土地资源承载力水平较高（图 5.30）。

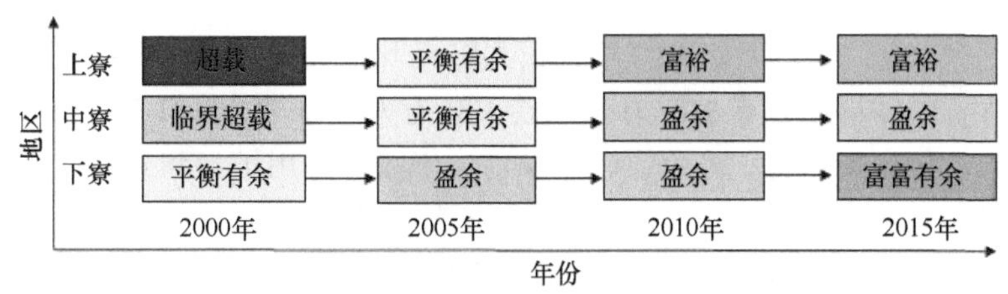

图 5.30　老挝分地区土地资源承载状态

从地均承载人口数来看，随着耕地资源面积不断增加，农业生产力提升，三个地区地均承载人口数均呈现持续增长的趋势。其中，中寮的地均承载人口数最高，可承载人口数从约 10 人/hm^2 增加到 22 人/hm^2（图 5.31）；上寮的地均承载人口数居中，从 4 人/hm^2 增加到 14 人/hm^2；下寮的地均承载人口数最低且增加缓慢，从 4 人/hm^2 增加到 10 人/hm^2。

5.4.4　分省土地资源承载力及承载状态

从基于人粮平衡的老挝分省土地资源承载力来看，2000～2015 年各省（市）承载力普遍呈现增长趋势。其中，沙湾拿吉省、占巴塞省、沙耶武里省、沙拉湾省等省份承载力较高。

2000 年，沙湾拿吉省承载力最大，为 88.48 万人；占巴塞省、万象市次之，承载力介于 50 万～100 万；塞公省和赛宋本省承载力较小，不足 5 万人。

2005 年较 2000 年，各省（市）承载力均有较大提高，其中沙湾拿吉省承载力

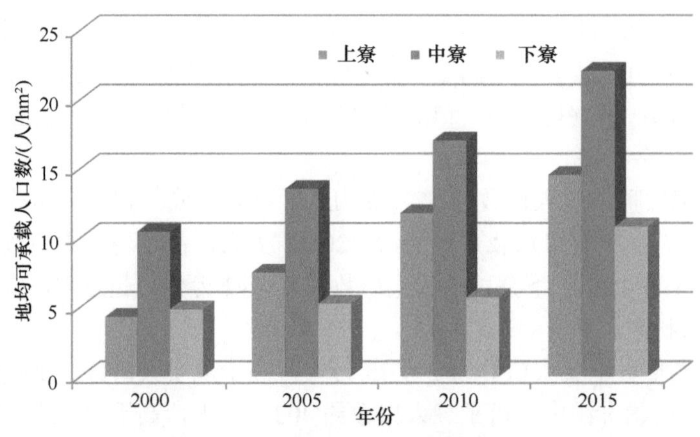

图 5.31 老挝分地区地均可承载人口数

依然最大，达 119.51 万人；占巴塞省、沙耶武里省和万象市承载力超过 50 万人；塞公省和阿速坡省承载力较小，不足 10 万人。

2010 年与 2005 年承载力相比，承载力有所提高，但变化幅度较小，沙湾拿吉省最大，为 141.42 万人，占巴塞省、沙拉湾省、沙耶武里省、万象省和万象市承载力均超过 50 万人；塞公省承载力不足 10 万人。

2015 年各省(市)承载力较 2010 年有较大的提升。沙湾拿吉省承载力最大，为 215.44 万人；占巴塞省和沙耶武里省承载力均超过 100 万人，分别为 121.79 万人和 106.41 万人；沙拉湾省、乌多姆赛省、万象省、万象市、华潘省、川圹省和甘蒙省承载力均超过 50 万人；赛宋本省承载力最小，为 7.71 万人（表 5.17）。

从地均承载力来看，各省（市）地均承载力普遍呈现增长趋势。其中，占巴塞省、万象省、沙湾拿吉省等省份地均承载力较高。

2000 年，占巴塞省地均承载力最大，约为 18.74 人/hm^2；万象省次之，地均承载力为 7.67 人/hm^2；乌多姆赛省、琅勃拉邦省、波里坎塞省、琅南塔省、甘蒙省、塞公省和赛宋本省地均承载力较小，每公顷不足 1 人。

2005 年较 2000 年，各省（市）地均承载力变化不大，占巴塞省地均承载力最大，为 18.72 人/hm^2；万象省次之，地均承载力为 11.29 人/hm^2；乌多姆赛省、琅南塔省、波里坎塞省、甘蒙省、塞公省和赛宋本省地均承载力较小，每公顷不足 1 人。

2010 年与 2005 年地均承载力相比，承载力有所提高，占巴塞省地均承载力变化不大，为 17.57 人/hm^2；万象省地均承载力增长至 17.05 人/hm^2；甘蒙省和塞公省地均承载力较小，每公顷不足 1 人。

2015 年各省（市）承载力较 2010 年有较大的提升。占巴塞省地均承载力最大，为 36.13 人/hm^2；万象省、华潘省、沙湾拿吉省等地均承载力超过 10 人/hm^2，万象省地均承载力约为 17 人/hm^2，华潘省和沙湾拿吉省地均承载力约为 11 人/hm^2；甘蒙省、塞公省和赛宋本省地均承载力较小，不足 1 人/hm^2（表 5.18）。

表 5.17　老挝各省（市）土地资源承载力及其变化趋势　（单位：万人）

省（市）	2000年	2005年	2010年	2015年
沙湾拿吉省	88.48	119.51	141.42	215.44
占巴塞省	63.17	63.08	59.22	121.79
沙耶武里省	22.86	52.46	99.04	106.41
沙拉湾省	37.55	46.71	58.53	91.07
乌多姆赛省	14.27	30.40	41.42	82.87
万象省	32.91	48.43	73.16	73.06
万象市	53.65	60.69	68.98	72.19
甘蒙省	29.56	38.33	48.72	71.65
华潘省	15.60	22.64	39.45	57.21
川圹省	15.91	24.94	35.70	51.22
琅勃拉邦省	21.21	24.27	27.76	36.46
波里坎塞省	23.54	28.88	35.56	31.55
阿速坡省	9.90	8.69	11.28	26.35
博胶省	8.11	23.97	41.13	22.26
丰沙里省	10.38	10.82	13.82	21.14
琅南塔省	9.39	12.80	16.84	18.27
塞公省	3.83	5.93	6.35	17.22
赛宋本省	3.42	0.00	0.00	7.71

数据来源：《老挝统计年鉴（2001—2016）》。

从分省承载力来看，各省（市）承载力均有所提高，由超载状态转变为富裕和富富有余状态。

2000 年，各省（市）承载力水平较低，承载力差异明显。10 个省的承载指数超过 1.125，处于超载状态，其中丰沙里省、乌多姆赛省、博胶省等 7 个省份处于严重超载状态；5 个省（市）处于平衡状态，其中，万象市和甘蒙省承载指数介于 1～1.125，处于临界超载状态；万象省、占巴塞省和阿速坡省承载指数介于 0.875～1，处于平衡有余状态；其余 3 个省份承载力较强，承载指数介于 0.75～0.875，处于盈余状态。

2005 年，各省（市）承载力相对于 2000 年有较大的提升，大部分省承载状态处于盈余和平衡状态，有 7 个省（市）处于超载状态。其中，丰沙里省和琅勃拉邦省承载指数大于 1.5，处于严重超载的状态，塞公省和阿速坡省承载指数介于 1.25～1.5，处于过载状态，而琅南塔省、华潘省和万象市承载指数介于 1.125～1.25，处于超载状态。川圹省、甘蒙省和占巴塞省承载指数介于 0.875～1，处于平衡有余状态。剩余省皆处于盈余状态，其中乌多姆赛省、万象省和波里坎塞省承载指数介于 0.75～0.875，处于盈余状态；博胶省、沙耶武里省、沙湾拿吉省和沙拉湾省 4 个省份承载指数介于 0.5～0.75，处于富裕状态；而赛宋本省承载指数低于 0.5，处于富富有余状态。

表 5.18 老挝各省（市）地均土地资源承载力及其变化趋势（单位：人/hm²）

省（市）	2000年	2005年	2010年	2015年
占巴塞省	18.74	18.72	17.57	36.13
万象省	7.67	11.29	17.05	17.03
华潘省	3.06	4.43	7.73	11.21
沙湾拿吉省	4.58	6.18	7.32	11.15
沙耶武里省	1.83	4.20	7.92	8.51
川圹省	1.57	2.46	3.52	5.05
万象市	3.22	3.64	4.14	4.33
阿速坡省	1.44	1.26	1.64	3.83
沙拉湾省	1.57	1.95	2.44	3.80
丰沙里省	1.78	1.86	2.37	3.63
博胶省	1.17	3.45	5.92	3.20
乌多姆赛省	0.34	0.72	0.98	1.97
琅勃拉邦省	0.93	1.07	1.22	1.61
琅南塔省	0.56	0.76	1.01	1.09
波里坎塞省	0.74	0.90	1.11	0.99
甘蒙省	0.29	0.37	0.47	0.70
赛宋本省	0.29	0.00	0.00	0.64
塞公省	0.12	0.18	0.20	0.53

数据来源：《老挝统计年鉴（2001—2016）》。

2010 年，各省（市）承载力继续提升，只有 4 个省份处于超载状态，琅勃拉邦省和塞公省承载力较低，处于严重超载状态，丰沙里省处于过载状态，阿速坡省处于超载状态。3 个省（市）处于平衡状态，其中琅南塔省处于平衡有余状态，万象市和占巴塞省处于临界超载状态。其余省均处于盈余状态，其中，华潘省、川圹省和甘蒙省承载指数介于 0.75～0.875，处于盈余状态，乌多姆赛省、万象省、波里坎塞省、沙湾拿吉省和沙拉湾省 5 个省份承载指数介于 0.5～0.75，处于富裕状态；沙耶武里省、博胶省和赛宋本省承载指数小于 0.5，处于富富有余状态，承载力较强。

2015 年，各省（市）承载力继续提升，仅琅勃拉邦省和万象市处于超载状态。琅南塔省处于平衡有余状态，赛宋本省处于临界超载状态。其余省份均处于盈余状态，其中，丰沙里省、博胶省和波里坎塞省承载指数介于 0.75～0.875，处于盈余状态，华潘省、万象省、甘蒙省、占巴塞省、塞公省和阿速坡省承载指数介于 0.5～0.75，处于富裕状态；乌多姆赛省、川圹省、沙耶武里省、沙湾拿吉省、沙拉湾省 5 个省份承载指数小于 0.5，处于富富有余状态，承载力较强（图 5.32 和图 5.33）。

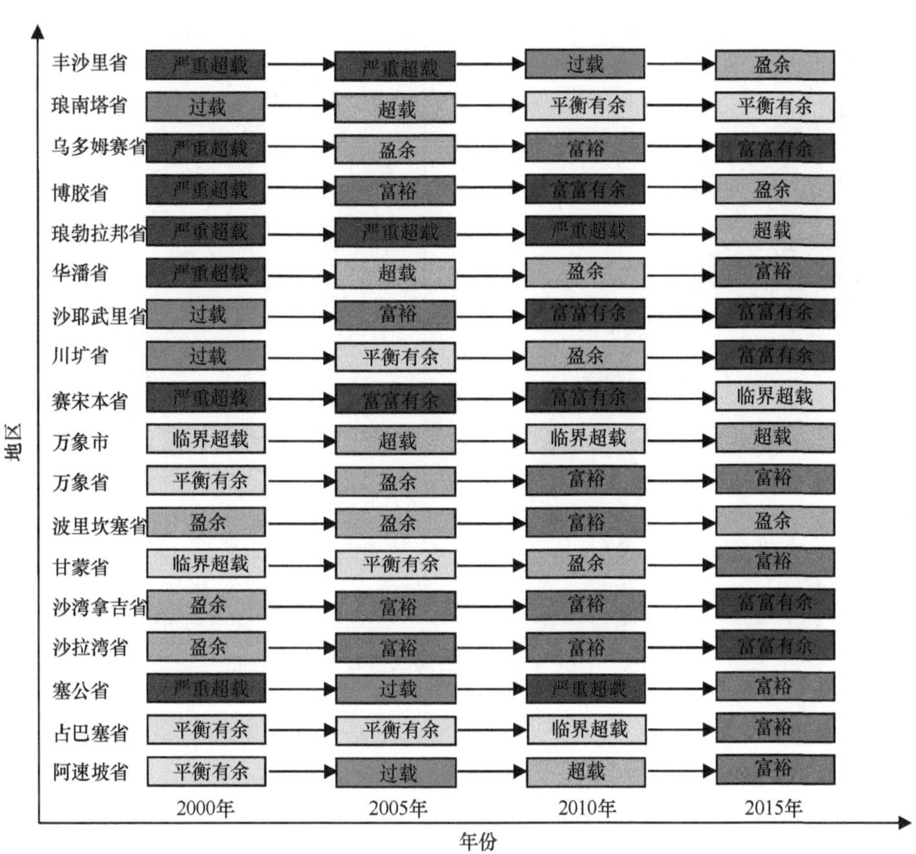

图 5.32　老挝分省土地资源承载状态

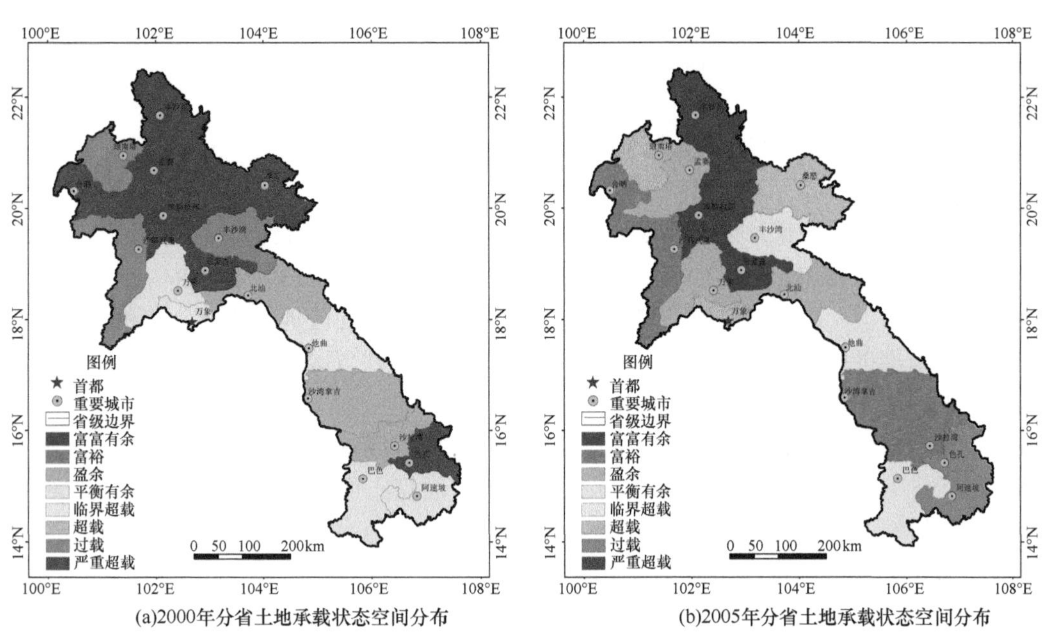

(a)2000年分省土地承载状态空间分布

(b)2005年分省土地承载状态空间分布

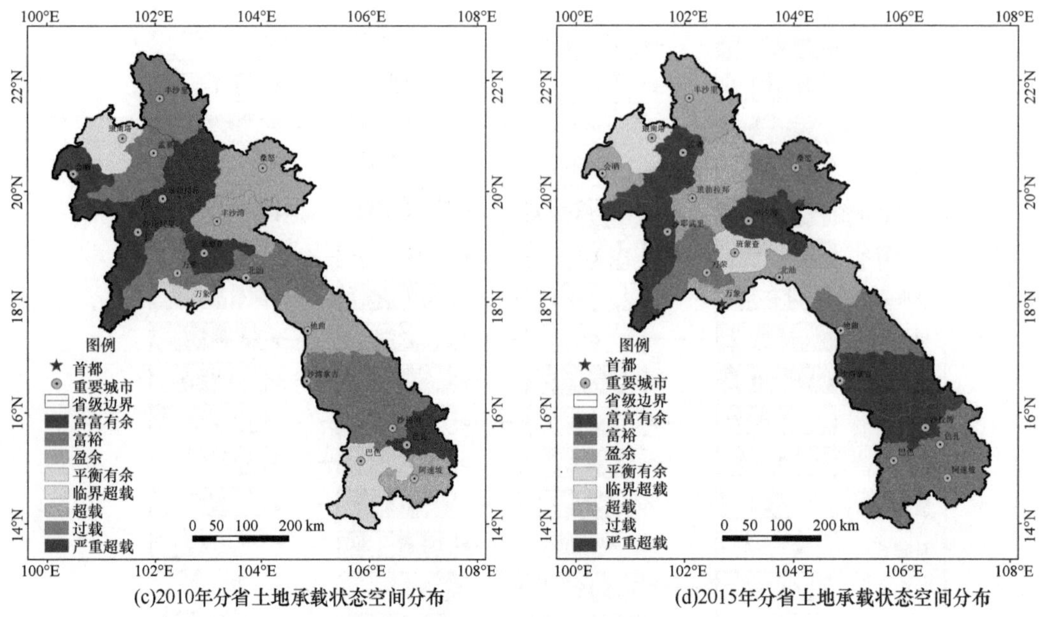

(c)2010年分省土地承载状态空间分布

(d)2015年分省土地承载状态空间分布

图 5.33 老挝分省土地资源承载状态空间分布

5.5 土地资源承载力未来情景与适应策略

根据粮食作物生产潜力，结合未来耕地面积及复种指数等因素，对老挝未来粮食生产能力及其承载力进行情景分析，在此基础上通过对老挝土地资源供需能力及其承载力整体分析，探讨了老挝土地资源承载力存在的问题，并提出了相应的建议与策略。

5.5.1 土地资源承载力未来情景

基于气象站点数据，采用粮食生产潜力模型（AEZ）计算得到老挝粮食生产潜力介于 16868.9～27298.3kg/km^2，平均粮食生产潜力约为 23041kg/km^2（图 5.34）。

空间分布上，粮食生产潜力较高的地方位于西部低山丘陵地区的万象省和万象市，其次为东南部平原地区的沙湾拿吉省、沙拉湾省和占巴塞省等地，粮食生产潜力较高。北部山地地区和东部高地地区粮食生产潜力较低。

根据粮食作物光温生产潜力，在确保未来耕地面积维持在现有水平，考虑作物复种指数的情景下，在粮食作物种植面积占农作物种植面积比重保持当前水平稳定不变的情况下，老挝粮食产量可以达到 634 万～1024 万 t；承载力为 1585 万～2565 万人，地均承载力为 42～68 人/km^2（表 5.19）。

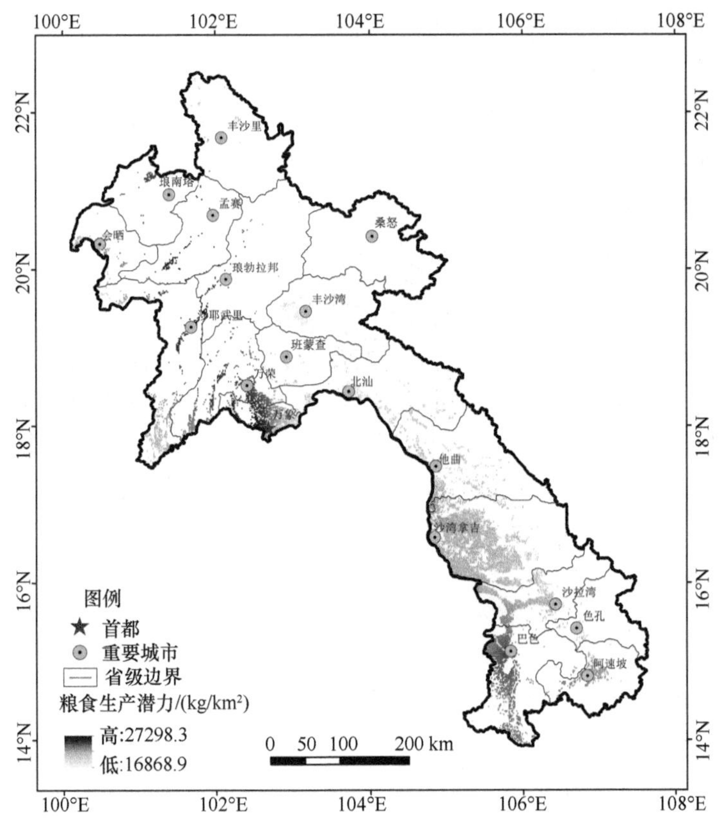

图 5.34　老挝光温生产潜力空间分布格局

表 5.19　基于人粮平衡的老挝土地资源承载力未来情景

方案	粮食产量/万 t	承载力/万人	地均承载力/(人/km^2)
高方案	1024	2565	68
中方案	866	2165	57
低方案	634	1585	42

5.5.2　存在的问题

1. 耕地资源相对缺乏，空间分布不均

老挝耕地资源较少，占全国土地资源总量不足 14%，耕地资源相对较为紧张，且全国耕地资源分布不均，西部低山丘陵地区和东南部平原地区耕地较多，有成片的耕地资源分布；北部山地地区和东部高地地区耕地资源较少，只有零星的耕地分布，粮食产量也相对较少，土地资源承载力较低。

2. 土地资源承载力差异明显，土地生产能力不均衡

耕地资源分布不均导致各省（市）承载力水平差距较大，且总的承载力水平分布状

态与地均承载力分布状态也有较大差别。占巴塞省、万象省等省份总承载力较高，且地均承载力也较大，说明土地生产能力较强，承载压力也相对较小；甘蒙省、乌多姆赛省等省份虽然总承载力较高，但地均承载力较小，说明土地生产能力较弱，土地资源承载力较小；赛宋本省、塞公省等省份总的承载力较低且地均承载力也较小，土地生产能力很弱，承载压力较大。

3. 农业生产投入不足，农业科技相对落后

粮食生产的增长主要依靠种植面积的扩大，同时也取决于农业科技的投入和农业生产技术的应用，如优良品种、农业机械以及灌溉技术等的使用都需要大量的资金投入。首先，目前老挝对农业的投入不足，农业灌溉基础设施滞后，严重制约了老挝农业生产发展。其次，农业科技落后，缺乏系统的农业科技咨询服务，对待如植物病虫害肆虐等问题缺乏科学、系统的应对策略，严重影响了农业丰收和老挝北部各省人民的农业生产生活。

5.5.3 提升策略与增强路径

1. 提升耕地数量质量，夯实农业生产基础

结合老挝国家土地资源承载力时间变化分析可以看出，耕地面积的增加直接影响土地资源承载力的变化。由此，提升土地资源承载力需要从夯实农业生产的耕地基础和提高粮食产量的农业技术水平入手，适当地增加耕地面积、提高耕地质量能有效提升土地资源承载力。一方面，加强耕地数量的保护，建立良好的耕地保护制度，稳定、有序推进土地开发、整理工作，适度增加耕地面积供给；加强耕地质量保护，老挝的耕地、森林、草场等农业资源的开发利用率均不高，应保护耕地生产能力，提高土地效率，夯实食物生产基础（李富佳等，2016）。另一方面，老挝生态环境条件优越，农业污染较少，因此可以引进国外技术跨越式发展现代生态农业模式，拓展绿色现代农业市场，促进农业发展模式向精细化和生态化发展，提升耕地质量。

2. 发挥自然资源优势，增加农业科技投入

老挝以农业立国，拥有丰富的农林资源，水热同期；中寮和下寮以低山丘陵和平原谷地为主，为多样化农业种植提供优越条件。但是囿于极其薄弱的工业基础，现阶段老挝的农业生产技术仍相对滞后。为了适应快速增加的人口数量和不断增加的食物消费需求所带来的农产品供应增加趋势，如何发挥得天独厚的资源优势至关重要。加大农业科技投入，提高农业生产能力，为农业的发展注入活力。一方面，积极研发高产作物，通过播种高产作物种子，提高农产品产量；增加农业机械使用率，加强农田水利灌溉建设等，进一步提高粮食单产水平。另一方面，开展农业技术培训，提高农业从业者生产技能水平，促进农业模式精细化发展，保障农业高产稳产。此外，应积极引进外资，继续强化集体经营、合约经营和土地转让经营模式，提高农业科技水平，提升农业生产条件。

3. 加强基础设施建设，稳定农业生产能力

随着老挝国民经济的增长，老挝的基础设施建设得以逐渐完善。相对而言，城镇及其周边地区的设施更加完善，平原地区明显优于山区。在偏远山区，农业基础设施条件依然薄弱，严重制约当地农业生产力的提升。因此，为保证有效和稳定的粮食供给，老挝应不断加强基础设施建设。一方面，加强农田水利建设，提高农业灌溉水平，改善现有的种植条件。另一方面，要加大在农业发展上的投入，建立起完善的种植管理体系和科学的田间管理技术，并强化田间机耕道路等农业基础设施建设，提高农作物生产管理水平和劳动生产技能。

参 考 文 献

封志明, 杨艳昭, 闫慧敏, 等. 2017.百年来的资源环境承载力研究: 从理论到实践.资源科学, 39(3): 379-395.

封志明. 1994. 土地承载力研究的过去、现在与未来. 中国土地科学, 8(3): 1-9.

何昌垂. 2013. 粮食安全: 世纪挑战与应对. 北京: 社会科学文献出版社.

李富佳, 董锁成, 原琳娜, 等. 2016. “一带一路”农业战略格局及对策. 中国科学院院刊, 31(6): 678-688.

唐华俊, 李哲敏. 2012. 基于中国居民平衡膳食模式的人均粮食需求量研究. 中国农业科学, 45(11): 2315-2327.

中国中长期食物发展战略研究组. 1991. 中国中长期食物发展战略研究. 北京: 农业出版社.

第 6 章　水资源承载力评价与区域调控策略

水资源承载力指以可持续发展为原则，在一定的经济技术水平和生活福利标准下，一个区域的水资源可利用量所能支撑的最大人口规模（贾绍凤等，2004）。本章利用老挝遥感数据和统计资料，从供给侧（水资源可利用量）和需求侧（用水量）两个角度对老挝水资源进行分析和评价，计算老挝各省水资源可利用量、用水量等；在此基础上，建立水资源承载力评估模型，对老挝各省水资源承载力及承载状态进行评价；对不同未来技术情景下的水资源承载力进行分析，实现对老挝水资源安全风险预警，并根据老挝存在的主要水资源问题提出相应的水资源承载力增强和调控策略。

6.1　水资源基础及其供给能力

本节从水资源供给端对老挝水资源基础和供给能力进行分析和评价，是对老挝水资源本底状况的认识，包括老挝的主要河流水系的介绍，水资源承载力评价的分区，降水量、水资源量、水资源可利用量等数量的评价和分析。本节用到的降水数据来源于 MSWEP v2 降水数据集（Beck et al.，2017）；水资源量的数据是根据 Yan 等（2019）的方法计算所得；水资源可利用量是根据当地的经济和技术发展水平、生态环境需水量、汛期不可利用水资源量等推算得到的。

6.1.1　河流水系与分区

老挝是东南亚唯一的内陆国家，位于中南半岛北部，地形南北长、东西窄，全境地势北高南低，境内 80%为山地高原。老挝的主要河流为湄公河，它发源于西藏，从中国流入老挝，自北向南穿越老挝全境并流经首都万象市，长达 1900km。其中，老挝与缅甸界河段长 234km，老挝与泰国界河段长 976.3km。老挝境内的主要河流还有南塔河、南乌河、南俄河、南松河等 13 条较大的河流。

评价范围为老挝全境，涉及三大区域：上寮、中寮和下寮。老挝北部 7 省称为上寮，以山地和高原为主，海拔多在 500～1500m，局部地区超出 2000m；中部 7 省（市）称为中寮，地势东高西低，东部是富良山脉西坡山丘及甘蒙高原，西部是万象平原及其以南的湄公河沿岸低地；南部 4 省称为下寮，地势东高西低，东有富良山脉西坡及波罗芬高原，西为沙湾拿吉平原和巴色低地。评价基本单元为省级行政区，包括 18 个省级行政区：博胶省、华潘省、琅南塔省、琅勃拉邦省、乌多姆赛省、丰沙里省、沙耶武里省、川圹省、赛宋本省、波里坎塞省、甘蒙省、万象省、万象市、阿速坡省、占巴塞省、沙拉湾省、沙湾拿吉省、塞公省，评价土地总面积为 23.68 万 km^2。

6.1.2　水资源数量

本节对老挝降水量、水资源量时空分布进行评价。厘清老挝水资源基础和供给能力，是开展老挝水资源承载力评价的关键基础和重要内容。

1. 降水量

1）老挝降水充沛，南部降水多，北部山区降水相对较少

老挝全境降水充沛，1979～2016 年多年平均降水量为 1962.0mm，其中上寮为 1509.2mm、中寮为 2235.2mm、下寮为 2363.6mm。老挝各分区多年平均降水量见表 6.1。

表 6.1　老挝各分区 1979～2016 年多年平均降水量

分区	面积/万 km^2	降水	
		多年平均降水量/mm	降水体积/亿 m^3
上寮	9.69	1509.2	1462.4
中寮	9.58	2235.2	2141.3
下寮	4.41	2363.6	1042.3
全国	23.68	1962.0	4646.0

从空间分布上看（图 6.1），老挝降水量地区分布差异明显，南部降水较多，北部山区和下寮的沙湾拿吉平原降水量相对较少。降水量最多的省份为老挝南部的塞公省，年降水量为 2778.6mm；降水量最少的省份是老挝西北部的沙耶武里省，年降水量为 1266.0mm。

2）老挝降水总量和空间分布格局变化不大，万象市和琅勃拉邦省南部区域降水量显著增长

对 1979～1988 年、1989～1998 年、1999～2008 年、2009～2016 年 4 个时期的多年平均降水量进行分析（图 6.2 和图 6.3），降水量的空间分布格局随时间的变化不大，老挝 4 个时期的平均降水量分别为 1919.4mm、1781.0mm、1855.4mm、1936.7mm。万象市 1999 年之后的降水量比之前的降水量增长了 60%以上，由 1368mm 增长到 2245mm。

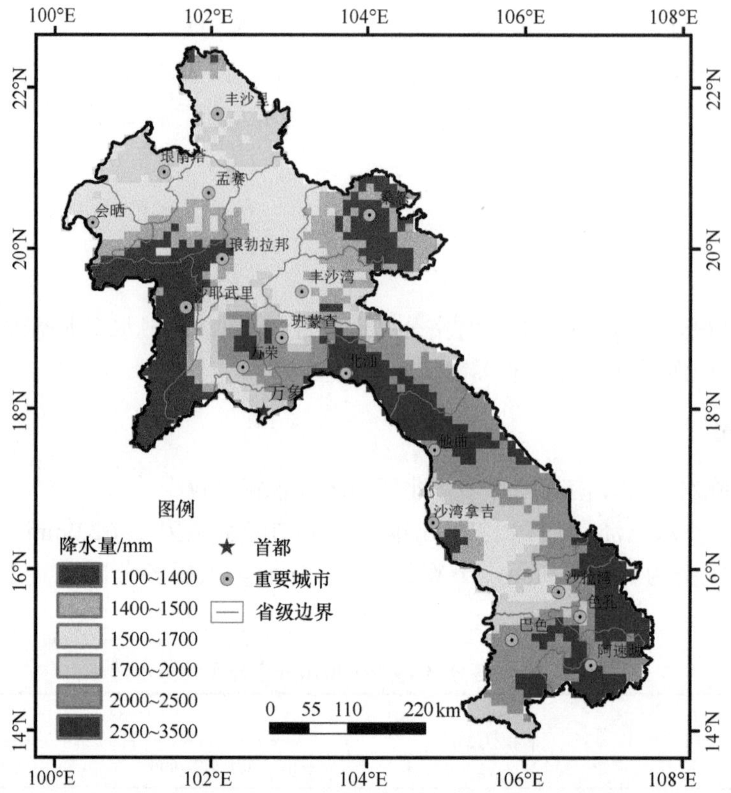

图 6.1 老挝多年平均降水量分布图（1979～2016 年）

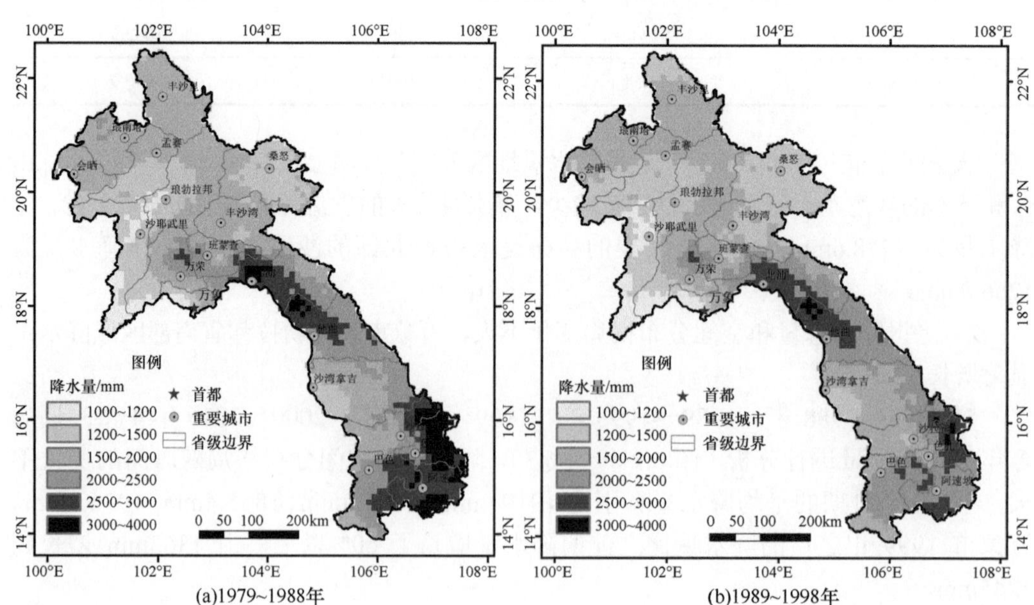

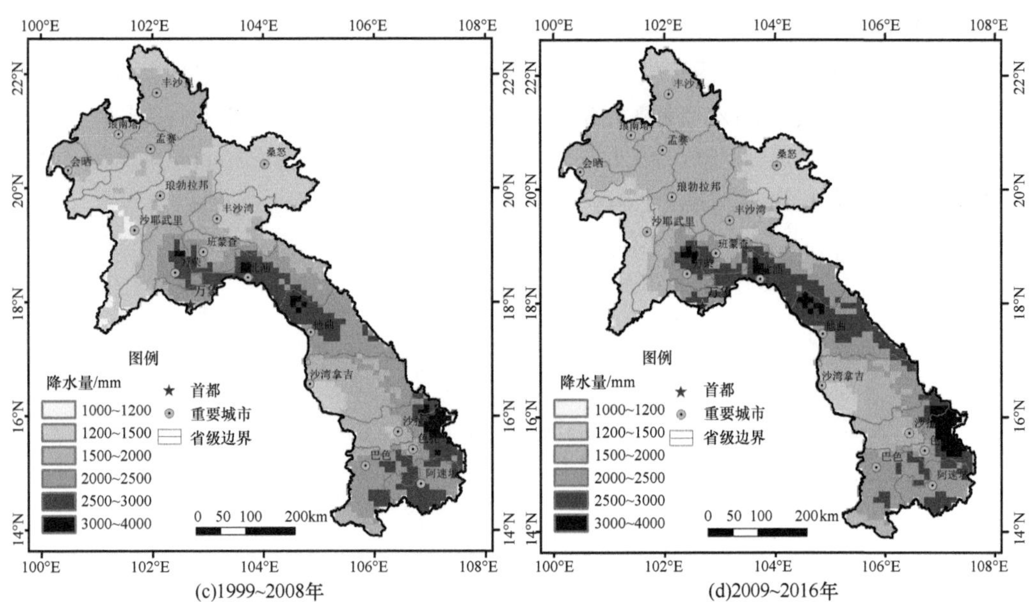

(c)1999~2008年　　(d)2009~2016年

图 6.2　老挝四个时期多年平均降水量分布图

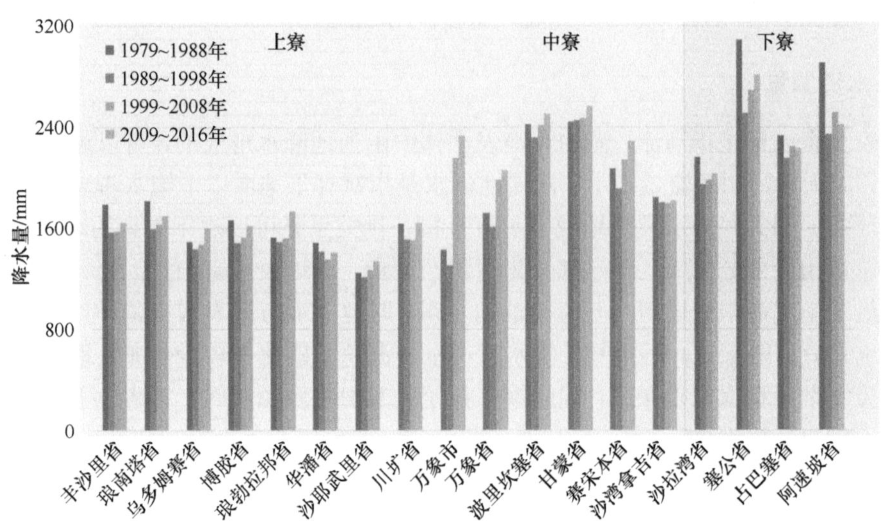

图 6.3　老挝各省 4 个时期多年平均降水量

根据 1979～2016 年老挝月降水资料，分析老挝各月降水变化趋势和对应的 p 值（根据 p 值可以判断趋势变化的显著性）的空间分布。分析显示，1979～2016 年，老挝年降水总量变化幅度不大；万象市和万象省、琅勃拉邦省南部、甘蒙省降水量呈上升趋势，其中万象市和琅勃拉邦省南部地区降水量显著增长；老挝北部省份和南部省份降水量呈下降趋势。万象市降水增加速率最高，为 3.07mm/a；其次为万象省，降水增加速率为 1.12mm/a；阿速坡省降水减少速率最高，减少速率为 1.14mm/a。从 1979～2016 年月降水变化趋势看，2～6 月降水总体呈降低趋势，7 月至次年 1 月降水总体呈上升趋势。

3）老挝降水季节差异明显，雨季降水量占全年降水量的 85%

老挝属于热带、亚热带季风气候，年内降水分布不均。5～10 月为老挝雨季，降水量占比 85%，其中上寮为 83%，中寮为 87%，下寮为 86%。11 月至次年 4 月为旱季，旱季降水量仅占全年降水量的 15%。降水量最大的月份为 8 月，达 366.3mm；降水量最小的月份为 1 月，只有 9.1mm。老挝全国和各分区各月降水量如图 6.4 所示。

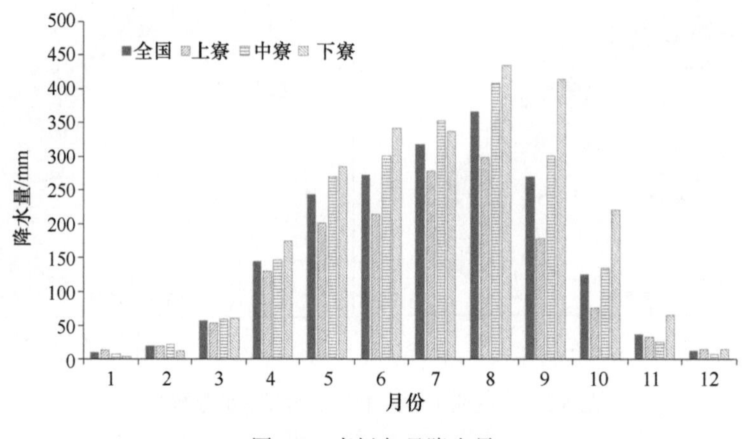

图 6.4　老挝各月降水量

2. 水资源量

地表水资源量是指河流、湖泊等地表水体中由当地降水形成的，可以逐年更新的动态水量，用天然河川径流量表示。浅层地下水是指赋存于地面以下饱水带岩土空隙中参与水循环的、和大气降水及当地地表水有直接补排关系且可以逐年更新的动态重力水。水资源总量由两部分组成：第一部分为河川径流量，即地表水资源量；第二部分为降水入渗补给地下水而未通过河川基流排泄的水量，即地下水与地表水资源计算之间的不重复计算水量。一般来说，不重复计算水量占水资源总量的比例较少，加之地下水资源量测算较为复杂且精度难以保证，因此本书在统计老挝水资源量时，忽略地下水与地表水资源的不重复计算水量。

1）老挝全境水资源丰富，北部山区和沙湾拿吉平原水资源相对较少

根据测算，老挝地表水资源量为 2158.9 亿 m^3，地下水资源量为 431 亿 m^3。由于老挝地下水资源量全部形成河川基流，因此老挝全境水资源总量为 2158.9 亿 m^3。老挝各分区水资源量见表 6.2，上寮、中寮和下寮水资源量分别为 560.7 亿 m^3、986.3 亿 m^3 和 611.9 亿 m^3。

表 6.2　老挝各分区水资源量

分区	面积/万 km^2	水资源量/亿 m^3
上寮	9.69	560.7
中寮	9.58	986.3
下寮	4.41	611.9
全国	23.68	2158.9

空间分布上，水资源量（以单位面积产水量表示）的分布格局与降水量的分布格局基本一致。图 6.5 表示 10 km×10 km（即 100 km^2 面积）空间精度的水资源量分布，老挝中部和东南部水资源量较多，北部山区和南部沙湾拿吉平原、巴色低地水资源量较少。

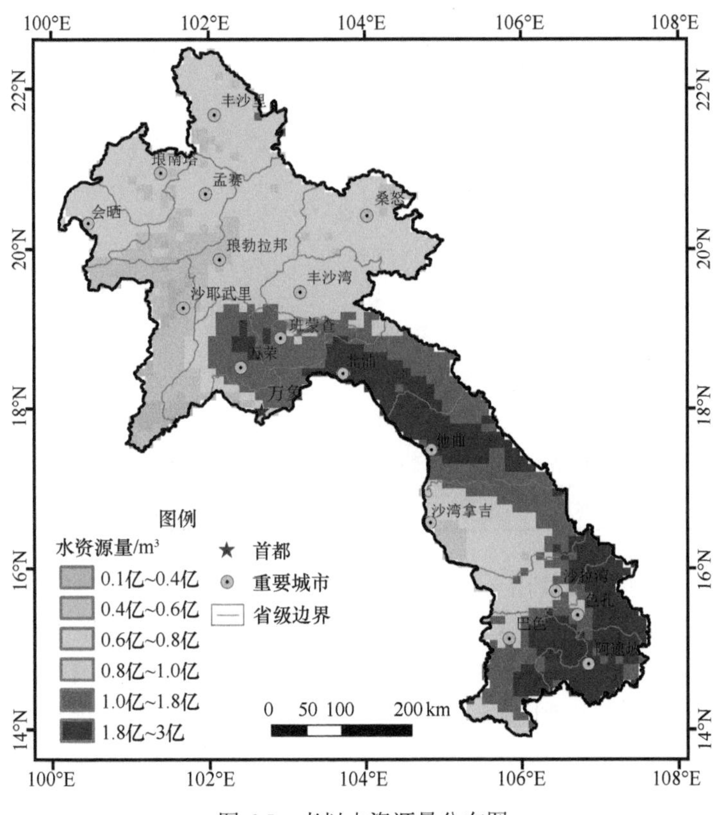

图 6.5　老挝水资源量分布图

2）老挝不同省（市）水资源量变化趋势存在显著差异

老挝各个省（市）水资源量变化趋势不同（表 6.3）。整体上看，上寮山区的博胶省、华潘省、琅南塔省和丰沙里省水资源呈下降趋势，其他省份呈上升趋势；中寮地区各省（市）的水资源量从 20 世纪 90 年代起呈上升趋势；下寮地区各省份的水资源量先显著下降，随后缓慢上升。

表 6.3　老挝分省不同时段水资源量

省（市）	水资源量/亿 m^3			
	1979～1988 年	1989～1998 年	1999～2008 年	2009～2016 年
丰沙里省	115.8	101.6	102.0	106.2
琅南塔省	64.6	56.7	58.1	60.3
乌多姆赛省	59.5	57.2	58.5	63.8
博胶省	43.5	38.9	39.9	42.3
琅勃拉邦省	120.4	117.3	119.6	136.2
华潘省	119.3	113.7	109.0	113.1

续表

省（市）	水资源量/亿 m^3			
	1979～1988 年	1989～1998 年	1999～2008 年	2009～2016 年
沙耶武里省	59.1	57.4	60.0	63.4
川圹省	96.9	89.7	89.3	97.6
万象市	21.8	20.0	32.1	34.3
万象省	108.4	101.0	125.5	129.7
波里坎塞省	239.8	228.9	237.9	246.4
甘蒙省	254.4	255.9	257.0	267.4
赛宋本省	85.7	79.1	88.6	94.7
沙湾拿吉省	176.1	170.7	170.7	173.3
沙拉湾省	121.7	108.5	110.8	113.7
塞公省	172.2	139.9	149.9	157.1
占巴塞省	191.4	175.8	183.6	181.3
阿速坡省	185.7	149.7	160.5	154.8
全国	115.8	101.6	102.0	106.2

3）老挝 88%的水资源流出至邻国

老挝入境水资源量为 1431.3 亿 m^3，其中 736.3 亿 m^3 来自中国，176.0 亿 m^3 来自缅甸，519.0 亿 m^3 来自泰国。老挝出境水资源量为 3335.5 亿 m^3，其中 3244.5 亿 m^3 流出到柬埔寨，91.0 亿 m^3 流出到越南。若扣除入境水资源量，老挝本地水资源中有 88%的水量流入邻国。

6.1.3　水资源可利用量

地表水资源可利用量是指在可预见的时期内，在统筹考虑河道内生态环境和其他用水的基础上，通过经济合理、技术可行的措施，可供河道外生活、生产、生态用水的一次性最大水量（不包括回归水的重复利用）。

1）老挝水资源可利用率较低

老挝水资源丰富，水量较大，理论上可供河道外消耗利用的水量多，但受老挝经济发展水平、工程调蓄能力以及当地用水需求的限制，其可利用率相对较低，为 20%～30%，平均为 25%。老挝北部山区和中部部分地区水资源可利用率相对较高，为 30%～40%。老挝北部部分地区、东部和南部水资源可利用率较低，为 5%～15%。

2）老挝中部水资源可利用量多

根据估算，老挝水资源可利用量为 511.8 亿 m^3，其中上寮为 165.5 亿 m^3，中寮为 243.8 亿 m^3，下寮为 102.5 亿 m^3。分区水资源可利用量见表 6.4。

表 6.4　老挝各分区水资源可利用量

分区	面积/万 km²	水资源可利用量/亿 m³
上寮	9.69	165.5
中寮	9.58	243.8
下寮	4.41	102.5
全国	23.68	511.8

图 6.6 表示 10 km×10 km（即 100 km^2 面积）空间精度的水资源可利用量空间分布，从空间分布上看，老挝北部水资源可利用量相对较少，中部水资源可利用量多。水资源可利用量最多的省份为甘蒙省和波里坎塞省，其水资源可利用量分别为 66.5 亿 m^3 和 64.0 亿 m^3；水资源可利用量最少的省（市）为老挝首都万象市和老挝西北部的博胶省，其水资源可利用量分别为 7.3 亿 m^3 和 11.6 亿 m^3（表 6.5）。

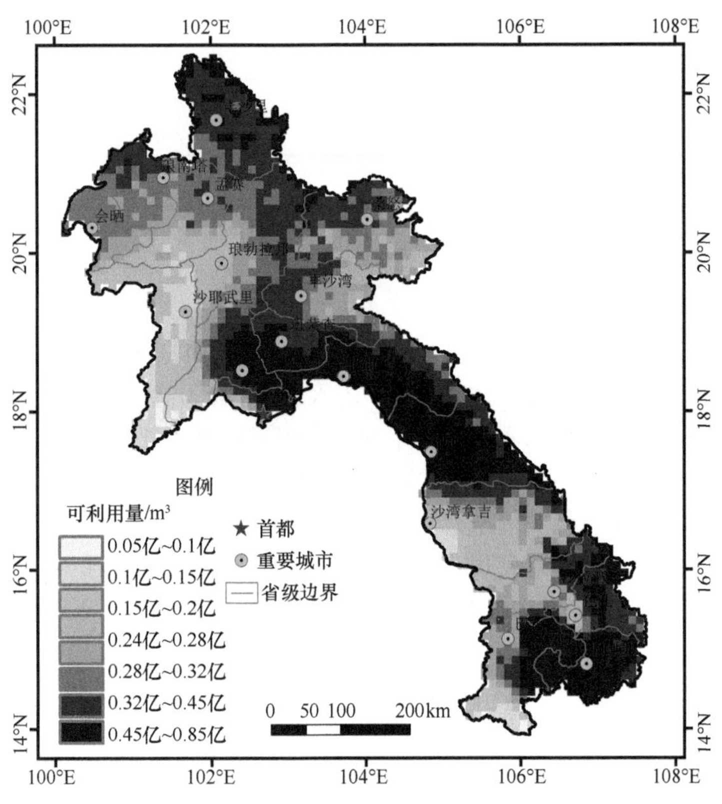

图 6.6　老挝水资源可利用量分布图

表 6.5　老挝分省水资源可利用量

省（市）	水资源可利用量/亿 m³	水资源可利用量等效水深/mm
丰沙里省	37.1	228
琅南塔省	19.2	206
乌多姆赛省	17.7	115

续表

省（市）	水资源可利用量/亿 m^3	水资源可利用量等效水深/mm
博胶省	11.6	187
琅勃拉邦省	34.8	206
华潘省	31.2	189
沙耶武里省	13.8	84
川圹省	22.0	139
万象市	7.3	185
万象省	27.4	172
波里坎塞省	64.0	430
甘蒙省	66.5	408
赛宋本省	23.7	286
沙湾拿吉省	33.0	151
沙拉湾省	20.0	187
塞公省	20.1	262
占巴塞省	31.2	202
阿速坡省	31.2	303

6.2 水资源开发利用及其消耗

本节从水资源消耗端对老挝的水资源开发利用进行计算、分析和评价，主要包括老挝总用水量和行业用水量的变化态势分析、用水水平的演化及评价、水资源开发利用程度的计算和分析。老挝总用水和行业用水数据来源于世界资源研究所（Gassert et al.，2014），各个省的用水是根据相关因子在各省所占的比例而被分配到各个省中。农业用水使用农业灌溉面积作为相关因子，数据来源于 FAO 的全球灌溉面积分布图(GMIA v5)(Siebert et al.,2013)；工业用水使用夜间灯光指数作为相关因子，数据来源于 DMSP-OLS 数据（NOAA，2014）；生活用水则根据人口分布进行估算，人口数据来源于哥伦比亚大学的 GPW v4 人口分布数据（CIESIN，2016）。

6.2.1 用水量

1）总用水量呈上升趋势

2000～2015 年，老挝全国总用水量呈上升趋势。2000 年、2005 年、2010 年和 2015 年的老挝总用水量分别为 32.55 亿 m^3、33.70 亿 m^3、34.32 亿 m^3、37.03 亿 m^3。

各省（市）中，除赛宋本省和甘蒙省总用水量呈下降趋势外，其他省（市）总用水量均呈现上升趋势。万象市总用水量最高，2015 年用水量达到 8.31 亿 m^3；其次为沙湾拿吉省，2015 年总用水量为 3.88 亿 m^3；用水量较少的省份为下寮的塞公省和上寮的丰沙里省。

从用水增长率看，2000～2015 年全国总用水增长了 13.76%。用水增长率最高的省份为塞公省，总用水量增长了 64.29%，由 2000 年的 0.28 亿 m^3 增长到 2015 年的 0.46 亿 m^3；其次为万象市，用水量增长了 48.66%，由 2000 年的 5.59 亿 m^3 增长到 2015 年的 8.31 亿 m^3（表 6.6）；阿速坡省、博胶省用水量也分别增长了 37.36%和 19.01%。

表 6.6　老挝分省总用水量

省（市）	总用水量/亿 m^3			
	2000 年	2005 年	2010 年	2015 年
丰沙里省	0.38	0.38	0.39	0.40
琅南塔省	0.63	0.67	0.69	0.70
乌多姆赛省	1.02	1.04	1.06	1.08
博胶省	1.21	1.33	1.35	1.44
琅勃拉邦省	1.08	1.10	1.09	1.11
华潘省	0.86	0.87	0.88	0.89
沙耶武里省	1.60	1.64	1.67	1.72
川圹省	0.57	0.58	0.59	0.64
万象市	5.59	5.85	6.66	8.31
万象省	2.54	2.58	2.68	2.74
波里坎塞省	2.52	2.66	2.75	2.82
甘蒙省	4.06	4.25	3.47	3.59
赛宋本省	0.92	0.87	0.74	0.71
沙湾拿吉省	3.55	3.60	3.71	3.88
沙拉湾省	1.60	1.60	1.63	1.65
塞公省	0.28	0.35	0.40	0.46
占巴塞省	3.23	3.37	3.50	3.64
阿速坡省	0.91	0.96	1.06	1.25
全国	32.55	33.70	34.32	37.03

2）农业用水占比最高，农业用水所占比重逐渐下降

2015 年老挝用水以农业为主，农业用水约占总用水量的 76.49%；其次是工业用水，约占总用水量的 16.17%；生活用水量占比最少，约占 7.36%。老挝 2015 年总用水量为 37.03 亿 m^3，其中农业用水 28.31 亿 m^3。

相比于 2000 年，2015 年老挝农业用水有所下降，农业用水量多的省（市）主要分布在中寮和下寮，包括万象市、甘蒙省、沙湾拿吉省、占巴塞省、波里坎塞省、万象省，2015 年万象市农业用水量为 3.55 亿 m^3，甘蒙省为 3.29 亿 m^3，沙湾拿吉省为 3.28 亿 m^3（表 6.7）。上寮省份农业用水量普遍较少，其中最少的为老挝北部省份丰沙里省，2015 年农业用水量仅为 0.32 亿 m^3。

从农业用水占比角度看，2015 年老挝农业用水占比最高的省分别为波里坎塞省、甘蒙省和赛宋本省，占比分别为 92.99%、91.63%和 91.69%，农业用水占比最低的省（市）

为老挝首都万象市，占比仅为 42.75%，其次为川圹省和琅勃拉邦省，占比分别为 75.30%和 77.00%。2000～2015 年，老挝农业用水占比呈下降趋势，由 2000 年的 87.42%下降到 2015 年的 76.49%。

表 6.7　老挝分省农业用水量及其占比

省（市）	农业用水/亿 m^3				农业用水占比/%			
	2000 年	2005 年	2010 年	2015 年	2000 年	2005 年	2010 年	2015 年
丰沙里省	0.31	0.31	0.32	0.32	82.41	81.97	81.47	80.57
琅南塔省	0.57	0.61	0.61	0.61	91.01	90.55	88.89	86.83
乌多姆赛省	0.92	0.93	0.93	0.94	90.33	89.48	88.32	86.61
博胶省	1.15	1.26	1.27	1.26	94.97	94.98	93.94	87.80
琅勃拉邦省	0.91	0.92	0.89	0.85	84.08	83.08	81.05	77.00
华潘省	0.75	0.75	0.76	0.76	86.39	86.53	86.35	85.50
沙耶武里省	1.47	1.50	1.52	1.52	91.69	91.47	90.97	88.07
川圹省	0.48	0.48	0.48	0.48	84.13	83.23	81.78	75.30
万象市	3.65	3.62	3.59	3.55	65.31	61.87	53.90	42.75
万象省	2.35	2.39	2.45	2.43	92.83	92.68	91.40	88.71
波里坎塞省	2.42	2.56	2.62	2.62	96.19	96.09	95.22	92.99
甘蒙省	3.91	4.07	3.25	3.29	96.16	95.79	93.64	91.63
赛宋本省	0.89	0.85	0.69	0.65	97.08	96.75	93.14	91.69
沙湾拿吉省	3.19	3.22	3.25	3.28	89.90	89.41	87.49	84.63
沙拉湾省	1.48	1.46	1.47	1.47	92.34	91.48	90.11	88.80
塞公省	0.25	0.32	0.36	0.40	88.99	89.78	89.56	86.71
占巴塞省	2.89	2.97	2.98	2.89	89.44	88.14	85.08	79.35
阿速坡省	0.86	0.90	0.98	0.99	95.03	93.89	92.58	79.28
全国	28.45	29.12	28.42	28.31	87.42	86.38	82.77	76.49

3）工业用水量和工业用水占比均呈快速上升趋势

老挝全国及各省（市）工业用水均呈快速上升态势，老挝全国工业用水量由 2000 年的 1.93 亿 m^3 增长到 2015 年的 5.98 亿 m^3，增长了 210%。2015 年工业用水最多的省（市）主要分布在中寮和下寮，分别为万象市、占巴塞省、沙湾拿吉省、阿速坡省，工业用水分别为 4.40 亿 m^3、0.46 亿 m^3、0.21 亿 m^3、0.20 亿 m^3（表 6.8）。工业用水较少的省份主要分布在上寮，用水量最少的为北部山区省份丰沙里省和华潘省。

从工业用水占比看，老挝工业用水占比呈上升趋势，工业用水占比由 2000 年的 5.99%上升到 2015 年的 16.17%。2015 年工业用水占比最高的为万象市，占比为 52.91%；其次为阿速坡省和占巴塞省，工业用水占比分别为 16.06%和 12.58%。工业用水占比最少的省份包括华潘省、丰沙里省、乌多姆赛省、沙拉湾省，工业用水占比约为 1%。

表 6.8　老挝分省工业用水量及其占比

省（市）	工业用水/亿 m^3				工业用水占比/%			
	2000 年	2005 年	2010 年	2015 年	2000 年	2005 年	2010 年	2015 年
丰沙里省	0.00	0.00	0.00	0.00	0.00	0.01	0.39	0.86
琅南塔省	0.00	0.00	0.01	0.01	0.00	0.07	0.97	2.02
乌多姆赛省	0.00	0.00	0.00	0.01	0.11	0.14	0.31	1.10
博胶省	0.01	0.01	0.02	0.10	0.53	0.51	1.13	7.09
琅勃拉邦省	0.01	0.02	0.03	0.07	1.08	1.77	2.90	6.41
华潘省	0.00	0.00	0.00	0.01	0.03	0.11	0.11	0.61
沙耶武里省	0.00	0.00	0.00	0.05	0.05	0.08	0.25	3.03
川圹省	0.00	0.00	0.01	0.05	0.26	0.53	1.27	8.15
万象市	1.69	1.95	2.75	4.40	30.24	33.33	41.31	52.91
万象省	0.04	0.04	0.08	0.15	1.54	1.62	2.83	5.40
波里坎塞省	0.01	0.01	0.02	0.06	0.55	0.34	0.69	2.28
甘蒙省	0.03	0.04	0.07	0.14	0.74	0.98	2.00	3.77
赛宋本省	0.00	0.00	0.02	0.03	0.19	0.12	2.77	3.60
沙湾拿吉省	0.03	0.04	0.10	0.21	0.94	1.15	2.78	5.53
沙拉湾省	0.00	0.00	0.01	0.02	0.11	0.15	0.71	1.17
塞公省	0.00	0.00	0.00	0.01	0.00	0.19	0.31	2.81
占巴塞省	0.11	0.15	0.25	0.46	3.52	4.54	7.20	12.58
阿速坡省	0.00	0.01	0.03	0.20	0.45	1.35	2.53	16.06
全国	1.93	2.27	3.40	5.98	5.99	6.79	9.91	16.17

4）生活用水量和生活用水占比整体上呈缓慢上升趋势

老挝全国和各省（市）生活用水量均呈缓慢上升趋势，全国生活用水量由2000年的2.15亿 m^3 上升到2015年的2.71亿 m^3。2015年，老挝生活用水量最多的省（市）包括沙湾拿吉省、万象市、占巴塞省，分别为0.38亿 m^3、0.36亿 m^3 和0.29亿 m^3（表6.9）。用水量最少的省为赛宋本省、塞公省和阿速坡省，生活用水量均不足0.1亿 m^3。

从生活用水占比角度看，生活用水占比较高的省份主要分布在上寮，而占比较低的省（市）主要分布在中寮和下寮。2000～2015年，老挝全国生活用水占比呈上升趋势，其中除塞公省和万象市外，其他省均呈缓慢上升趋势。

表 6.9　老挝分省生活用水量及其占比

省（市）	生活用水量/亿 m^3				生活用水占比/%			
	2000 年	2005 年	2010 年	2015 年	2000 年	2005 年	2010 年	2015 年
丰沙里省	0.07	0.07	0.07	0.07	17.59	18.02	18.14	18.57
琅南塔省	0.06	0.06	0.07	0.08	8.99	9.38	10.15	11.15
乌多姆赛省	0.10	0.11	0.12	0.13	9.57	10.38	11.37	12.29
博胶省	0.05	0.06	0.07	0.07	4.50	4.51	4.93	5.11
琅勃拉邦省	0.16	0.17	0.18	0.18	14.83	15.15	16.05	16.60

续表

省（市）	生活用水量/亿 m³				生活用水占比/%			
	2000 年	2005 年	2010 年	2015 年	2000 年	2005 年	2010 年	2015 年
华潘省	0.12	0.12	0.12	0.12	13.57	13.36	13.53	13.89
沙耶武里省	0.13	0.14	0.15	0.15	8.26	8.45	8.78	8.91
川圹省	0.09	0.09	0.10	0.11	15.61	16.25	16.95	16.55
万象市	0.25	0.28	0.32	0.36	4.45	4.79	4.79	4.34
万象省	0.14	0.15	0.15	0.16	5.63	5.71	5.77	5.89
波里坎塞省	0.08	0.10	0.11	0.13	3.26	3.58	4.09	4.73
甘蒙省	0.13	0.14	0.15	0.17	3.09	3.23	4.36	4.60
赛宋本省	0.03	0.03	0.03	0.03	2.73	3.13	4.09	4.71
沙湾拿吉省	0.32	0.34	0.36	0.38	9.16	9.44	9.72	9.83
沙拉湾省	0.12	0.13	0.15	0.17	7.55	8.37	9.18	10.04
塞公省	0.03	0.04	0.04	0.05	11.01	10.03	10.14	10.48
占巴塞省	0.23	0.25	0.27	0.29	7.04	7.32	7.72	8.07
阿速坡省	0.04	0.05	0.05	0.06	4.52	4.76	4.90	4.66
全国	2.15	2.33	2.51	2.71	6.59	6.84	7.32	7.36

6.2.2 用水水平

人均综合用水量是衡量一个地区综合用水水平的重要指标，受当地气候、人口密度、经济结构、作物组成、用水习惯、节水水平等众多因素的影响。

2000～2015 年，老挝人均综合用水量整体呈下降趋势。2000 年老挝人均综合用水量为 607m³，2015 年老挝人均综合用水量下降到 543m³。

分省来看，2015 年人均综合用水量较高的省（市）主要分布在老挝中部，人均综合用水量最高的省（市）包括万象市、甘蒙省、阿速坡省、赛宋本省和波里坎塞省，人均综合用水量分别为 921m³、869m³、857m³、848m³ 和 845m³。人均综合用水量较低的省份分布在上寮和下寮，人均综合用水量最低的省份包括丰沙里省、琅勃拉邦省、川圹省和华潘省，人均综合用水量均不足 300 m³。

老挝各省（市）人均综合用水量分布如表 6.10 所示。

表 6.10　老挝分省人均综合用水量

省（市）	人均综合用水量/m³			
	2000 年	2005 年	2010 年	2015 年
丰沙里省	227	222	220	215
琅南塔省	444	426	394	358
乌多姆赛省	418	385	351	325
博胶省	887	885	810	782
琅勃拉邦省	269	264	249	241

续表

省（市）	人均综合用水量/m³			
	2000 年	2005 年	2010 年	2015 年
华潘省	294	299	295	288
沙耶武里省	484	473	455	449
川圹省	256	246	236	242
万象市	897	834	834	921
万象省	709	700	693	678
波里坎塞省	1225	1117	978	845
甘蒙省	1293	1236	917	869
赛宋本省	1463	1275	976	848
沙湾拿吉省	436	423	411	406
沙拉湾省	529	477	435	398
塞公省	363	399	394	381
占巴塞省	568	546	517	495
阿速坡省	884	840	816	857
全国	607	585	546	543

6.2.3　水资源开发利用程度

采用水资源开发利用率分析老挝水资源开发利用程度。水资源开发利用率是指供水量占水资源量的百分比，该指标主要用于反映和评价区域内水资源总量的控制利用情况。本书中水资源开发利用率定义为供水量与水资源量的比值。

1）老挝水资源开发利用率低

老挝水资源开发利用率非常低。老挝多年平均水资源量为 2158.9 亿 m³，2015 年老挝的用水量为 37.0 亿 m³，供水量与用水量相同，因此老挝 2015 年水资源开发利用率仅为 1.71%。

2）万象市水资源开发利用程度相对较高，存在缺水风险

从分省水资源开发利用率看，2015 年水资源开发利用率最高的地区为万象市，开发利用率高达 37.24%。一般认为，区域水资源开发利用率合理限度为 40%，超过 40%则存在水资源短缺风险。

除万象市外，其他省水资源开发利用率均较低，平均开发利用率不足 5%。水资源开发利用率不足 1%的省有 5 个，分别为塞公省、丰沙里省、川圹省、阿速坡省、赛宋本省。水资源开发利用率最低的省份为下寮的塞公省，水资源开发利用率仅为 0.33%。

老挝分省水资源开发利用率分布如表 6.11 所示。

表 6.11　老挝分省水资源开发利用率

省（市）	多年平均水资源量/亿 m³	2015 年用水量/亿 m³	水资源开发利用率/%
丰沙里省	74.4	0.4	0.54
琅南塔省	38.8	0.7	1.79
乌多姆赛省	40.8	1.1	2.65
博胶省	21.3	1.4	6.74
琅勃拉邦省	81.0	1.1	1.37
华潘省	66.4	0.9	1.34
沙耶武里省	50.6	1.7	3.41
川圹省	89.3	0.6	0.71
万象市	22.3	8.3	37.24
万象省	92.5	2.7	2.96
波里坎塞省	124.5	2.8	2.26
甘蒙省	155.4	3.6	2.31
赛宋本省	75.0	0.7	0.94
沙湾拿吉省	130.0	3.9	2.99
沙拉湾省	82.3	1.7	2.01
塞公省	138.7	0.5	0.33
占巴塞省	101.7	3.6	3.58
阿速坡省	162.4	1.3	0.77
全国	2158.9	37.0	1.71

6.3　水资源承载力与承载状态

本节根据水资源承载力核算方法，计算老挝各省水资源承载人口，并根据现状人口计算水资源承载指数，最后根据水资源承载指数判断老挝各省的承载状态。本节主要应用的数据包括水资源可利用量和用水量，数据来源和计算方法参见前两节，人均生活用水量、人均 GDP 和千美元 GDP 用水以世界不同地区平均标准作为基准，人均生活用水量基准根据世界粮食及农业组织全球水和农业信息系统（FAO AQUASTAT）各国生活用水计算得到；人均 GDP 根据世界银行 GDP 数据计算得到。

6.3.1　水资源承载力

水资源承载力的计算实际上是一个优化问题，即在一定的水资源可利用量、用水技术水平、福利水平等约束条件下，求满足条件的最大人口数量。水资源承载指数定义为实际人口与水资源承载力的比值。

根据估计，老挝现状水资源承载力为 1.18 亿人，老挝 2015 年实际人口为 649.2 万人，现状水资源承载力约是 2015 年实际人口的 18.2 倍，水资源承载指数仅为 0.06。分区来看，上寮、中寮和下寮现状承载人口分别为 5793.4 万人、4007.1 万人和 2022.9 万人，分别约为 2015 年实际人口的 29.8 倍、12.5 倍和 15.1 倍。老挝全国和分区实际人口和现状水资源承载力数据见表 6.12。

从分省承载力看（图 6.7），老挝西部和中部省（市）水资源承载力相对较低，水资源承载力最低的省（市）为西北部的沙耶武里省，其次为博胶省和万象市，水资源承载力均不足 300 人/km^2。

表 6.12　老挝各分区水资源承载力

分区	2015 年实际人口/万人	现状水资源承载力/万人
上寮	194.3	5793.4
中寮	320.6	4007.1
下寮	134.3	2022.9
全国	649.2	11823.4

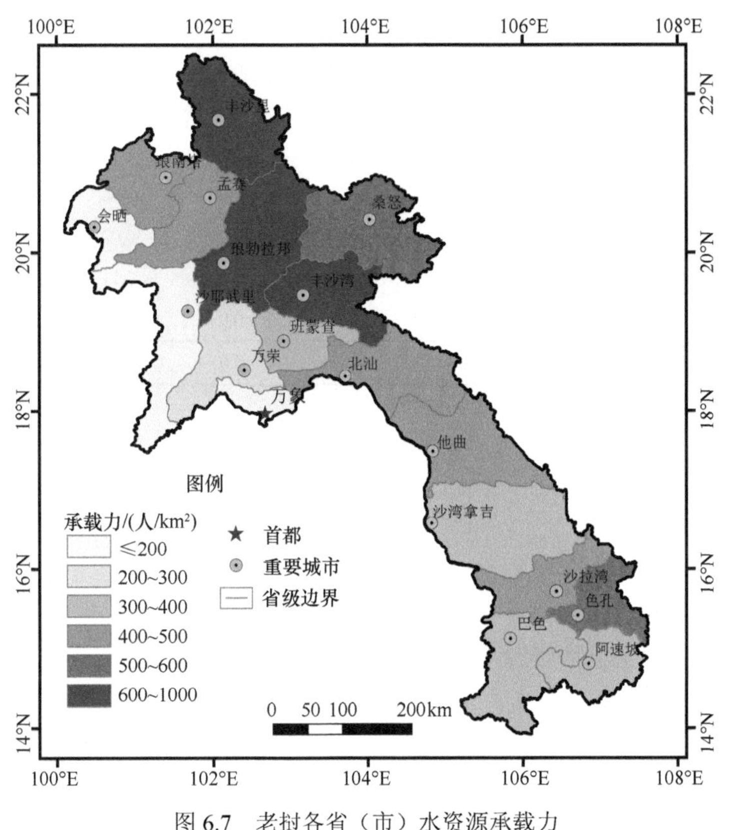

图 6.7　老挝各省（市）水资源承载力

由水资源承载力的历史演化可知，2000～2015 年，老挝水资源承载力略有增强，水资源承载力由 10376 万人增长到 11824 万人（表 6.13）；水资源承载指数逐渐上升，水资源承载指数由 0.05 上升到 0.06。除甘蒙省和赛宋本省水资源承载指数略有下降外，其他各省（市）水资源承载指数保持不变或有所上升。

表 6.13　2000～2015 年老挝分省水资源承载力及承载指数

省（市）	承载力/万人				承载指数			
	2000 年	2005 年	2010 年	2015 年	2000 年	2005 年	2010 年	2015 年
丰沙里省	1634	1673	1685	1725	0.01	0.01	0.01	0.01
琅南塔省	433	451	488	536	0.03	0.03	0.04	0.04
乌多姆赛省	424	460	504	545	0.06	0.06	0.06	0.06
博胶省	131	131	143	148	0.10	0.11	0.12	0.12
琅勃拉邦省	1293	1321	1399	1447	0.03	0.03	0.03	0.03
华潘省	1061	1044	1058	1085	0.03	0.03	0.03	0.03
沙耶武里省	285	292	303	308	0.12	0.12	0.12	0.12
川圹省	860	895	934	912	0.03	0.03	0.03	0.03
万象市	81	87	87	79	0.77	0.81	0.92	1.04
万象省	386	391	395	404	0.09	0.09	0.10	0.10
波里坎塞省	522	573	654	757	0.04	0.04	0.04	0.04
甘蒙省	515	538	725	765	0.06	0.06	0.05	0.05
赛宋本省	162	186	243	279	0.04	0.04	0.03	0.03
沙湾拿吉省	755	778	802	811	0.11	0.11	0.11	0.12
沙拉湾省	378	419	459	502	0.08	0.08	0.08	0.08
塞公省	554	505	510	528	0.01	0.02	0.02	0.02
占巴塞省	549	571	602	629	0.10	0.11	0.11	0.12
阿速坡省	353	372	383	364	0.03	0.03	0.03	0.04
全国	10376	10687	11374	11824	0.05	0.05	0.06	0.06

6.3.2　水资源承载状态

根据水资源承载状态分级标准以及水资源承载状态指数，将水资源承载状态划分为严重超载、超载、临界超载、平衡有余、盈余和富富有余 6 个状态。

根据计算，老挝全境水资源承载指数为 0.06，承载状态为富富有余，因此水资源不构成老挝的约束条件。

分省来看（图 6.8），除了万象市以外，其他省的水资源承载指数均较低，最高不超过 0.2，为富富有余状态。万象市水资源承载指数最高，为 1.04，已经处于临界超载状态。万象市水资源承载状态较差是由万象市供水工程能力不足、水资源可利用率低导致的。

2000～2015 年，老挝水资源整体处于富富有余状态，各省（市）水资源承载状态几乎无变化。万象市水资源承载状态逐步变差，2000 年为盈余状态，2005 年和 2010 年为平衡有余状态，2015 年则变成临界超载状态。

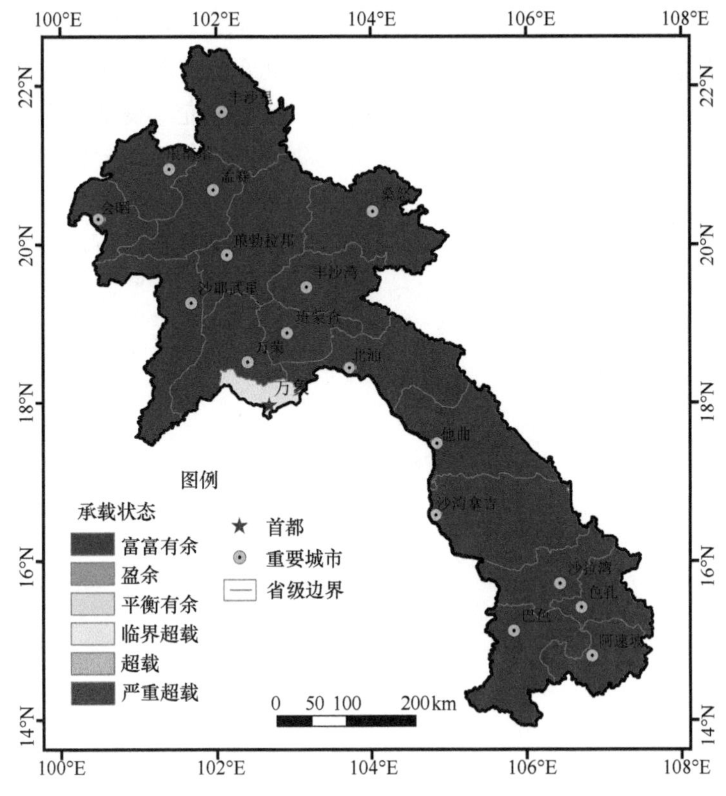

图 6.8　老挝各省（市）水资源承载状态

6.4　未来情景与调控途径

本节根据未来不同的技术情景，计算不同情景下的水资源承载力，判断不同情景下老挝水资源超载风险，从而实现对老挝水资源安全风险预警；随后分析老挝存在的主要水资源问题，并提出相应的水资源承载力增强和调控途径。本节计算未来技术情景下水资源承载力用到的数据来源与前面小节相同。

6.4.1　未来情景分析

根据水资源承载能力计算方法估算老挝水资源承载力，绘制老挝水资源承载力图谱。

由老挝承载力图谱（图 6.9）可以看到，有三个参数并未完全确定，分别是人均生活用水量、千美元 GDP 用水量和人均 GDP 标准，一旦确定这三个参数，就可以得到老挝的水资源承载力，水资源承载力用承载人口表示。图中，对于任意一条线，其人均生活用水量和千美元 GDP 用水量是一定的（线条中不同的节点标记表示不同的人均生活用水量，线条的不同颜色表示不同的千美元 GDP 用水量）。可以看到，每一个线条都是单调递减的，表明水资源承载力随着人均 GDP 标准的升高而降低。一般理解中，随着生活福利水平的提高，水资源承载力会提高。初看之下，与图谱中的承载力随人均GDP标准的提高而降低相矛盾。但是，在一般的理解中其实隐藏着用水效率水平的提高。而在本节图谱中，对特定的一条线，用水效率水平其实是固定不变的，人均 GDP 标准提高，仅仅表明人们的生活福利水平提高了，水资源承载力仍然是降低的。

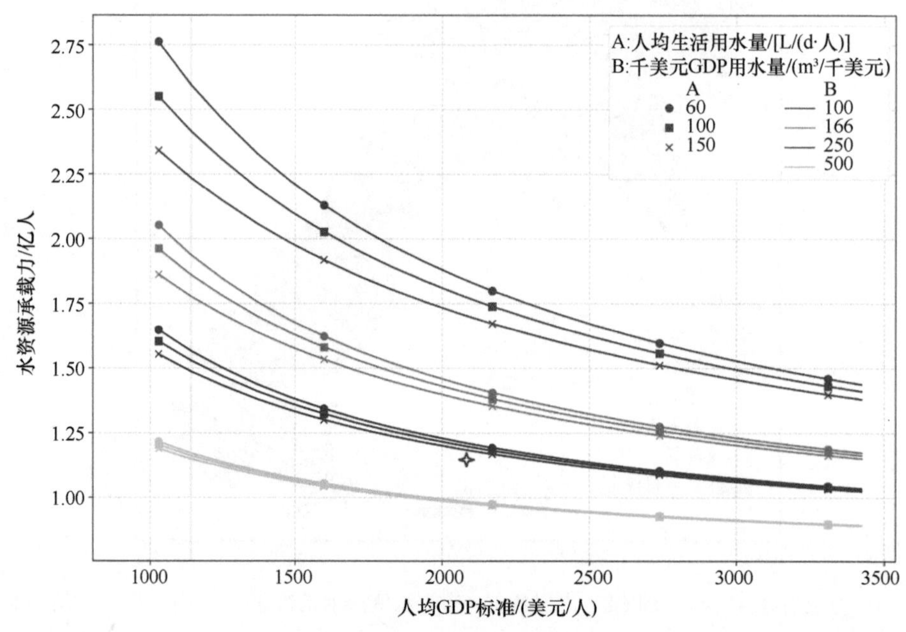

图 6.9　老挝水资源承载力图谱

老挝人均水资源丰富，总体上水资源质量和数量都处于良好状态。按未来不同情景发展预测，老挝在 2030 年和 2050 年不会发生水资源超载，完全能支撑老挝经济发展和人口增长对用水的需求。

假设水资源可利用量基本维持在现状水平，生活福利水平使用人均 GDP 表示，用水效率水平使用千美元 GDP 用水量表示。下文对以下两种未来的技术情景进行模拟评价。

情景 1：人均 GDP 翻倍；千美元 GDP 用水量减少 1/3。

情景 2：人均 GDP 翻 2 倍；千美元 GDP 用水量减少 2/3。

根据三种不同的人均生活用水标准［60L/（d·人）、100L/（d·人）、150L/（d·人）］，分别计算未来技术情景 1 条件下和未来技术情景 2 条件下的水资源承载力。

根据计算，未来技术情景 1 和未来技术情景 2 条件下，老挝水资源承载力分别是现状水资源承载力的 1.45 倍和 2.07 倍，水资源不会超载。

6.4.2　调控途径

老挝全境拥有足够的水资源，能够满足工业、农业、生活和环境用水。降水年内分布不均，11 月至次年 4 月为旱季，降水占全年降水量的 14.8%。因此个别地区要注意旱季水资源短缺风险和雨季洪涝灾害问题。

根据老挝水资源承载力和状态，结合老挝具体情况，研究提出如下水资源调控建议。

1. 完善供水设施建设，加强供水安全保障

在老挝的许多大城市，目前的供水能力无法满足未来的需求，供应系统需要进行结构调整和供水能力升级。必须以供水安全为着力点，将基础设施投资列为最优先事项，大力建设和完善包括水库、供水管道等在内的基础设施，提高水资源储存能力，减少供水过程中的损耗，并不断科学提高水资源利用率，以确保更大的水资源储存与供给能力。

2. 提高农业用水效率

农业是老挝的主要产业，不仅解决了大部分人口的生计，也对 GDP 和出口有着重要贡献。农业用水占据总用水量绝对大的比例，但老挝灌溉方式较为落后，其缺乏良好的储水设施和灌溉系统，用水损耗大，极易造成不必要的水资源浪费。因此，有必要加快其灌溉系统的建设与完善，提高灌溉用水效率和水资源承载力。

3. 提高干旱应急响应能力

老挝降雨有明显的季节性，旱季易发生干旱，加剧了水资源短缺问题。无论是植被减少还是气候变化导致的旱情加剧，需制定有效的干旱季节防灾应急计划，以保障应对突发性干旱事件的响应能力。

4. 制定水资源规划

为帮助老挝实现千年发展目标（MDGs）中的饮用水安全目标，联合国等国际组织已开展过多次老挝水资源规划和管理方面的研讨会，但目前老挝仍然缺乏科学的国家水资源规划方案。寻求满足未来用水需求的可持续供水方案，主要包括国家水资源规划、水坝建设长期规划和供水工程管理规划等。国家水资源规划是水资源利用发展和保护的主要方案，旨在保障安全稳定的清洁用水和保护人们的生命财产免受洪水和干旱的破坏，它倡导合理分配和利用有限的水资源，保护土地和环境，使后代受益。水坝建设长期规划主要包括水坝建设和相应政策的制定，以确保河道安全。供水工程管理规划是为每个领域设定供水控制方案，通过建立联合供水设施，即使在发生水质污染事件并在极端干旱条件下，也能保证清洁饮用水的供用。

5. 开展国际河流合作与开发

湄公河流域不仅提供了老挝主要地表水资源量，同时上游环境退化和大坝建设也对老挝国内洪涝灾害的形成造成巨大的影响。湄公河流域上下游国家的合作管理对于老挝尤为重要。

6. 提高水质监管力度，加强污水处理能力

加强水资源保护，减少水污染。清洁水资源涉及居民的生计，更影响到国家的供水安全。老挝应加强水资源保护，提高排污设施建设和水质监管力度，降低工业污染对水源的威胁，提高清洁水资源的供给能力，并建立居民供水系统、污水处理系统，重点提升供水水质和服务质量，保障居民清洁水使用需求。

参考文献

贾绍凤，周长青，燕华云，等. 2004. 西北地区水资源可利用量与承载能力估算. 水科学进展，15(6): 801-807.

Beck H E, Van Dijk A I J M, Levizzani V, et al. 2017. MSWEP: 3-hourly 0.25° global gridded precipitation (1979–2015) by merging gauge, satellite, and reanalysis data. Hydrology and Earth System Sciences, 21(1): 589-615.

CIESIN. 2016. Gridded population of the world, version 4 (GPW v4): Administrative unit center points with population estimates. https: //sedac.ciesin.columbia.edu/data/collection/gpw-v4[2020-09-20].

Gassert F, Luck M, Landis M, et al. 2014. Aqueduct global maps 2.1: Constructing decision-relevant global water risk indicators. Washington, DC: World Resources Institute.

NOAA.2014.Version 4 DMSP-OLS nighttime lights time series. https: //eogdata.mines.edu/products/dmsp/[2020-09-20].

Siebert S, Henrich V, Frenken K, et al. 2013. Update of the digital global map of irrigation areas to version 5. http: //www.fao.org/3/I9261EN/i9261en.pdf[2020-09-20].

Yan J, Jia S, Lv A, et al. 2019. Water resources assessment of China's Transboundary River Basins using a machine learning approach. Water Resources Research, 55(1): 632-655.

第 7 章　生态承载力评价与区域谐适策略

生态承载力是指在不损害生态系统生产能力与功能完整性的前提下，生态系统可持续承载的具有一定社会经济发展水平的最大人口规模（Matsumoto，2004；Yang and Sui，2005；闫慧敏等，2012）。本章借鉴人类消耗净初级生产力（human appropriation of net primary productivity，HANPP）评估方法，首先分析了生态供给的时空格局和演变特征，测算了生态消耗的类型构成与数量特征；其次，在此基础上，基于生态服务供给–消耗间的关系，厘定了区域生态承载力和生态承载状态；最后，考虑到绿色丝绸之路建设愿景，对生态承载状态的未来演变态势进行了预测，提出了提升生态承载力的谐适策略。

7.1　生态供给的空间分布和演变变化

生态供给是生态系统服务的基础与核心，是其他所有生态服务，包括调节服务、支持服务和文化服务等的物质基础和能量基础。陆地生态系统净初级生产量（net primary productivity，NPP）是衡量生态系统供给能力的量化指标，它是指陆地植被通过光合作用产生的有机同化物，并去除自养呼吸后剩余的有机物质总量。区域 NPP 的总量以及单位面积上的 NPP 水平决定了次一级生命体能够使用的能量上限和物质量上限。对陆地生态系统 NPP 的空间分布格局和动态变化趋势开展分析和规律凝练，是认识区域生态承载力物质基础的前提，也是开展区域生态承载力评价的基础。

7.1.1　生态供给的空间分布

1. 全国整体情况

老挝陆地生态系统 2000～2015 年多年平均的生态供给总量为 2.37×10^{14} g C，多年平均的生态供给水平为 1034 g C/m^2。老挝陆地生态系统生态供给水平存在明显的空间分异（图 7.1）。老挝北部的博胶省、沙耶武里省、丰沙里省、华潘省、琅勃拉邦省，以及东南部的沙拉湾省、阿速坡省等地区，生态系统的生态供给能力强；万象市南部、沙湾拿吉省西部等地区，生态系统的生态供给能力相对较差。总的来说，从以森林为主的生态系统逐步转变为以农田为主的生态系统，是老挝全国生态系统生态供给能力出现空间差异的根本原因。与全球其他国家、地区相比，由于老挝地处热带、亚热带地区，植被总体以森林为主，因此全国生态供给水平总体上较高。

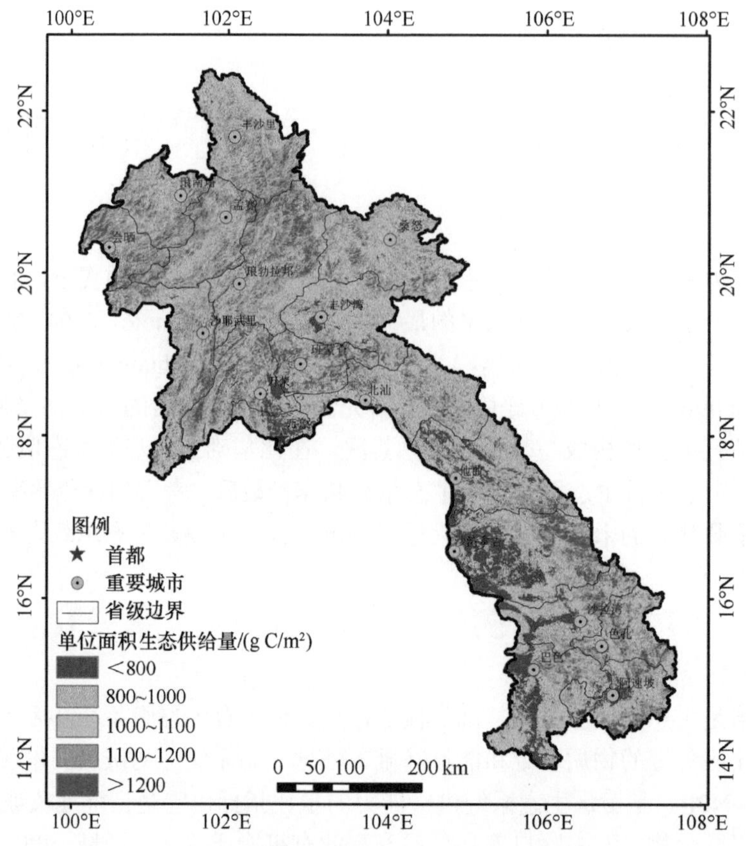

图 7.1 老挝全国多年平均生态供给能力的空间分布

各省（市）2000～2015 年多年平均生态供给总量大致在 2.9×10^{12}～22.5×10^{12} g C（图 7.2），这主要取决于各省（市）的土地面积、陆地植被类型。其中，琅勃拉邦

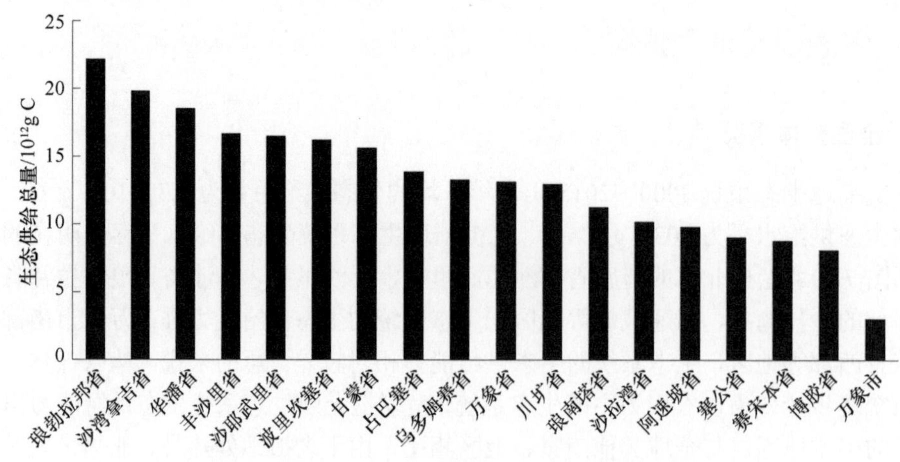

图 7.2 老挝各省（市）陆地生态系统生态供给总量

省生态系统生态供给总量最高，为 22.16×10^{12} g C；万象市陆地生态系统生态供给总量最低，仅为 2.99×10^{12} g C，是琅勃拉邦省的 13.49%。琅勃拉邦省、沙湾拿吉省、华潘省、丰沙里省、沙耶武里省、波里坎塞省、甘蒙省 6 个省，其陆地生态系统生态供给总量均超过 15×10^{12}g C，而万象市、博胶省、赛宋本省、塞公省和阿速坡省 5 个省（市），其陆地生态系统生态供给总量均不足 10×10^{12} g C。

各省（市）2000～2015 年多年平均的生态供给水平较高，变化不大，大致在 800～1150g C/m^2 波动（图 7.3）。区域生态供给水平的高低取决于区域陆地生态系统中的植被类型，最终受到各省（市）的地理位置、气候类型、土地覆被和利用类型的影响。其中，博胶省单位面积生态供给量最高，为 1131.91 g C/m^2；而万象市单位面积生态供给量最低，为 827.74 g C/m^2。博胶省单位面积生态供给量是老挝其他地区单位面积生态供给量平均值的 1.09 倍，是生态供给水平最低的万象市的 1.37 倍。

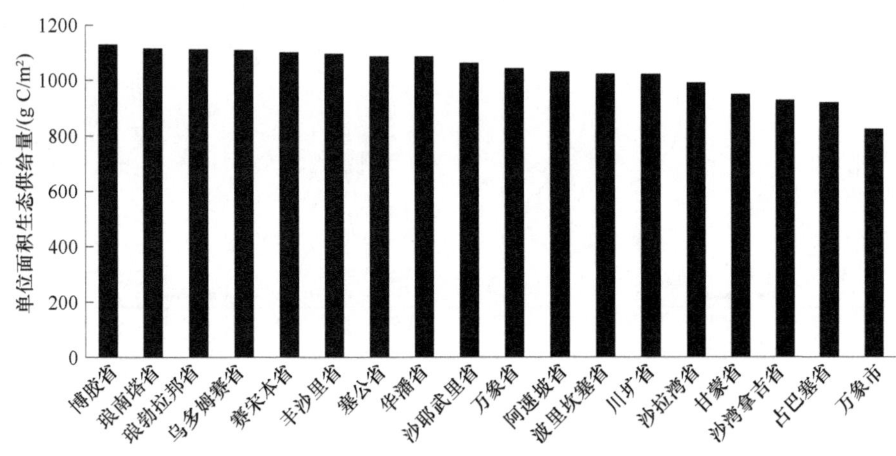

图 7.3　老挝各省（市）陆地生态系统生态供给水平

2. 森林生态系统

老挝森林生态系统 2000～2015 年 16 年平均生态供给总量为 1.98×10^{14}g C，16 年平均生态供给水平为 1080.85 g C/m^2。2000 年、2005 年、2010 年、2015 年老挝森林生态系统生态供给总量分别为 1.96×10^{14}g C、1.87×10^{14}g C、1.96×10^{14}g C、1.98×10^{14}g C，生态供给水平分别为 1070.62g C/m^2、1020.53g C/m^2、1069.36g C/m^2、1082.61g C/m^2（图 7.4）。总的来看，森林生态系统作为老挝主体的生态系统类型，在老挝北部的博胶省、沙耶武里省、丰沙里省、华潘省、琅勃拉邦省，以及东南部的沙拉湾省、阿速坡省等地区有密集分布；而在老挝中部的甘蒙省，森林生态系统面积迅速减少；老挝沙湾拿吉省中西部基本上不存在连片的森林生态系统。森林生态系统的空间分布格局控制了老挝生态系统生态供给能力的整体面貌。

3. 草地生态系统

老挝草地生态系统 2000～2015 年 16 年平均生态供给总量为 0.39×10^{12} g C，16 年

平均生态供给水平为 612.97 g C/m^2。2000 年、2005 年、2010 年、2015 年老挝草地生态系统生态供给总量分别为 0.39×10^{12}g C、0.36×10^{12}g C、0.38×10^{12}g C、0.37×10^{12}g C，生态供给水平分别为 607.8g C/m^2、570.16g C/m^2、595.93g C/m^2、582.8g C/m^2。总的来看，草地生态系统在老挝分布较少且比较分散，仅零星分布在甘蒙省、波里坎塞省、川圹省、占巴塞省和阿速坡省等地区。

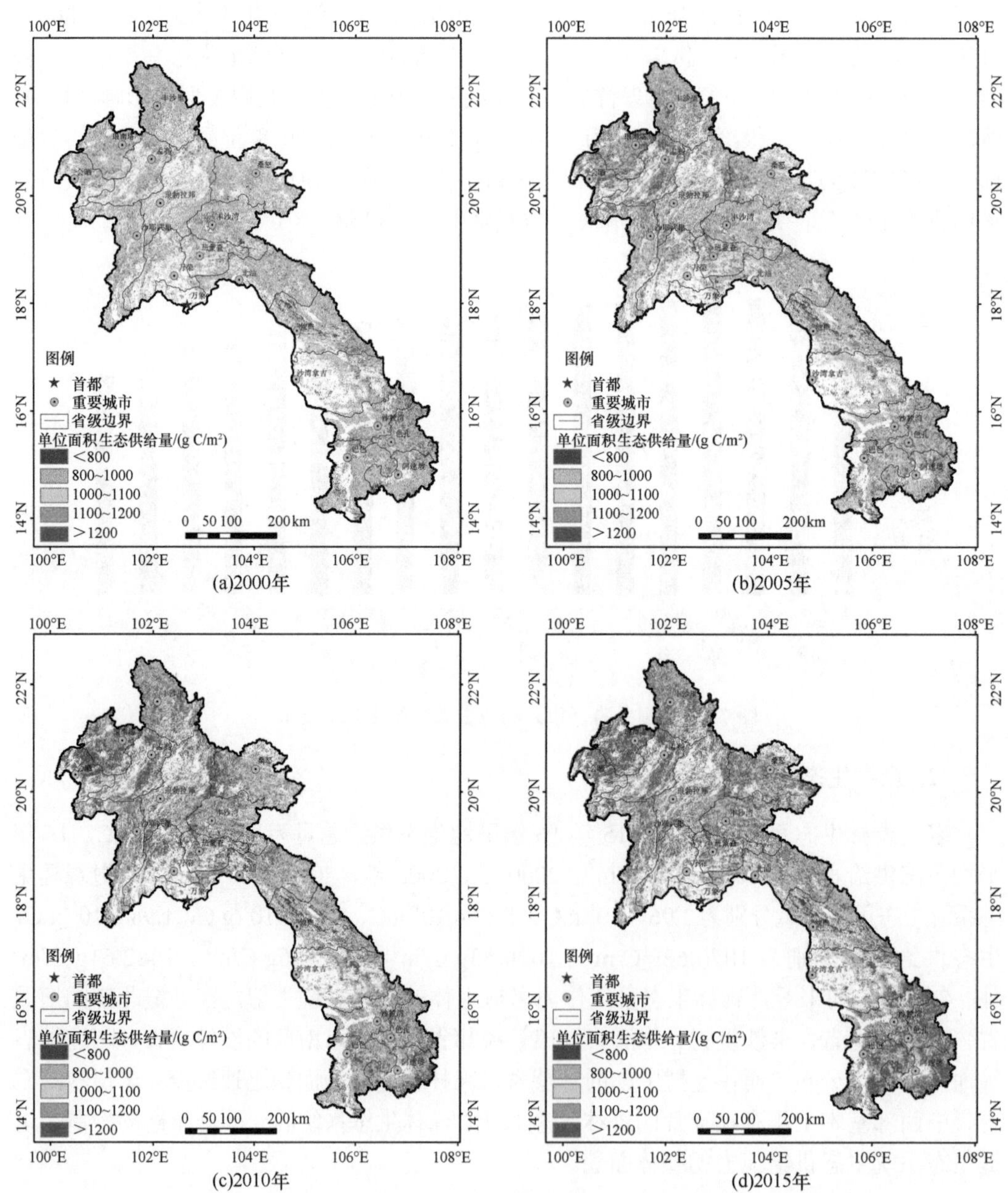

图 7.4 老挝森林生态系统生态供给的空间分布

4. 农田生态系统

老挝农田生态系统 2000～2015 年 16 年平均生态供给总量为 0.38×10^{14} g C，16 年平均生态供给水平为 888.09 g C/m^2。2000 年、2005 年、2010 年、2015 年老挝农田生态系统生态供给总量分别为 0.38×10^{14}g C、0.35×10^{14}g C、0.36×10^{14}g C、0.36×10^{14}g C，生态供给水平分别为 901.25g C/m^2、825.36g C/m^2、858.14g C/m^2、839.77g C/m^2（图 7.5）。总的来看，农田生态系统分布比较集中，主要分布在万象市、沙湾拿吉省、沙拉湾省等地区。

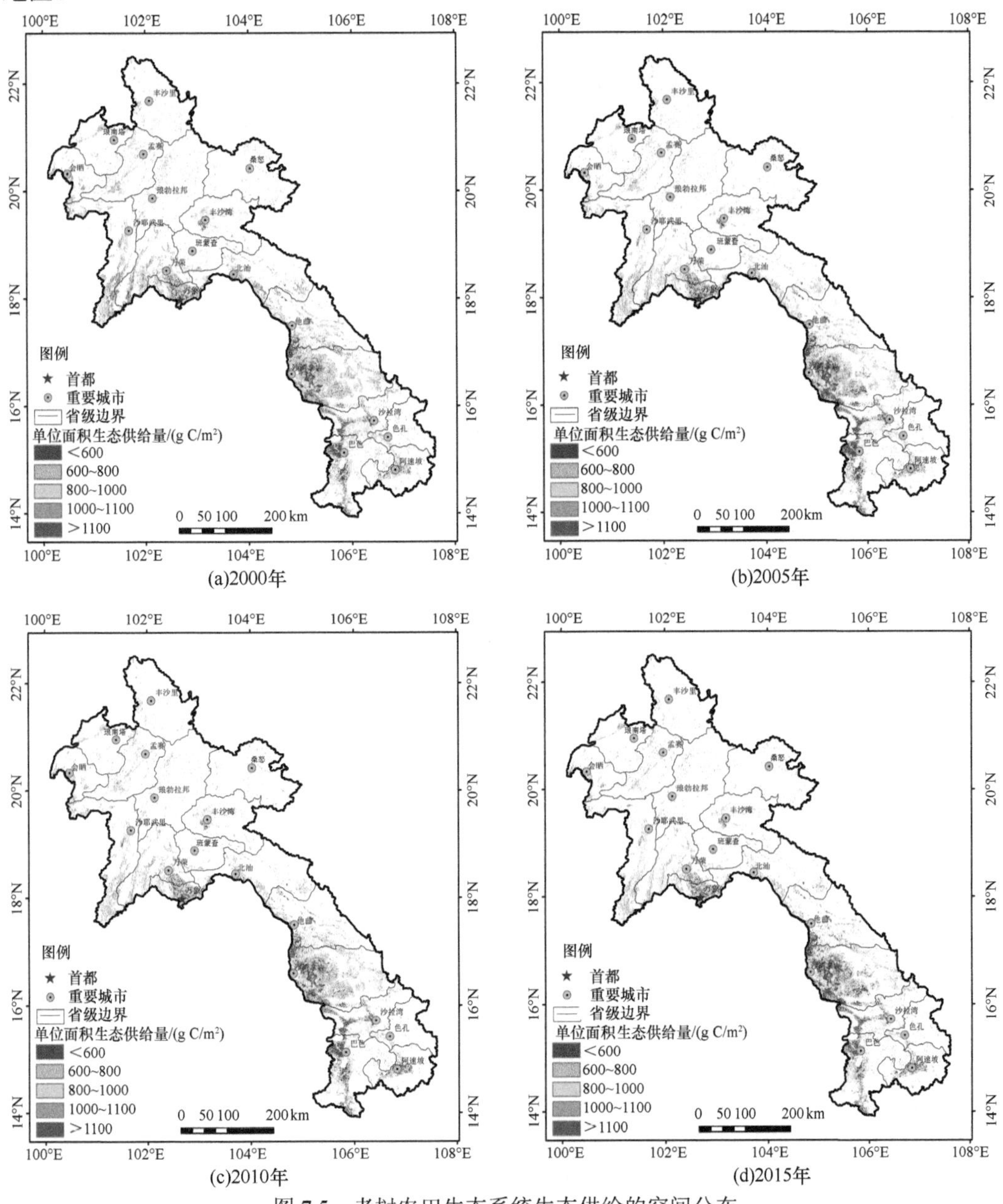

图 7.5　老挝农田生态系统生态供给的空间分布

7.1.2 生态供给的变化动态

1. 全国整体情况

2000 年以来，老挝陆地生态系统同时存在 NPP 上升和下降趋势，并且 NPP 上升地区的面积略大于 NPP 下降地区的面积（图 7.6）。NPP 下降区域（包括统计学意义上的下降但不显著以及显著下降两种类型）面积为 11.24 万 km^2，其中显著下降区域面积为 1.6 万 km^2。NPP 显著下降的区域主要分布在万象省、乌多姆赛省、川圹省、沙耶武里省、波里坎塞省、阿速坡省和甘蒙省等地区。与之对应的是，NPP 上升区域（包括统计学意义上的上升但不显著以及显著上升两种类型）面积为 11.49 万 km^2，其中显著上升区域面积为 1.15 万 km^2。NPP 显著上升区域主要分布在丰沙里省、万象省、川圹省和占巴塞省等地区。

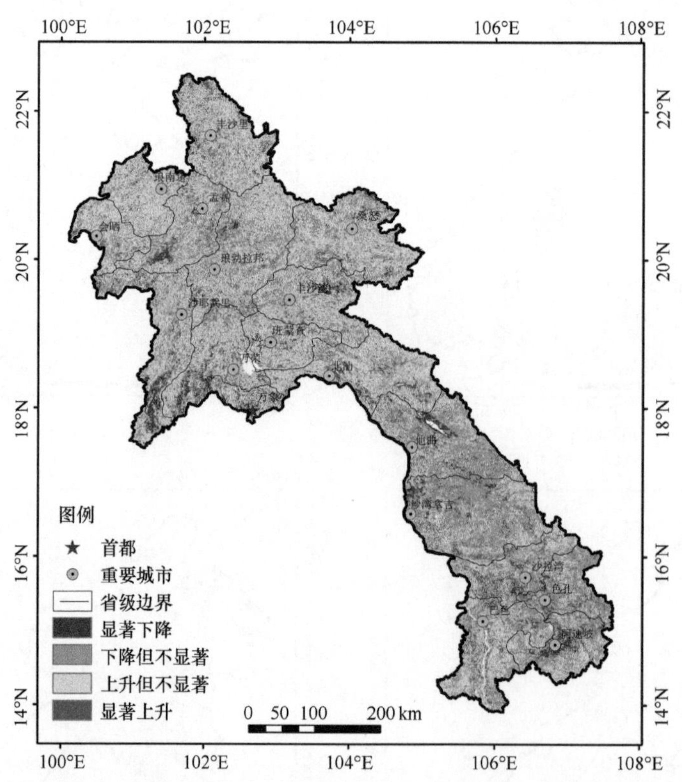

图 7.6 2000～2015 年老挝生态系统生态供给的变化趋势

2. 森林生态系统

2000 年以来，老挝森林生态系统同时存在 NPP 上升和下降趋势，并且 NPP 上升地区的面积略大于 NPP 下降地区的面积（图 7.7）。森林 NPP 下降区域（包括统计学意义上的下降但不显著以及显著下降两种类型）面积为 8.5 万 km^2，其中森林 NPP 显著下降区域面积为 0.83 万 km^2。森林 NPP 显著下降的区域主要分布万象省、乌多姆赛省、川扩省、沙耶武里省、阿速坡省、沙拉湾省和甘蒙省等地区。与之对应的是，森林 NPP 上升区域(包括统计学意义上的上升但不显著以及显著上升两种类型)面积为9.8万km^2，其中森林 NPP 显著上升区域面积为 0.87 万 km^2。森林 NPP 显著上升区域主要分布在丰沙里省、万象省、川圹省和占巴塞省等地区。

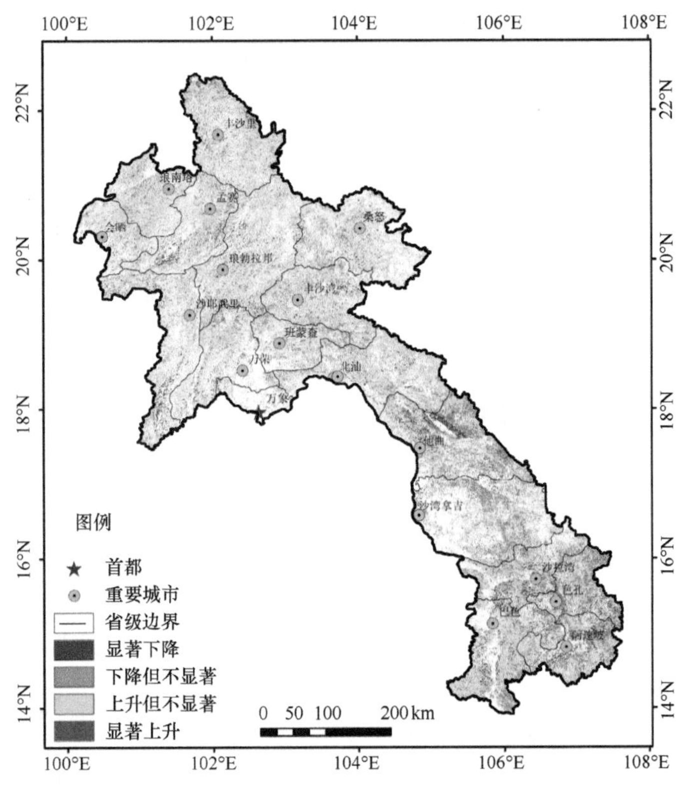

图 7.7　2000～2015 年老挝森林生态系统生态供给的变化趋势

3. 草地生态系统

2000 年以来，老挝草地生态系统同时存在 NPP 上升和下降趋势，并且 NPP 下降地区的面积明显大于 NPP 上升地区的面积（图 7.8）。草地 NPP 下降区域（包括统计学意义上的下降但不显著以及显著下降两种类型）的面积为 344.25km^2，其中 NPP 显著下降区域面积为 77.5km^2。草地 NPP 显著下降区域主要分布在万象省东南部和甘蒙省的少量土地上。与之对应的是，草地 NPP 上升区域（包括统计学意义上的上升但不显著以及显著上升两种类型）面积为 286.75km^2，其中草地 NPP 显著上升区域面积为 53.25km^2。草地 NPP 显著上升区域主要为甘蒙省西北部，在占巴塞省东北部和川圹省西部呈零星分布。

4. 农田生态系统

2000 年以来，老挝农田生态系统同时存在 NPP 上升和下降趋势，并且 NPP 下降地区的面积明显大于 NPP 上升地区的面积（图 7.9）。农田 NPP 下降区域（包括统计学意

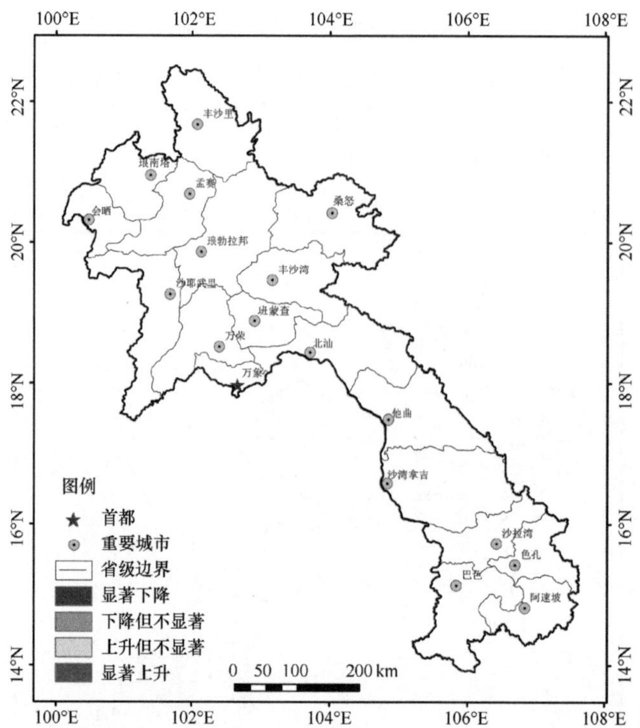

图 7.8　2000～2015 年老挝草地生态系统生态供给的变化趋势

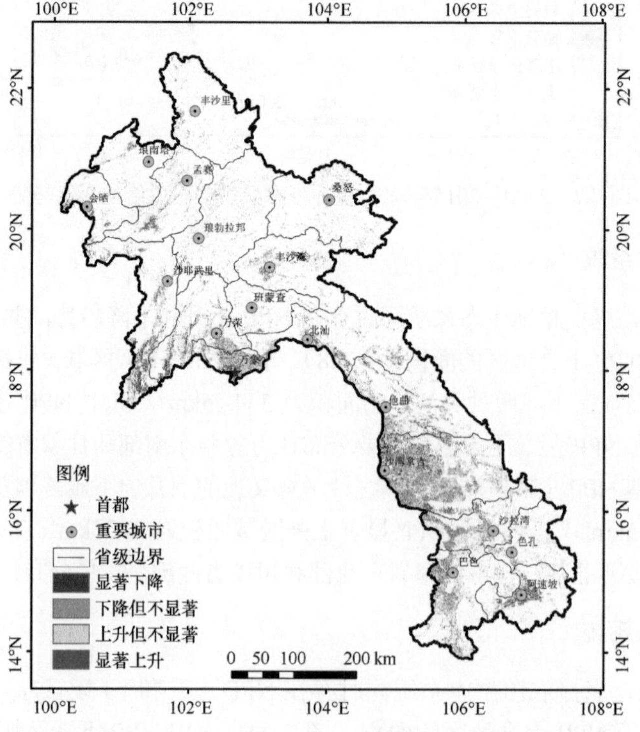

图 7.9　2000～2015 年老挝农田生态系统生态供给的变化趋势

义上的下降但不显著以及显著下降两种类型）面积为 2.6 万 km^2，其中 NPP 显著下降区域面积为 0.72 万 km^2。农田 NPP 显著下降区域主要分布在老挝的乌多姆赛省西南部、沙耶武里省南部、川圹省东部、沙湾拿吉省、沙拉湾省、阿速坡省等地区。与之对应的是，农田 NPP 上升区域（包括统计学意义上的上升但不显著以及显著上升两种类型）面积为 1.58 万 km^2，其中农田 NPP 显著上升区域面积为 0.25 万 km^2。NPP 显著上升区域主要呈零星点状分布在琅南塔省北部、占巴塞省西北部、万象省南部和丰沙里省等。

7.2　生态消耗的构成与模式

生态消耗是指人类生产或生活对生态系统所提供服务的消费、利用和占用，其对象包括生产的产品和提供的服务。生态系统服务消耗中产品的消耗是人类对各类生态系统的直接消耗，评估该消耗是探究人类对生态系统影响程度的重要手段，对生态恢复和人与生态系统关系研究的深化具有重要意义。本章主要分析农田、森林和草地生态系统为老挝居民提供的产品及其消耗。

7.2.1　农田生态系统消耗

农业是老挝经济的支柱产业，其中农业生产总值占老挝国内生产总值的 51%，农业人口约占全国总人口的 90%。农田生态系统为老挝居民提供了大量的农产品，主要有小麦、水稻、玉米、木薯、土豆、红薯和蔬菜，这些农产品及其在加工过程中的副产品（如麦麸）为养殖猪和家禽提供了极大的便利。

1. 居民消耗结构与组成

从结构上看，老挝居民对农田生态系统提供的农产品的消耗以蔬菜和水稻为主，其中蔬菜占比达到 50.40%，水稻占 37.33%；其次为木薯、玉米，占比分别为 5.64%、3.71%；小麦、土豆、红薯、花生占比较小，总和不到消耗总量的 3%（图 7.10）。

从数量变化上看，居民对水稻的生态消耗量变化比较稳定，从 2000 年的 1.72×10^6t 稳定上升到 2013 年的 2.154×10^6t；相较于水稻，蔬菜消耗量变化波动较大，2000～2008 年蔬菜消耗量基本保持在 1.5×10^6t 左右波动，在 2002 年时出现峰值 1.757×10^6t，在 2008 年出现谷值 1.2×10^6t，之后迅速上升，在 2013 年时达到最大值 2.908×10^6t；消耗量相对较小的农产品，如小麦、花生、土豆和玉米变化稳定，分别从 1.5×10^4t、8×10^3t、2.6×10^4t 和 1.69×10^5t 上升到 2.8×10^4t、3×10^4t、3.9×10^4t 和 2.14×10^5t；与小麦、花生、土豆及玉米相比，木薯、红薯消耗量变化较大，木薯由 2000 年的 9.1×10^4t 缓慢增至 2007 年的 1.21×10^5t，之后迅速增至 2013 年的 3.25×10^5t，红薯消耗量则在 2002 年和 2010 年出现了两个谷值，整体呈现出大涨大跌的变化趋势（图 7.11）。

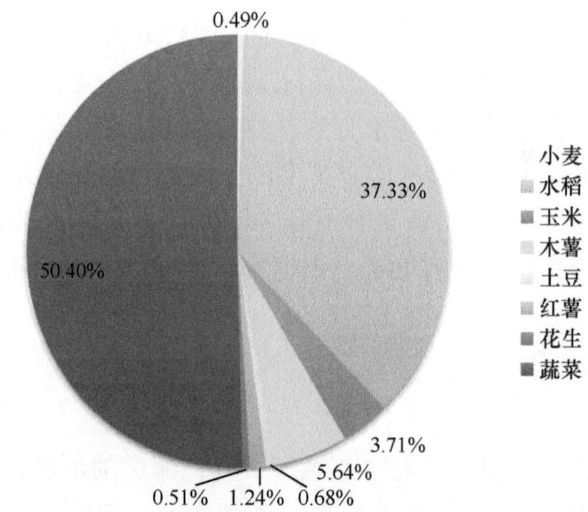

图 7.10　居民对农田生态系统的消耗结构

数据来源：联合国粮食及农业组织，2013 年

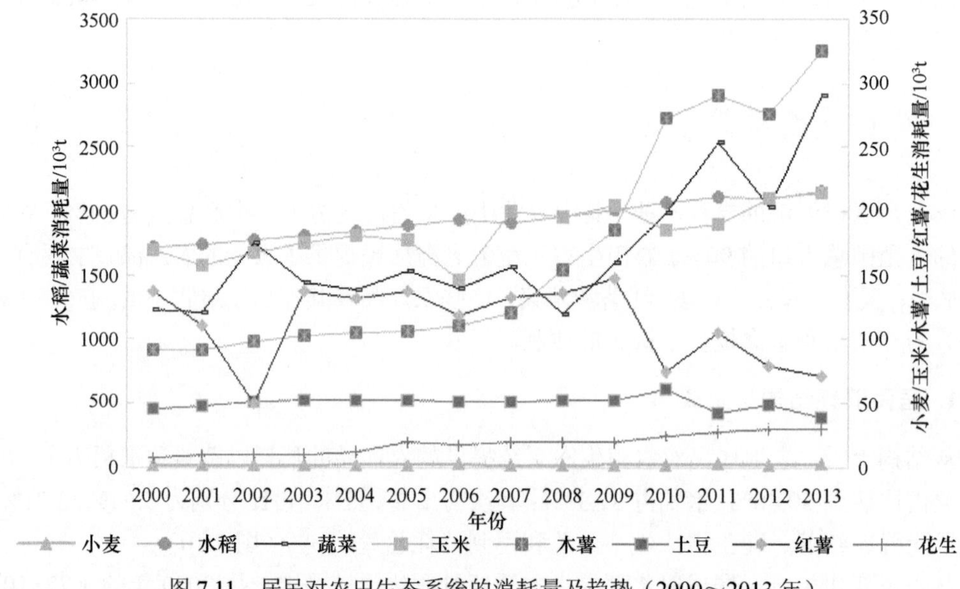

图 7.11　居民对农田生态系统的消耗量及趋势（2000～2013 年）

数据来源：联合国粮食及农业组织，2000～2013 年

2. 家畜消耗结构与组成

从结构上看，家禽养殖对农产品消耗占 72%，猪养殖对农产品消耗占 28%（图 7.12）；从数量变化上看，家禽和猪养殖对农产品的消耗量变化均呈现出上升趋势，分别从 2000 年的 2.357×10^6t 和 1.041×10^6t 升至 2013 年的 5.531×10^6t 和 2.152×10^6t（图 7.13）。

7.2.2　森林生态系统消耗

森林包括天然林和经济林，森林生态系统为当地居民提供的产品有原木、林下作物、水果等。老挝多数天然林以燃烧的形式被消耗掉（如游农和刀耕火种），但政府部门目前尚无数据对此加以说明和进行统计分析，经济林则为人们提供了一些水果，如橘子、香蕉、菠萝、椰子等。

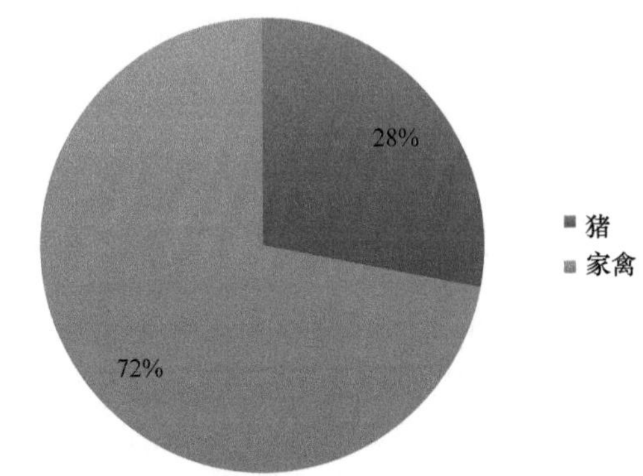

图 7.12　家畜家禽养殖对农田生态系统的消耗结构
数据来源：联合国粮食及农业组织，2013 年

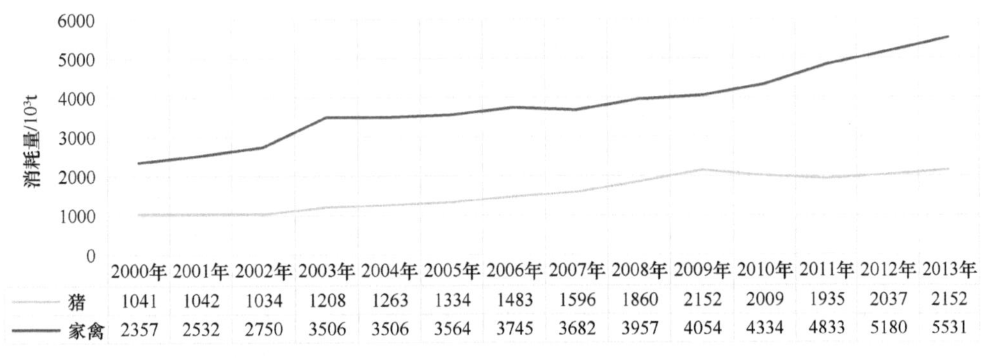

图 7.13　家畜家禽养殖对农田生态系统产品的消耗量及趋势（2000～2013 年）
数据来源：联合国粮食及农业组织，2000～2013 年

从结构上看，居民水果消耗中香蕉占 70%，其次为橘子，占 15%，再次为菠萝占 6%，其他水果占比较少，总和仅 9%（图 7.14）。从数量变化上看，居民对香蕉的消耗量呈现出

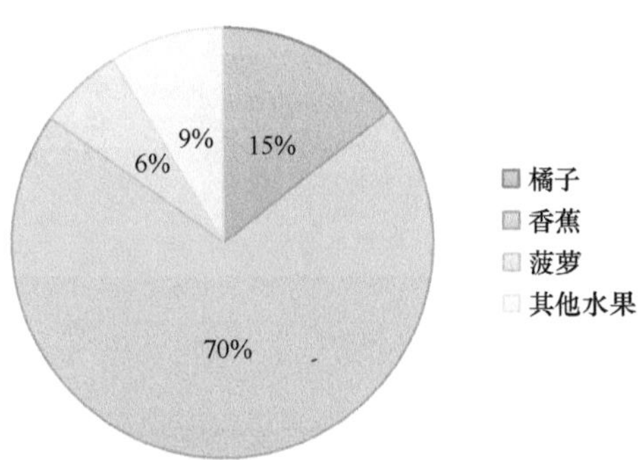

图 7.14　居民对水果的消耗结构
数据来源：联合国粮食及农业组织，2013 年

快速上升趋势，由 2000 年的 7.1×10^4t 升至 2013 年的 7.84×10^5t；居民对橘子、菠萝及其他水果的消耗量总体变化不大，分别保持在 1.4×10^5t、8×10^4t 和 1.5×10^5t 左右波动（图 7.15）。

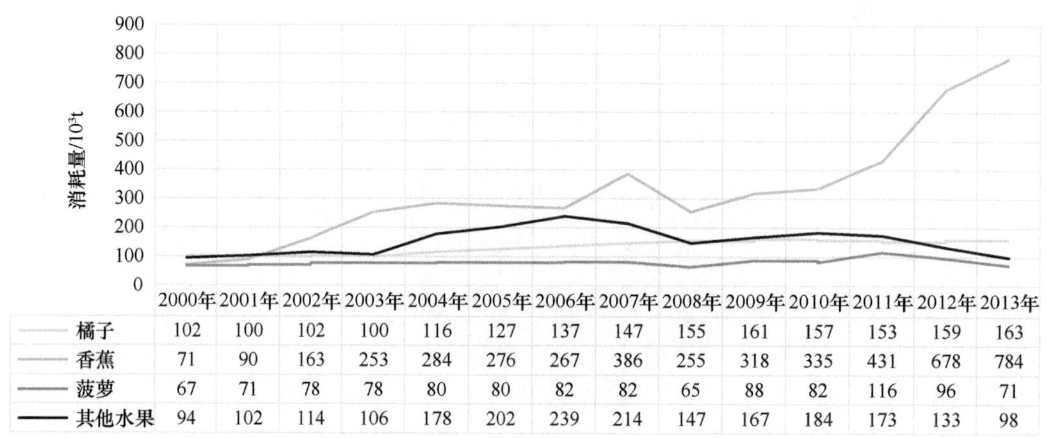

	2000年	2001年	2002年	2003年	2004年	2005年	2006年	2007年	2008年	2009年	2010年	2011年	2012年	2013年
橘子	102	100	102	100	116	127	137	147	155	161	157	153	159	163
香蕉	71	90	163	253	284	276	267	386	255	318	335	431	678	784
菠萝	67	71	78	78	80	80	82	82	65	88	82	116	96	71
其他水果	94	102	114	106	178	202	239	214	147	167	184	173	133	98

图 7.15 居民对水果的消耗量及趋势（2000～2013 年）

数据来源：联合国粮食及农业组织，2000～2013 年

7.2.3 草地生态系统消耗

老挝草地资源稀少，饲养的水牛、黄牛多为农业生产服务，同时提供了牛肉、牛奶等畜产品供人们消费食用。而山羊、绵羊多为家庭生活需要。从结构上看，各类牲畜养殖过程中对草地生态系统提供的牧草的消耗量占比不同，其中黄牛消耗的牧草占比最大，达到了 56%；其次为水牛，占 42%；绵羊和山羊占比较小，仅为 2%（图 7.16）。从数量变化上看，水牛、黄牛、绵羊和山羊消耗牧草量均呈上升趋势，分别由 2000 年的 3.878×10^6t、3.868×10^6t 和 6.5×10^4t 升至 2013 年的 4.498×10^6t、6.016×10^6t 和 2.54×10^5t，其中黄牛消耗牧草量上升最快，上升幅度约为 55.53%（图 7.17）。

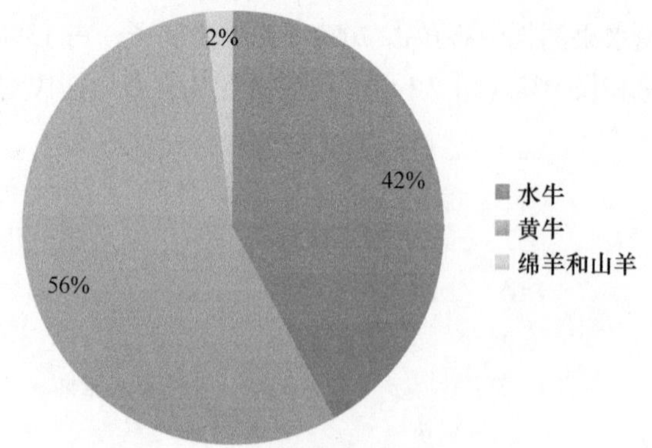

图 7.16 牲畜养殖对牧草的消耗结构

数据来源：联合国粮食及农业组织，2013 年

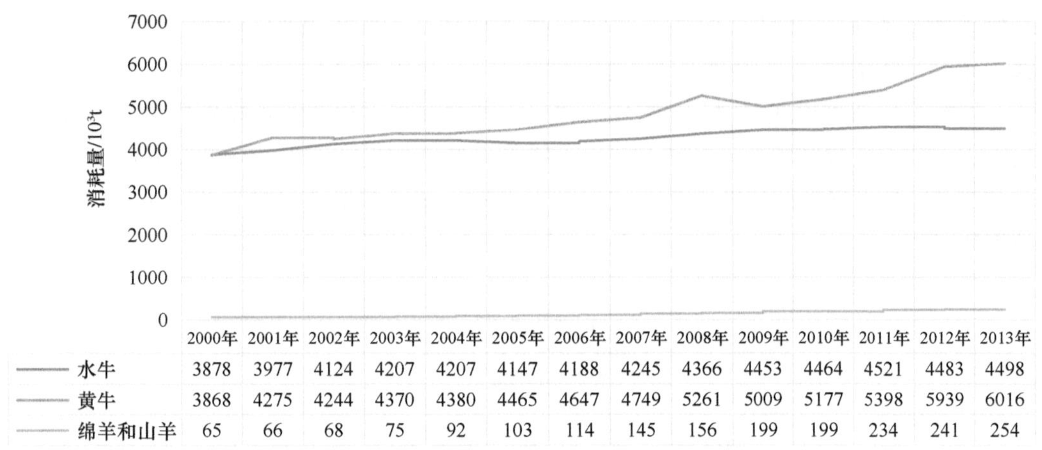

	2000年	2001年	2002年	2003年	2004年	2005年	2006年	2007年	2008年	2009年	2010年	2011年	2012年	2013年
水牛	3878	3977	4124	4207	4207	4147	4188	4245	4366	4453	4464	4521	4483	4498
黄牛	3868	4275	4244	4370	4380	4465	4647	4749	5261	5009	5177	5398	5939	6016
绵羊和山羊	65	66	68	75	92	103	114	145	156	199	199	234	241	254

图 7.17　牲畜养殖对牧草的消耗量及趋势（2000～2013 年）

数据来源：联合国粮食及农业组织，2000～2013 年

7.2.4　生态消耗模式分析

生态消耗模式是指居民及其饲养的牲畜主动或被动地选择、组合和利用生态系统服务的总体特征、行为规范、社会公共准则及时空差异性，包括生态系统提供的产品消耗模式与服务消耗模式。评估生态消耗模式是探究居民及其饲养的牲畜对生态系统选择、利用、影响的重要手段，也是提高生态系统利用可持续性、增进人类福祉的重要手段。本节重点分析老挝居民及其饲养的牲畜对生态系统提供的产品消耗的模式。

老挝居民及其饲养的牲畜对农田、森林和草地三类生态系统的消耗量在不同阶段有所不同。对农田、森林和草地生态系统提供的产品的消耗量变化趋势表明，老挝生态消耗变化分为两个阶段，第一阶段 2000～2008 年，为缓慢增长阶段，第二阶段 2008～2013 年，为快速增长阶段。第一阶段中农田、森林和草地生态消耗量缓慢增长，其中农田生态系统消耗量由 3.798×10^6t 增至 4.277×10^6t，森林生态系统消耗量由 3.69×10^5t 增至 6.61×10^5t，草地生态系统消耗量由 7.1×10^4t 增至 9.2×10^4t；第二阶段中农田、森林和草地生态消耗量快速增长，其中农田生态消耗量由 4.277×10^6t 增至 6.374×10^6t，森林生态消耗量由 6.61×10^5t 增至 1.137×10^6t，草地生态消耗量由 9.2×10^4t 增至 1.04×10^5t（图 7.18）。

因此，以老挝居民及其饲养的牲畜对三类生态系统的消耗量为基础，可以将老挝生态消耗分为“农田生态消耗主导”模式和“农田、森林和草地生态消耗协同发展”模式。2000～2008 年，老挝居民及其饲养的牲畜对生态系统所提供的产品的消耗以农产品为主，占消耗总量的 85%以上，而对林产品和牧草的消耗占比较少，不到 15%；从数量上看，老挝居民及其饲养的牲畜对农产品、林产品和牧草的消耗量变化不大，形成了“农田生态消耗主导”的模式。2008～2013 年，消耗的类型虽仍以农产品为主，但占比下降到 85%以下，且有继续下降的趋势，而对林产品和牧草的消耗占比有所上升，超过 15%，且有继续上升的趋势；从数量上看，老挝居民及其饲养的牲畜对农产品、林产品和牧草的消耗量均大幅度增加，形成了“农田、森林、草地生态消耗协同发展”的模式。

通过对比两种模式发现，老挝生态消耗有向更加多元化的消耗模式变化的趋势，这反映了老挝居民食物消费结构更加复杂、牲畜养殖结构更加合理，对单一生态系统的依赖性逐渐降低，这些变化特点从一定程度上提高了对生态系统利用的可持续性，增进了当地居民福祉。

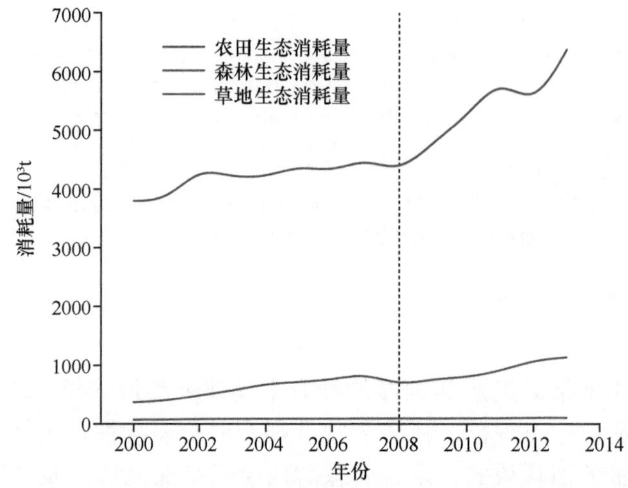

图 7.18　老挝人畜对农田、森林和草地生态系统消耗及趋势（2000～2013 年）

数据来源：联合国粮食及农业组织，2000～2013 年

7.3　生态承载力与承载状态

生态承载指数是区域人口数量与生态承载力的比值，是衡量生态承载状态的基本依据（封志明等，2008；王光华和夏自谦，2012）。生态承载状态反映了区域常住人口与可承载人口之间的关系。

7.3.1　生态承载力

本节从供需平衡角度科学评估了 2000～2017 年老挝全国、区域、省域三级尺度下的生态承载力上限量和适宜量，定量分析了生态承载力的时空演变格局，为合理研判生态系统的人口承载空间提供了充分依据。

1. 全国尺度

2000～2017 年老挝生态承载力呈现持续下降趋势（图 7.19），常住人口始终低于生态承载力适宜量；2017 年老挝常住人口数为 690 万人，仅占生态承载力适宜量的

28.16%。生态承载力上限量[①]从 2000 年的 6354.98 万人下降到 2017 年的 4901.00 万人，生态承载力适宜量[②]从 2000 年的 3177.49 万人下降到 2017 年的 2450.50 万人，降幅约为 22.88%。老挝全国常住人口数量从 2000 年的 521.83 万人增加到 2017 年的 690.00 万人，增幅约为 32.23%，此期间常住人口数量一直低于生态承载力适宜量和生态承载力上限量；2017 年老挝常住人口数量为 690.00 万人，远远低于生态承载力适宜量和生态承载力上限量，仅占生态承载力适宜量的 28.16%，说明老挝生态系统尚有很大的人口承载空间。

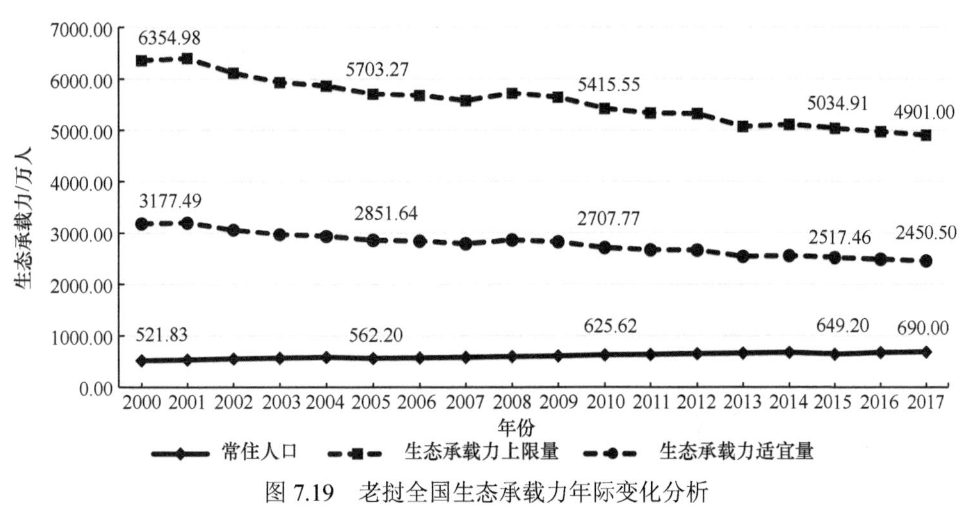

图 7.19　老挝全国生态承载力年际变化分析

2. 区域尺度

（1）从生态承载力上限量来看，上寮、中寮、下寮之间生态承载力差异悬殊。2000 年上寮的生态承载力最大，达 3006.55 万人，中寮生态承载力最小，为 1543.79 万人，下寮生态承载力为 1804.64 万人。2010 年上寮的生态承载力最大，达 2562.11 万人，中寮生态承载力最小，为 1315.57 万人，下寮生态承载力为 1537.87 万人。2017 年上寮的生态承载力最大，达 2318.67 万人，占全国生态承载力上限量的 47.31%，中寮生态承载力最小，为 1190.58 万人，仅占全国生态承载力的 24.29%，下寮生态承载力为 1391.75 万人。

（2）从生态承载力适宜量来看，上寮、中寮、下寮之间的生态承载力差异悬殊。2000 年上寮生态承载力最大，达 1503.28 万人，中寮生态承载力最小，为 771.89 万人，下寮生态承载力为 902.32 万人。2010 年上寮生态承载力最大，达 1281.05 万人，中寮生态承载力最小，为 657.79 万人，下寮生态承载力为 768.93 万人。2017 年上寮生态承载力最大，达 1159.34 万人，中寮生态承载力最小，为 595.29 万人，下寮生态承载力为 695.87 万人。

（3）从 2000 年、2010 年、2017 年三个时间节点来看，老挝上寮、中寮、下寮生态

① 生态承载力上限量：根据生态供给上限量测算得到的生态承载力。
② 生态承载力适宜量：根据生态供给适宜量测算得到的生态承载力。

承载力适宜量呈下降趋势，且降幅逐渐增大：与 2000 年相比，2010 年老挝上寮、中寮、下寮生态承载力适宜量降幅为 14.78%，与 2010 年相比，2017 年老挝上寮、中寮、下寮生态承载力适宜量降幅为 9.50%。与 2000 年相比，2010 年、2017 年老挝上寮、中寮、下寮生态承载力适宜量均有所下降，降幅分别为 14.78%、22.88%。

3. 省域尺度

（1）从生态承载力上限量来看（图 7.20），省域之间生态承载力上限量差异悬殊，2000 年沙湾拿吉省生态承载力上限量最高，万象市最低，分别占全国生态承载力上限量的 9.14%、1.40%；2017 年沙湾拿吉省生态承载力上限量最高，达 448.03 万人，万象市最低，为 68.51 万人。

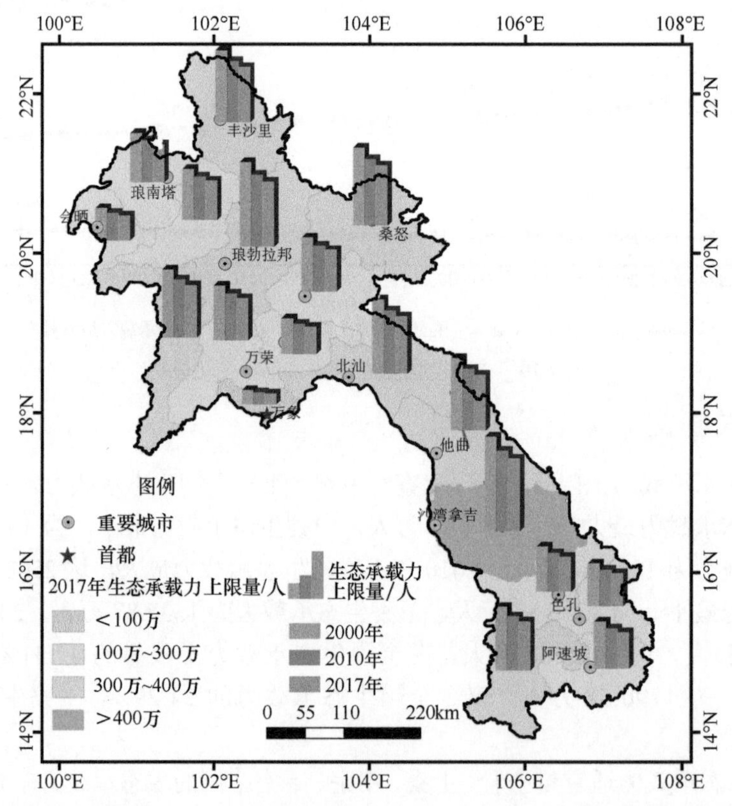

图 7.20 老挝各省（市）生态承载力上限量（2000 年、2010 年、2017 年）

从生态承载力上限量来看，2000 年有 2 个省生态承载力上限量超过 500.00 万人，分别是琅勃拉邦省和沙湾拿吉省，其中沙湾拿吉省生态承载力上限量为 580.95 万人；有 10 个省生态承载力上限量介于 300 万～500 万人，分别是丰沙里省、琅南塔省、乌多姆赛省、华潘省、沙耶武里省、川圹省、万象省、波里坎塞省、甘蒙省、占巴塞省，其中华潘省生态承载力上限量最高，达 476.78 万人；有 5 个省生态承载力上限量介于 100 万～300 万人，分别是博胶省、沙拉湾省、塞公省、阿速坡省、赛宋本省；仅万象市生态承载力上限量低于 100 万人，为 88.83 万人，占比仅为 1.40%。

2017 年，仅沙湾拿吉省的生态承载力上限量超过 400 万人，为 448.03 万人；有 7 个省生态承载力上限量介于 300 万～400 万人，分别是琅勃拉邦省、丰沙里省、华潘省、沙耶武里省、波里坎塞省、甘蒙省、占巴塞省；有 9 个省生态承载力上限量介于 100 万～300 万人，分别是琅南塔省、乌多姆赛省、博胶省、川圹省、万象省、沙拉湾省、塞公省、阿速坡省、赛宋本省，其中博胶省生态承载力上限量较低，为 153.89 万人，占全国生态承载力上限量的 4.39%；仅万象市的生态承载力上限量低于 100 万人，为 68.51 万人。

（2）从生态承载力适宜量来看（图 7.21），省域之间生态承载力适宜量差异悬殊，沙湾拿吉省生态承载力适宜量最高，万象市最低；2017 年沙湾拿吉省、万象市生态承载力适宜量分别为 224.02 万人、34.25 万人。

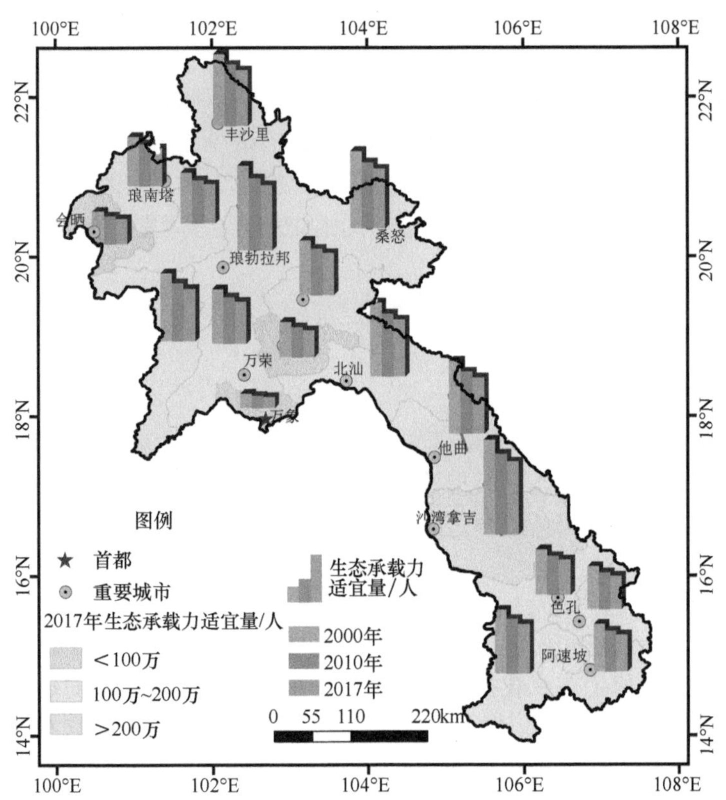

图 7.21　老挝各省（市）生态承载力适宜量（2000 年、2010 年、2017 年）

从生态承载力适宜量来看，2000 年有 7 个省生态承载力适宜量超过 200 万人，分别是丰沙里省、琅勃拉邦省、华潘省、沙耶武里省、波里坎塞省、甘蒙省、沙湾拿吉省，其中沙湾拿吉省生态承载力适宜量最高，为 290.48 万人，占全国生态承载力适宜量的 9.14%；有 9 个省生态承载力适宜量介于 100 万～200 万人，分别是琅南塔省、乌多姆赛省、川圹省、万象省、沙拉湾省、塞公省、占巴塞省、阿速坡省、赛宋本省，其中赛宋本省生态承载力适宜量较低，为 109.08 万人；万象市、博胶省生态承载力适宜量低于 100 万人，分别为 44.41 万人、99.77 万人，占比之和仅为 4.54%。

从生态承载力适宜量来看，2017 年老挝仅沙湾拿吉省生态承载力适宜量超过 200 万人；有 14 个省生态承载力适宜量介于 100 万～200 万人，分别是丰沙里省、琅南塔省、乌多姆赛省、琅勃拉邦省、华潘省、沙耶武里省、川圹省、万象省、波里坎塞省、甘蒙省、沙拉湾省、塞公省、占巴塞省、阿速坡省，其中琅勃拉邦省生态承载力适宜量最高，为 199.84 万人；有 3 个省（市）生态承载力适宜量低于 100 万人，分别是万象市、博胶省、赛宋本省，其生态承载力适宜量分别 34.25 万人、76.94 万人、84.12 万人，三者生态承载力适宜量在全国生态承载力适宜量中占比之和仅为 7.97%。

（3）从 2000 年、2010 年、2017 年三个时间节点来看，老挝 18 个省（市）生态承载力均有所下降，降幅逐渐增大。

2000～2017 年这 18 年间，18 个省（市）中，生态承载力上限量超过 500 万人的减少 2 个，生态承载力上限量介于 300 万～500 万人的减少 2 个，生态承载力上限量介于 100 万～300 万人的增加 4 个。生态承载力适宜量超过 200 万人的减少 6 个，生态承载力适宜量介于 100 万～200 万人的增加 5 个，生态承载力适宜量低于 100 万人的增加 1 个。

7.3.2 生态承载状态

本节通过常住人口数量与生态承载力上限量、生态承载力适宜量的对比，评估全国、区域和省域三级尺度下的生态承载指数及其时空演变格局，并以此为指标，厘定三级尺度下的生态承载状态，为绿色丝绸之路建设愿景下生态保护谐适策略的提出提供参考。

1. 全国尺度

从生态承载力上限量和生态承载力适宜量来看，2000～2017 年老挝生态承载力始终处于富富有余状态，但生态承载指数波动增大，承载压力呈现增大的趋势。

从生态承载力上限量来看，2000～2017 年老挝生态系统处于富富有余状态，生态承载指数波动增加，生态承载指数从 2000 年的 0.08 波动上升到 2017 年的 0.14，增幅为 75%，18 年间生态承载指数一直介于 0.05～0.15。从生态承载力适宜量来看，2000～2017 年老挝生态系统处于富富有余状态，生态承载指数仅 2005 年、2008 年、2015 年较去年相比有小幅下降，其余年份生态承载指数持续增大，生态承载指数从 2000 年的 0.16 波动上升到 2017 年的 0.28，生态承载压力呈增大态势（图 7.22）。

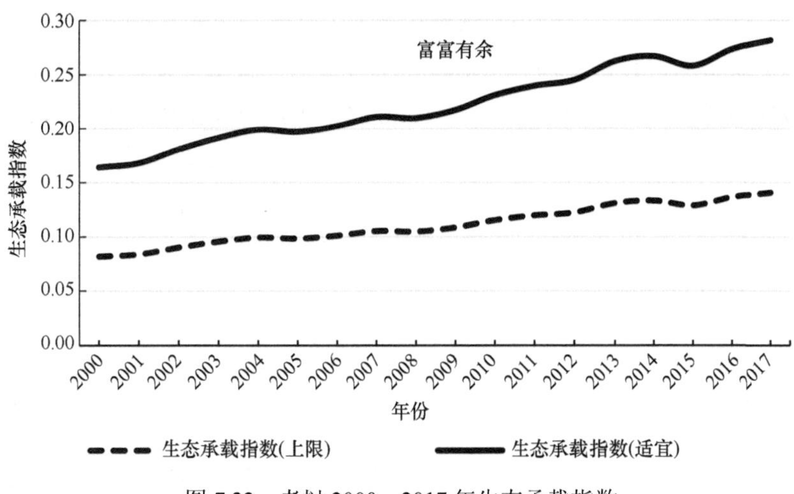

图 7.22　老挝 2000～2017 年生态承载指数

2. 区域尺度

根据生态承载力适宜量，2000 年、2017 年老挝上寮、中寮、下寮均处于富富有余的承载状态，下寮生态承载指数最高；上寮、中寮、下寮生态承载指数均呈增大趋势。

根据生态承载力适宜量，2000 年老挝上寮、中寮、下寮均处于富富有余的承载状态，下寮生态承载指数最高，为 0.10，是全国生态承载指数的 1.22 倍；上寮生态承载指数最低。2010 年老挝上寮、中寮、下寮均处于富富有余的承载状态，中寮生态承载指数最高，为 0.14；上寮生态承载指数最低，为 0.09。2017 年老挝上寮、中寮、下寮均处于富富有余的承载状态，中寮生态承载指数最高，为 0.18，是全国生态承载指数的 1.24 倍；上寮生态承载指数最低，为 0.10。

从 2000 年、2017 年两个时间节点来看，上寮、中寮、下寮的生态承载指数均增大，表明生态承载压力呈增大趋势，且生态承载指数的增幅均高于全国生态承载指数的增幅，中寮生态承载指数增幅最大，为 87.10%，上寮生态承载指数增幅最小，为 55.95%。

3. 省域尺度

根据生态承载力适宜量，2017 年万象市生态承载指数最高，达 2.59，处于严重超载状态，其余 17 个省均处于富富有余的承载状态；18 个省（市）的生态承载指数均呈增大趋势。

根据生态承载力适宜量，2000 年老挝 18 个省（市）均处于富富有余的承载状态（图 7.23）。有 5 个省（市）生态承载指数超过全国生态承载指数，分别是万象省、沙拉湾省、沙湾拿吉省、占巴塞省、万象市，其中万象市生态承载指数最高，根据生态承载力上限量，其生态承载指数为 0.67，根据生态承载力适宜量，其生态承载指数达 1.35，是全国生态承载指数的 8.20 倍，说明老挝生态系统的承载压力主要来自万象省、沙拉湾省、沙湾拿吉省、占巴塞省、万象市；有 13 个省生态承载指数低于全国生态承载指数，对生态系统造成的压力较小，分别是丰沙里省、琅南塔省、乌多姆赛省、博胶省、琅勃拉邦省、华潘省、沙耶武里省、川圹省、波里坎塞省、甘蒙省、塞公省、赛宋本省、阿速坡省，其中塞公省生态承载指数最低，根据生态承载力上限量，其生态承载指数为0.03，根据生态承载力适宜量，其生态承载指数为0.06，不足万象市生态承载指数的1/22。

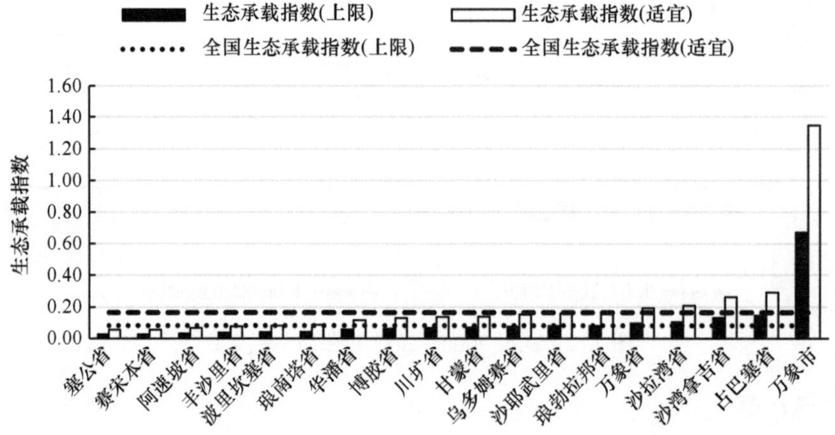

图7.23　老挝分省生态承载指数与全国承载指数对比关系（2000年）

根据生态承载力上限量，2017年老挝仅万象市处于超载状态，其余17个省均处于富富有余的承载状态（图7.24），根据生态承载力适宜量，2017年仅万象市处于

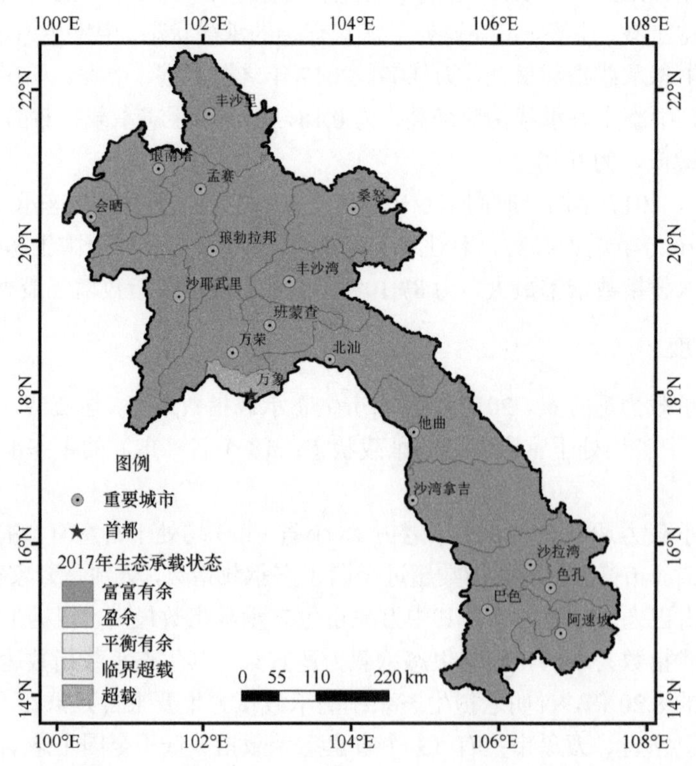

图7.24　老挝各省（市）生态承载状态——基于生态承载力上限量（2017年）

严重超载状态，其余 17 个省均处于富富有余的承载状态（图 7.25）。有 5 个省（市）生态承载指数超过全国生态承载指数（图 7.26），分别是万象省、沙拉湾省、沙湾拿吉省、占巴塞省、万象市，其中万象市生态承载指数最高，根据生态承载力上限量，其生态承载指数为 1.29，根据生态承载力适宜量，其生态承载指数达 2.59，是全国生态承载指数的 9.19 倍；有 13 个省生态承载指数低于全国生态承载指数，分别是丰沙里省、琅南塔省、乌多姆赛省、博胶省、琅勃拉邦省、华潘省、沙耶武里省、川圹省、波

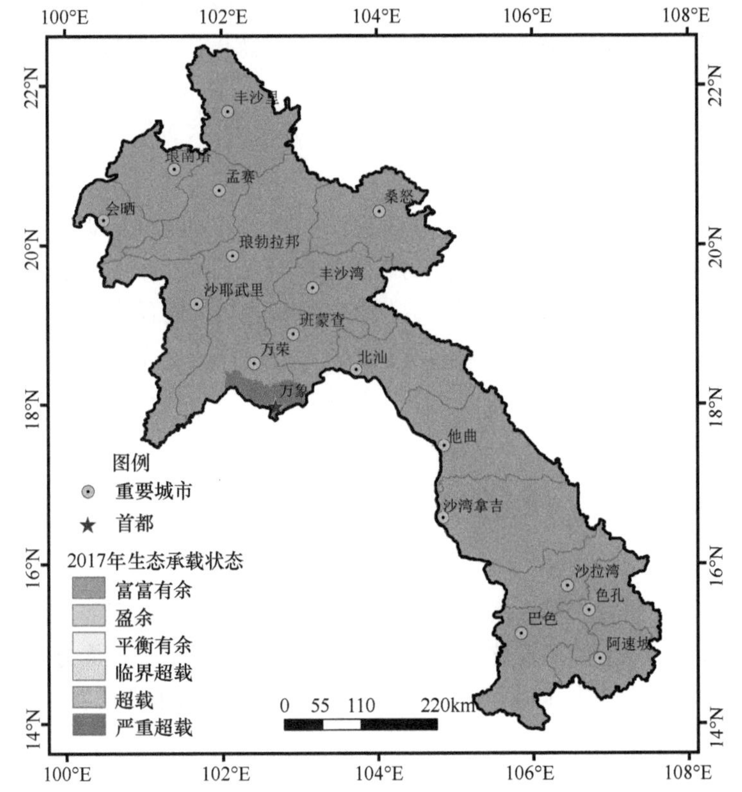

图 7.25　老挝各省（市）生态承载状态——基于生态承载力适宜量（2017 年）

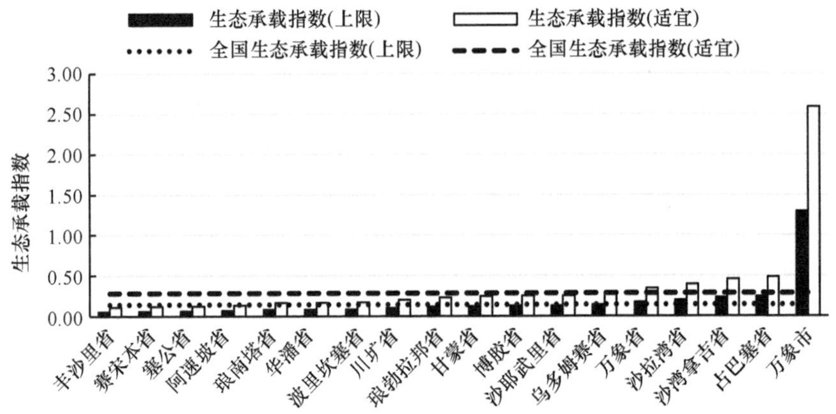

图 7.26　老挝分省生态承载指数与全国承载指数对比关系（2017 年）

里坎塞省、甘蒙省、塞公省、赛宋本省、阿速坡省，其中丰沙里省生态承载指数最低，根据生态承载力适宜量，其生态承载指数为 0.11，不足万象市生态承载指数的 1/23。

从 2000 年、2017 年两个时间节点来看，18 个省（市）的生态承载指数均增大，表明生态承载压力呈增大趋势，有 6 个省份生态承载指数的增幅低于全国生态承载指数的增幅，分别是丰沙里省、琅勃拉邦省、华潘省、沙耶武里省、川圹省、占巴塞省，其中丰沙里省生态承载指数的增幅最小，为 39.78%，其余 12 个省（市）生态承载指数的增幅超过全国生态承载指数的增幅，其中有 3 个省生态承载指数的增幅超过 100.00%，分别是波里坎塞省、塞公省、赛宋本省，塞公省生态承载指数的增幅最大，达 116.11%。

7.4 未来情景与谐适策略

生态系统自身演变规律、人类对于生态系统的利用方式和利用强度以及全球气候变化等因素都会对区域生态系统的供给能力、消耗构成及其水平产生重大影响。依托国际公认的气候变化情景、生态系统演变模型开展系统模拟，同时结合国家自身的经济社会发展需求、国际上不同国家和地区间的合作愿景，可以评估一个国家和地区未来生态承载力与承载状态的可能变化与状态，并对其关键问题作出与可持续发展要求相协调的针对性政策调整。

7.4.1 未来情景

基于 2030 年基准情景和绿色丝绸之路愿景下老挝森林和农田面积变化预估，分析生态供给变化趋势，依据人口变化预测分析生态消耗变化趋势，进而分析老挝生态承载状态的变化态势。由于数据来源限制，2030 年未来情景下暂未考虑赛宋本省。

1. 生态系统变化

2030 年，基准情景下（图 7.27），除北部上寮的丰沙里省、琅南塔省、博胶省、华潘省和琅勃拉邦省森林资源呈轻度增加趋势外，其余各省（市）森林资源均有着不同程度的减少。减少趋势最严重的为万象市，由于人口密集，其对资源的需求量逐年增高，森林资源年均减少率超过 3%，中寮其余 3 省以轻、中度减少为主。下寮以轻、中度减少为主，其中沙湾拿吉省、沙拉湾省和阿速坡省分别表现为中度减少趋势。

2030 年，绿色丝绸之路愿景下（图 7.28），老挝森林覆盖率趋近历史最高水平 70%，北部上寮丰沙里省、琅南塔省、博胶省、华潘省和琅勃拉邦省森林资源呈中度增加趋势，年增速为 1%～3%，川圹省轻度增加，而乌多姆赛省和沙耶武里省轻度减少。中寮以轻度增加为主，万象市和甘蒙省有所减少。下寮的塞公省和占巴塞省轻度增加，其余各省份轻度减少。

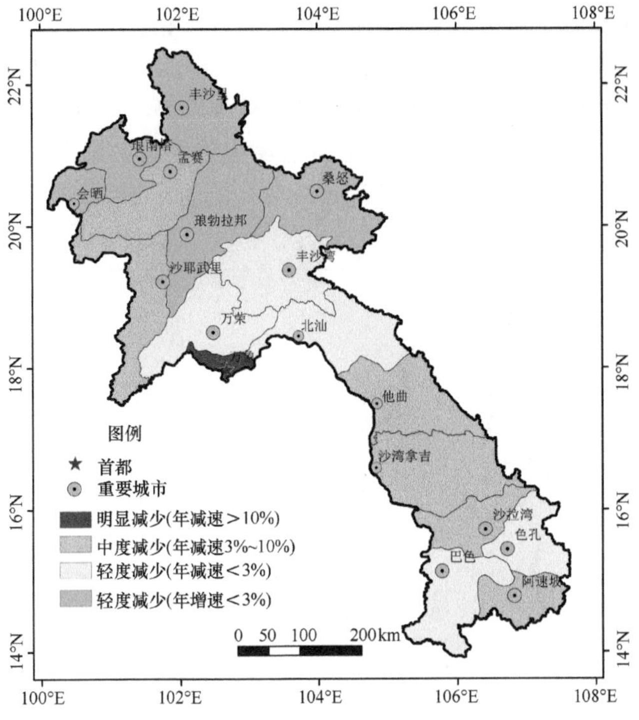

图 7.27　2030 年基准情景下老挝各省（市）森林面积变化

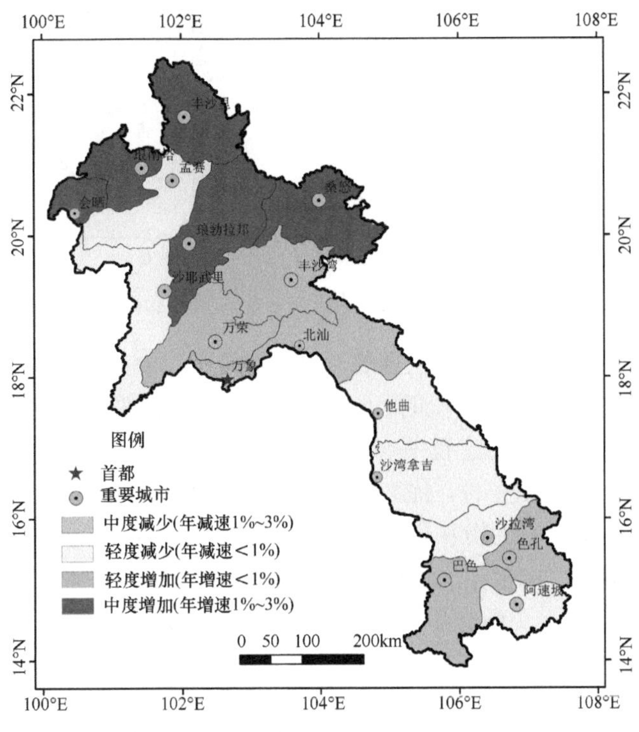

图 7.28　2030 年绿色丝绸之路愿景下老挝各省（市）森林面积变化

老挝规划未来发展中重视和鼓励农业生产，加大农业投入，兴修水利，鼓励扩大旱稻种植面积。2030 年，基准情景下（图 7.29），除上寮部分省份和万象市的粮食种植面积呈轻度减少外，其他各省粮食种植面积呈持续扩大趋势，其中，沙湾拿吉省扩张面积最大，每年平均增加约 60km^2，占巴塞省和甘蒙省的粮食种植面积每年扩张速度超过 20km^2，其余各省每年扩张速度为 0～10km^2。

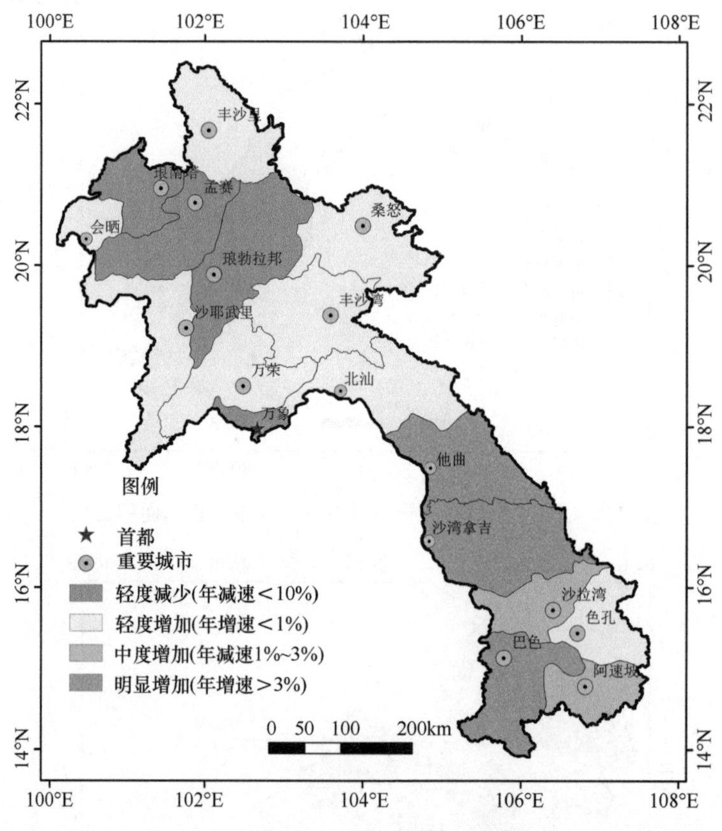

图 7.29　2030 年基准情景下老挝各省（市）农田面积变化

老挝人均农业资源相对富有，农业资源开发强度低，农业面污染少，这是工业化国家和人口承载力大的国家无可比拟的。“一带一路”倡议以来，我国与老挝的合作持续向民生领域和贫困地区倾斜，建设中老现代化农业产业合作示范园区，利用灌溉系统，极大地改善灌溉区人民生活条件，提高粮食产量并降低洪涝灾害影响。绿色丝绸之路愿景下（图 7.30），老挝运用生物农业技术，加强良种培育和生态保护，发展无公害农产品有很大潜力。预计到 2030 年，老挝各省每单位面积粮食产量将持续增加，逐年增加趋势约为 4.34t/km^2，高于 2000～2015 年平均年产量 3.53t/km^2。

2. 生态供给变化

2030 年，基准情景下（图 7.31），老挝博胶省、丰沙里省、华潘省的生态供给将明显增加，主要表现为森林生态系统恢复及森林生产力提高，而甘蒙省、沙湾拿吉省、占巴塞省由

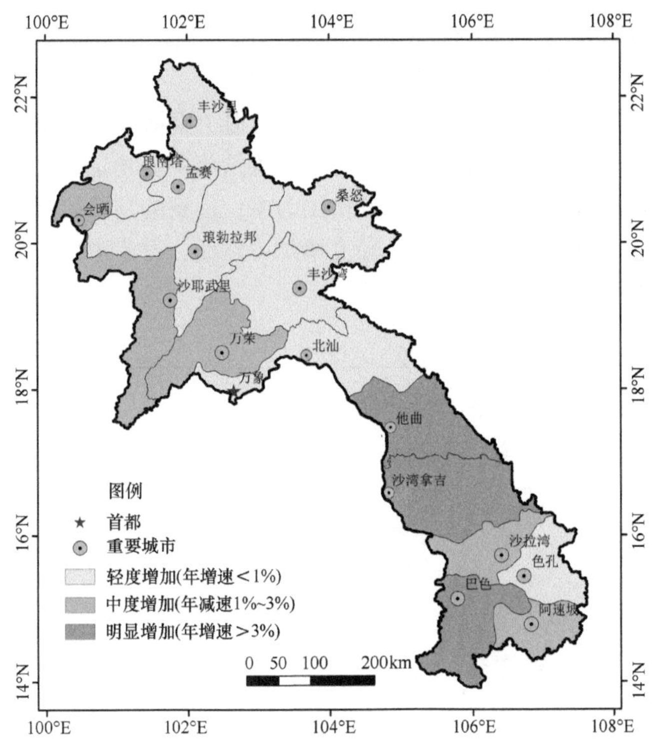

图 7.30 2030 年绿色丝绸之路愿景下老挝各省（市）农田面积变化

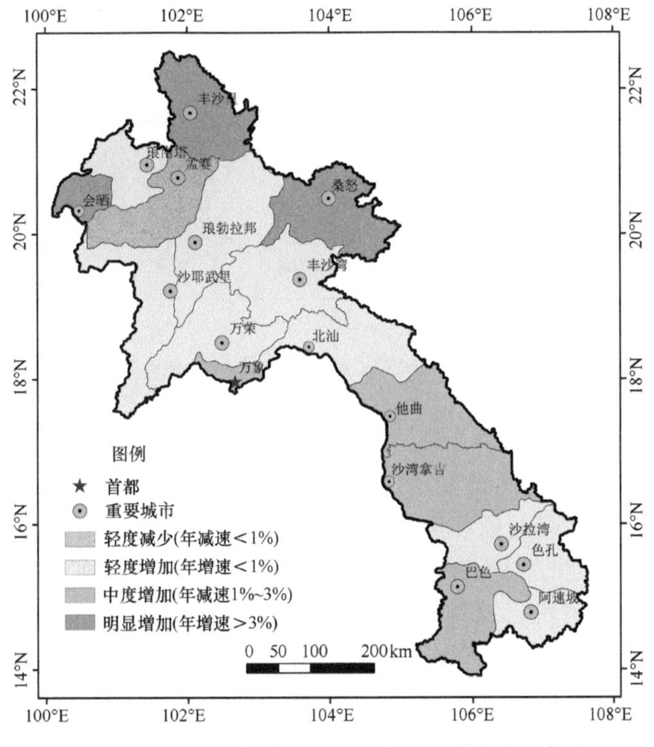

图 7.31 2030 年基准情景下老挝生态供给变化趋势

于森林减少、农田增加，总体来说生态供给中度增加。然而，乌多姆赛省由于城镇化扩张，森林、农田皆减少，呈现生态供给轻度减少的趋势。

2030 年，绿色丝绸之路愿景下（图 7.32），老挝上寮博胶省、丰沙里省、华潘省、琅勃拉邦省、琅南塔省与下寮的占巴塞省的生态供给将明显增加，主要表现为森林恢复及农田生产力提高；川圹省和中寮以中度增加为主；上寮的乌多姆赛省、沙耶武里省以及下寮的沙拉湾省、阿速坡省生态供给轻度增加。然而，万象市由于城镇化扩张，呈现生态供给轻度减少现象。

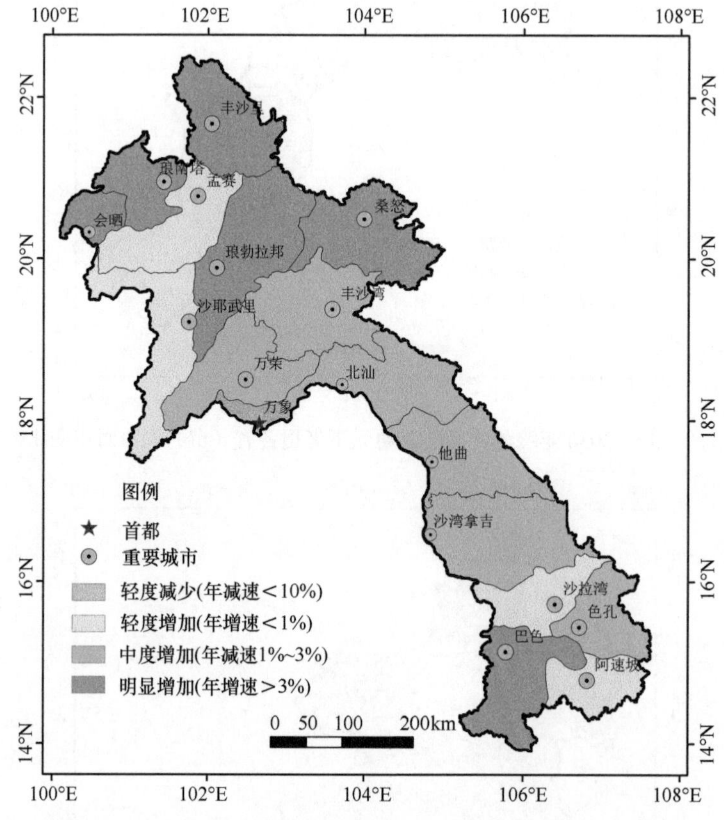

图 7.32　2030 年绿色丝绸之路愿景下老挝生态供给变化趋势

3. 生态消耗变化

2030 年绿色丝绸之路愿景下，生态消耗水平显著增加的是万象市，人口密度增速逐渐放缓，人口向互联互通和经济合作辐射地区转移，但是生态消耗压力仍然最大。受互联互通工程建设和经济合作区开发的影响，上寮的博胶省，以及下寮的沙湾拿吉省、沙拉湾省、占巴塞省生态消耗明显增加。剩下的 12 个省中，除丰沙里省、琅勃拉邦省、华潘省和川圹省轻度增加以外，其余省生态消耗皆为中度增加（图 7.33）。

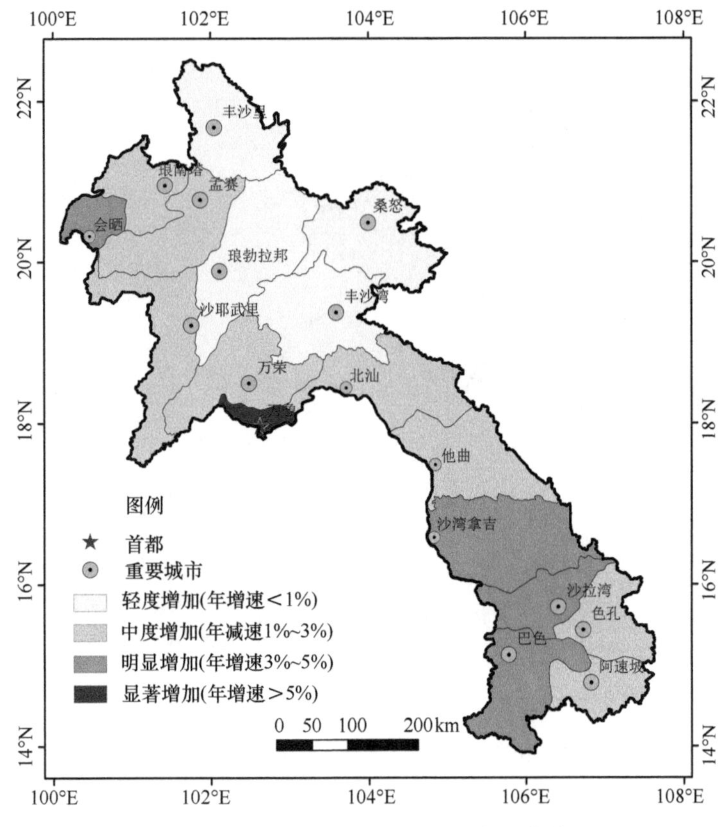

图 7.33　2030 年老挝生态消耗变化趋势

4. 生态承载状态变化

从目前资源开发限度来看，2030 年未来基准情景下（图 7.34），老挝全国整体上处于盈余状态。基准情景下，万象市处于超载状态；乌多姆赛省处于临界超载状态；丰沙里省和华潘省富富有余；博胶省、川圹省和甘蒙省盈余；其余各省平衡有余。绿色丝绸之路愿景下（图 7.35），万象市处于临界超载状态；丰沙里省、华潘省和琅勃拉邦省富富有余；上寮的博胶省、乌多姆赛省、沙耶武里省，以及下寮的沙湾拿吉省、沙拉湾省、阿速坡省处于平衡有余状态；其他各省呈现盈余状态。

7.4.2　生态系统面临的主要问题

结合文献资料整理，分析了近几十年老挝的森林生态系统和农田生态系统存在的主要问题。

1. 森林生态系统存在的主要问题

1）城乡差距、贫富差距导致森林破坏严重

2018 年，老挝农村人口占比约 65%。近 5 年，农村人口年均增长率为 2.4%。农村

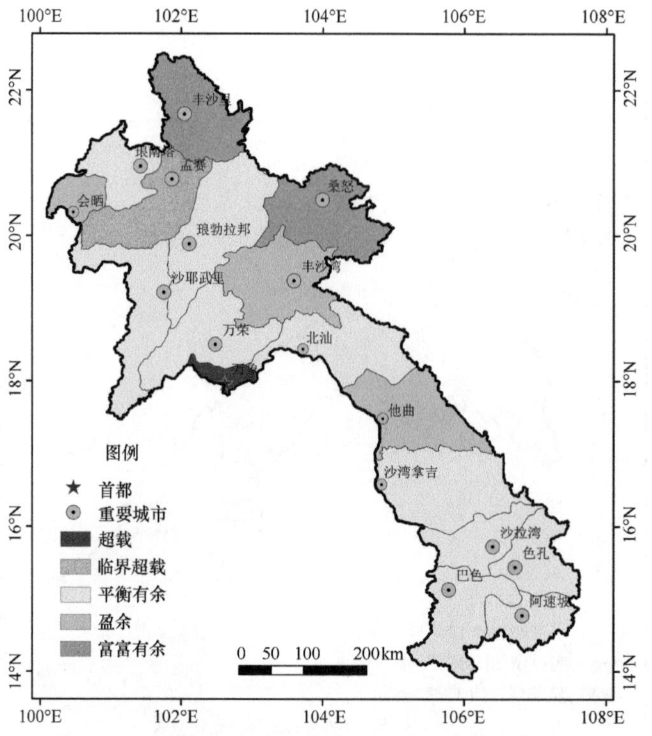

图 7.34　2030 年基准情景下老挝生态承载状态分布

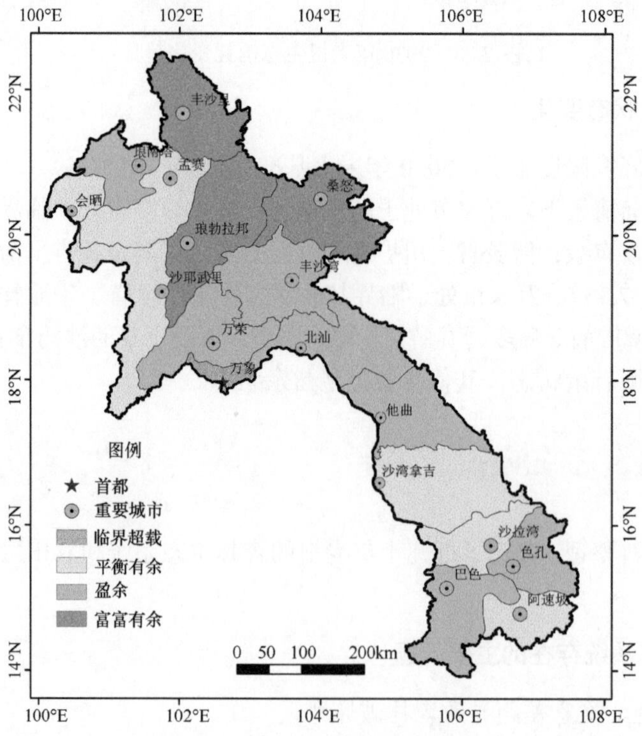

图 7.35　2030 年绿色丝绸之路愿景下老挝生态承载状态分布

地区经济状况普遍落后，而人口增长越来越快，导致城乡差距、贫富差距越来越大。同时，老挝人均占有耕地面积逐渐减少，贫困农民继而通过砍伐森林开展耕作种植，使得森林资源破坏愈演愈烈、屡禁不止。

2）非法木材采伐和交易加速了森林破坏

老挝森林中高价值树木种类繁多，最有价值的树种是龙脑香科和紫薇科，其中，广布上寮会晒和沙耶武里省等地的老挝柚木，川圹和芒新北部的檀香木，沙耶武里省、万象省、波里坎塞省的双翅龙脑香木，以及黄檀、紫檀、缅茄、坡垒、铁刀木、钝叶娑罗双等，都是国际市场上具有极高经济价值的树木。从 20 世纪 90 年代开始，老挝政府已经采取措施限制破坏性采伐、控制森林面积的减少。老挝相关森林法划定了防护林、保留林、经济林三种用途林，原木采伐只适用于经济林，然而，三种森林皆发生非法采伐，非法采伐量成倍增长，原木和木材走私猖獗（李邓，2012）。据世界自然基金会（WWF）调查报告，老挝实际非法出口木材交易量高于全国采伐配额的 4 倍。

3）基础设施开发导致森林覆盖面积减少

老挝是内陆国，基础设施相对落后，近年大范围开发建设基础设施，工业开发、采矿、修筑大坝、修建道路等皆成为森林砍伐的理由，这些都使森林覆盖面积减少，特别是沙拉湾省、塞公省。20 世纪 90 年代以来，老挝一直在推动水电投资，而大坝建设是重要环节。老挝境内湄公河流域规划的 140 座大坝中有三分之一已经完工，还有三分之一在建设中。这些大坝会带来巨大风险，破坏森林与河流生态，阻碍湄公河流域的鱼类洄游。

4）森林经营管理能力弱使得森林资源利用效率低下

老挝森林资源开发依靠森林工业企业，林业资源型地区前期的基础设施建设责任主要由当地大型森林工业企业承担。然而，政府投入相对不足，林业资源型地区的营林、木材加工、采伐等林业经营管理基础设施较差，林业人才缺乏，资金短缺。需要对林业相关产业技术进行升级，简化生产流程，提升工作效率，减少对森林资源的利用。

5）新兴经济模式和生态保护之间的矛盾

充足的水热条件为地处广义“金三角”的老挝北部 5 省种植橡胶提供了便利。2005 年开始，橡胶林不断扩张；2008 年，橡胶规模种植的经济和社会效益不明显，琅勃拉邦省、琅南塔省暂停审批橡胶种植项目；2012 年，老挝政府暂停全国橡胶、桉树种植、矿产开采的土地许可，北部橡胶种植不再快速蔓延。根据老挝环境保护法，所有在老挝境内投资橡胶种植的公司都被强制要求开展环境影响评估，但是实际执行情况不容乐观。橡胶林不同于天然林，橡胶林下几乎寸草不生，没有天然林的物种多样性高，橡胶种植扩展造成天然林面积减少，土壤质量下降，生物多样性减少，碳汇功能、水源调节和水质净化功能减弱。总之，老挝北部的经济发展无可避免地走向了“先破坏”的道路（万苏，2014；李鹏和封志明，2016）。

6）森林自然保护区保护力度不够、保护效果有限

老挝森林自然保护区的管理建设方面存在一定问题，影响老挝可持续资源的开发和保护。老挝政府由于经济条件限制和国民环保意识的缺乏，尚未形成体系性的森林自然

保护区建设与管理理念，在具体实施过程中缺乏先进理论的指导。不同层级的森林自然保护区在资源分配上存在较大差异，部分地区资源高度集中并产生浪费，但部分地区却缺少必要建设和管理资源投入。老挝缺乏完善的森林自然保护区法律法规保障，立法数量较少、适用范围有限、缺乏实践指导，使得相关措施难以真正有效地推行，并且有些地方部门为了近期利益和本区经济发展，对于盗伐盗采行为限制不严格，致使森林自然保护区的管理建设难以真正落实。自然保护区内依赖各种自然资源以维持传统生产生活方式的居民与自然保护的冲突难以化解（安德宁，2018）。

2. 农田生态系统存在的主要问题

1）农田生态系统生产力水平低下

老挝的地理条件适宜农作物生长，稻谷在全国各地每年均可种植两季，有些地区还可以种三季。但是，由于资金、技术和劳动力缺乏，目前大部分地区只种一季。水资源分布不均，北部区域水量较少，水利灌溉、防洪防旱、通路通电等农业基础设施落后、不完善，抵御自然灾害能力较弱，农业灌溉问题无法得到有效解决，导致粮食产量低下。旱季时，仅有 8%的水稻得到有效灌溉，雨季时也仅有 20%左右的耕地能够得到有效灌溉。同时，农业管理、技术人才短缺，良种、化肥、农药等辅助生产资料供应不足，农业生产科技含量低，农民缺乏科学种植意识和技术，导致生产力水平较低，单位面积产量在东南亚国家中最低，水稻亩产仅是中国的 1/5（李宗盛，2018）。

2）传统农业生产方式导致土壤贫瘠、退化、污染

老挝大部分地区农业发展尚处在刀耕火种阶段，管理效率粗放低下，传统农业生产方式导致土壤贫瘠、退化。在农业种植中，生产者缺乏相应的农业知识和环保意识且传统农业生产技术落后，在借助化肥和农药的过程中没能掌握科学的方法，直接导致耕地土壤的污染，一些化学物质的残留直接破坏了土壤结构，化肥和农药的残留通过土壤渗透到地下，对地下水源造成了污染（赛颂潘，2016）。例如，欧洲许多国家明令禁止的百草枯和阿特拉津除草剂，在老挝北部沙耶武里省南部被广泛使用。另外，大量单一经济作物种植也造成耕地土壤流失和退化。

3）管理部门缺乏有效监督

老挝政府缺乏对外国在当地进行农业投资的有效监督，土地种植用途被大规模转变，破坏了野生动物的迁徙通道并使其栖息地破碎化，危及生物多样性及生态系统安全。外国投资者甚至没有遵守老挝法律，肆意在保护区里圈地种植（孙斌，2017）。

4）抵抗自然灾害能力较弱

老挝水利基础设施投入不足，极易受到气候变化和极端天气的影响，农业抵抗自然灾害能力较弱，农业产量易受到自然灾害的影响，约 70%的乡村易发生旱灾，30%的乡村和地区易遭受洪涝灾害的威胁，南部农田面临的最大威胁是干旱问题，而中部地区易遭受洪涝灾害。此外，老挝的农田还饱受病虫害困扰。

7.4.3　生态承载力谐适策略

针对老挝森林和农田生态系统的主要问题，提出了促进森林和农田生态供给能力提高、生态承载力提升以及生态保护相关的建议。

1. 森林生态承载力谐适策略

1）优先保护现存天然林生态系统

老挝天然林分布广泛，然而森林资源储量的急剧下降以及生态环境的失衡使得老挝政府与社会认识到传统的粗放式发展难以为继，必须对森林资源进行保护性开发，从而实现森林资源的可持续利用并实现老挝的生态平衡。老挝目前还有许多原始森林处于保护地以外，没有得到有效的保护，甚至有些还被划作商品林，面临被砍伐的危险（李邓，2012）。同时，生态补偿标准比较低，且没有完全覆盖所有的原始森林。因此，需要加强原始森林的保护，对原始森林实施严格的禁止性开发政策，确保其自然生态调节功能的恢复与发展。

2）通过合理地植树造林恢复森林面积

遵循因地制宜、适地适树原则，在植树造林以恢复森林生态系统时，应针对不同发展水平、不同地理环境、不同林种，采用适宜的造林措施。合理选择林种和造林树种，加强对苗木的培育以提高森林营造的能力，加强对森林的经营以确保营造的成果能够得到保持。在森林保护过程中可以选择性发展林下经济。为增强森林生态系统的稳定性，还应选择合适的混交树种及草本、灌木、藤本，甚至真菌类等，营造混交林。此外，合理调节采伐与更新的速度，确保采伐与培育处于一个动态均衡的状态。

3）吸纳多源资金开展可持续森林经营管理

吸纳各方面资金，提升老挝森林可持续管理和经营水平，推动森林生态补偿及相关生态环境评价。例如，“老挝北部森林可持续管理示范项目”，要求每年出资 100 万美元用于 300km^2 库区附近的自然保护区、森林保护区和生物多样化保护区的运行与管理。水电或矿业开发公司将其收入或项目支出的一部分作为流域环境保护基金，提高森林管理以维护森林的生态系统服务，将南屯二号水电厂的部分收益分配到农业与林业部门以支持其森林资源再造，以及加强森林保护区的监测、管理能力建设、人员培训和环境执法。

4）加强保护地生态系统及保护物种的保护

森林保护地对于维护地区生物物种多样性、保持生态平衡具有重要的现实意义，对于提高民众对森林资源的保护意识、民众生态意识的养成和培养等将形成示范作用，从而为其他区域开展生物多样性保护提供参考。首先，要坚持保护优先，对动植物资源的种类和数量及其分布等进行科学调查和研究。其次，进行合理布局，一方面追求保护地建设的地域性合理布局，从全国的角度来确保森林保护地的设置不过于集中或者趋于分散，另一方面，每个保护地内部合理布局，提升管理效率，减少保护难度，提升保护效果。再次，针对不同区域、不同类型、不同物种确定差异化的保护措施。最后，建设保护地网络进行全方位监测和反馈，与周边国家合作开展联合保护，如中老跨境生物多样性联合保护区域（安德宁，2018）。

2. 农田生态承载力谐适策略

老挝农业资源丰富，具有较大的发展潜力。老挝要发展现代农业，应从本国实际情况出发，结合他国农业发展经验，利用本国丰富的自然资源，发挥比较优势，树立可持续发展的农业发展目标。

1）发展有机生态农业

老挝是东南亚自然生态环境保护较好的农业国家，属于热带雨林气候，雨水充沛，昼夜温差大，适合种植水稻，老挝农田可耕作水稻面积 90 万 hm^2 左右，可开发利用的耕地、农田大约还有 110 万 hm^2，是东盟有机大米出口国之一。农业资源开发强度低，原生态保护好，没有工业国家和发展中国家经历石油工业的发展历程，农业面源污染较少，境内耕地土壤几乎没有污染，是世界上农业生产禁止使用农药、化肥少有的国家，以生态农业为主，土地几乎不施用化肥、农药，依靠天然生长，优质无公害农产品生产潜力大。依托优良的农业发展自然条件和土地资源，运用生物农业技术，加强良种培育，发展优质无公害农产品将具有很大潜力。例如，借助中老现代农业产业示范园区的加工贸易体系和规模化种养生产体系，注重打造高附加值有机农产品，发展绿色农业和循环经济，能真正实现老挝农业增效、粮食增产、农民增收。

2）严格保护农田土壤环境

为实现农业增效、粮食增产、农民增收、品质提升，土壤生态环境亟须得到有效修复改良。引进土壤修复技术，改善长期以来由农业科技落后、耕作方式传统造成的耕地土壤贫瘠、亩产量较低的现状问题，修复改良以提高粮食产量。同时，加强动植物病虫害防治技术、先进节水灌溉技术和水肥高效利用技术，减少化肥、农药等对农田土壤环境的破坏。注重人才培养，提高农业人员专业素养，培养科学环保种植理念。农业生产技术水平的提高带动老挝农产品科技含量的提高进而提升其农产品的商业价值和市场竞争力。另外，老挝政府应当加强行政体制监督，完善相关法律制度，严惩破坏土壤环境的违法经营机构，提高环境保护法律法规的执行力度，促进产业良性发展（赛颂潘，2016）。

3）改善基础设施，提高农业产量

需要加强农田基础设施建设，兴修农田水电工程，大力发展灌溉系统以应对日益严重的干旱和洪水灾害对粮食安全的重大威胁。例如，南腾二号电站尾水三号闸门灌溉项目，全程 101km，灌溉面积达 2800 多公顷，保证了老挝中南部地区甘蒙省旱季时节充足稳定的灌溉水源，极大地改善了灌溉区的农业生产和人民生活条件，提高粮食产量并降低洪涝灾害影响。同时，发展老挝路网建设，改善运输条件，从而减少农产品物资等运输成本，扩大老挝农产品生产销售范围；促进电子通信和农业信息技术建设，打通农产品流通交易交流平台。依托路网建设，开展老挝同周边国家的现代农业产业合作，有利于将外国资金、技术和市场以及老挝丰富的农业资源转变为现实生产力。

4）发展多样化农业经营

老挝农业经营结构普遍呈现出规模小、碎片化、零星分布的特点，导致效率低下、产能不足，同时缺乏应对自然灾害和外部环境变化冲击的能力。应注重调整农业生产结构，利用当地优势，集中农业劳动力，合作化、机械化种植，提高生产能力。同时开展间种套作技术，因地制宜地开展橡胶、甘蔗、水果、茶叶、咖啡等特色经济作物种植，发展水稻、玉米、木薯、香蕉等作物的种植以及水产、畜牧养殖和深加工行业，形成良性循环产业链，发展具有东南亚地区特色的绿色有机农业经营。

参 考 文 献

安德宁. 2018. 老挝森林自然保护区建设与管理研究. 哈尔滨: 东北农业大学.

封志明, 杨艳昭, 张晶. 2008. 中国基于人粮关系的土地资源承载力研究: 从分县到全国. 自然资源学报, (5): 865-875.

李邓. 2012. 老挝森林保护政策研究. 长春: 吉林大学.

李鹏, 封志明. 2016. 地缘经济背景下的老挝橡胶林地扩张监测及其影响研究综述. 地理科学进展, 35(3): 286-294.

李宗盛. 2018. 影响中国在老挝农业投资的因素分析. 昆明: 云南师范大学.

赛颂潘. 2016. 老挝农村生态环境保护问题研究. 南宁: 广西民族大学.

孙斌. 2017. 老挝环境法律管理体系及环境和社会影响评价制度同中国的比较研究. 保定: 河北大学.

万苏. 2014. 老挝橡胶种植现状及对社会经济和环境的影响. 长春: 吉林大学.

王光华, 夏自谦. 2012. 生态供需规律探析. 世界林业研究, 25(3): 70-73.

闫慧敏, 甄霖, 李凤英, 等. 2012. 生态系统生产力供给服务合理消耗度量方法——以内蒙古草地样带为例. 资源科学, 34(6): 998-1006.

Matsumoto H. 2004. International urban systems and air passenger and cargo flows: Some calculations. Journal of Air Transport Management, 10(4): 239-247.

Yang Z F, Sui X. 2005. Assessment of the ecological carrying capacity based on the ecosystem health. Acta Scientiae Circumstantiae, 25(5): 586-594.

第 8 章　老挝资源环境承载力综合评价

资源环境承载力定量评价与综合计量是资源环境承载力研究由分类走向综合的关键技术环节。本章在老挝人居环境适宜性、资源环境限制性与社会经济适应性评价的基础上，提出了“适宜性分区—限制性分类—适应性分等—警示性分级”的资源环境承载力由分类到综合的研究思路与技术路线，构建了具有平衡态意义的资源环境承载力综合评价的三维四面体模型。基于上述模型方法，以公里格网为基础，以分省为基本单元，从分区到全国，开展了老挝资源环境承载力综合研究，定量评价了老挝资源环境综合承载力，分类揭示了老挝资源环境承载力的限制性因素，科学提出了老挝资源环境承载力的警示性分级。基于上述研究结果，进一步探讨了老挝增强资源环境承载力的适应策略与对策建议。

8.1　老挝资源环境承载力综合评价思路与方法

本节以水土资源和生态环境承载力分类评价为基础，结合人居环境适宜性评价与社会经济发展适应性评价，研究提出了“适宜性分区—限制性分类—适应性分等—警示性分级”的资源环境承载力综合评价的研究思路与技术路线，构建了具有平衡态意义的资源环境承载力综合评价的三维四面体模型，为实现老挝资源环境承载力综合评价提供技术支撑。

8.1.1　基本思路与研究框架

人地关系地域系统是一个复杂的巨系统，人是该系统的主体与核心，资源、环境则是该系统存在的物质基础（吴传钧，1991）。根据增长极限理论，人类社会在追求经济增长的同时，必须关注资源环境承载力问题。同时，对于如此复杂的巨系统，需从系统的角度强调整体有机性，一方面，人是社会经济活动的主体，以其特有的文明和智慧协同大自然为自己服务，使其物质文化生活水平以正反馈为特征持续上升；另一方面，人是大自然的一员，其一切宏观性质的活动都不能违背自然生态系统的基本规律，都受到自然条件的负反馈约束和调节（马世骏和王如松，1984）。《我们共同的未来》中首次提出实现可持续发展的概念，其实质就是要促进人与自然的和谐，实现经济发展和人口、资源、环境相互协调（秦大河等，2002）。具体来说，由地形、气候、地被和水文等自然因子构成的人居环境，是人类联系自然、作用自然的主要场所，从根本上制约着区域人口的集聚水平与分布格局（游珍等，2020）；而水土资源和生态环境则是人类生存和发展需要的主要资源环境要素，是关乎区域发展“最大负荷”的限制性条件（封志明和李鹏，2018）；与此同时，社会经济发展对区域资源环境承载力综合承载状态起着调节作用，可以通过人类发展水平、交通通达度和城市化率等指标来评价。也就是说，一方面，人口发展与空间布局既要与人居环境自然适宜性一致，又要与资源环境承载力相适应；这不仅体现了人居环境的自然适宜性，也体现了资源环境承载力的资源限制性。另一方面，人口发展与空间布局既要与资源环境承载力相适应，也要与社会经济发展相协调，这体现了社会经济发展对资源环境限制性的进一步适应，包括强化和调整（You et al.，2020）。

根据以上理论框架，本节的基本思路是基于人口与资源环境和社会经济协调发展的视角，以人居环境适宜性分区为前提，以资源环境承载力限制性分类为基础，以社会经济发展适应性分等为调控，最终从系统角度完成区域尺度上资源环境承载状态警示性分级，实现区域资源环境承载力系统集成与综合评价。总体研究思路与技术路线如图 8.1 所示。

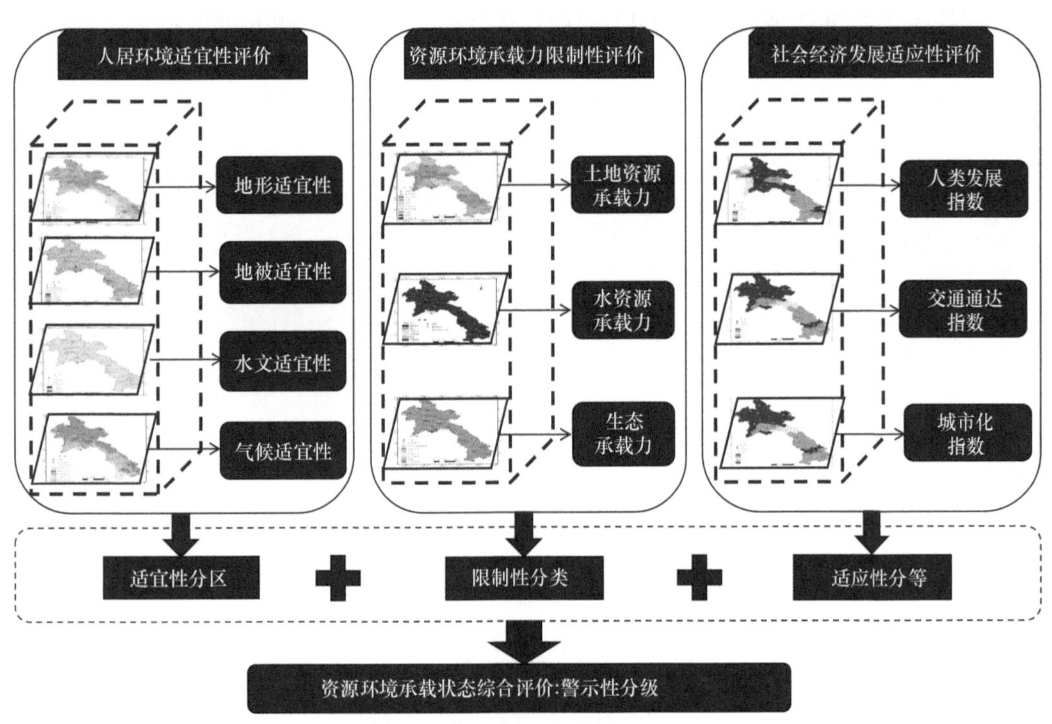

图 8.1　资源环境承载力综合评价研究思路示意图

8.1.2　研究方法与技术流程

遵循“适宜性分区—限制性分类—适应性分等—警示性分级”的资源环境承载力综

合评价的研究思路和技术路线，由分类到综合，建立基于人居环境适宜指数、资源承载限制指数和社会经济发展指数的资源环境综合承载指数模型，逐步完成人居环境适宜性分区、资源环境承载力限制性分类、社会经济发展适应性分等和资源环境承载状态警示性分级。

第一步，建立基于人类发展指数、交通通达指数和城市化指数的社会经济发展指数（SDI） 模型，以分省为研究单元逐步完成区域社会经济发展水平评价与适应性分等。此项工作在本书第 3 章完成。

第二步，建立基于地形起伏度、地被指数、水文指数和温湿指数的人居环境适宜指数（HSI）模型，以公里格网为基础，逐步完成区域人居环境适宜性评价与适宜性分区。此项工作在本书第 4 章完成。

第三步，建立基于土地资源承载指数、水资源承载指数和生态承载指数的资源承载限制指数（RCI）模型，以分省为单元，逐步完成水资源、土地资源和生态承载力的评价和限制性分类。此项工作在本书第 5～7 章完成。

第四步，建立基于人居环境适宜指数、资源承载限制指数和社会经济发展指数的资源环境综合承载指数（PREDI）模型，从分项到综合，逐级完成区域资源环境承载力综合评价与警示性分级。以上框架的总体技术路线如图 8.2 所示，技术细节见本书第 9 章。

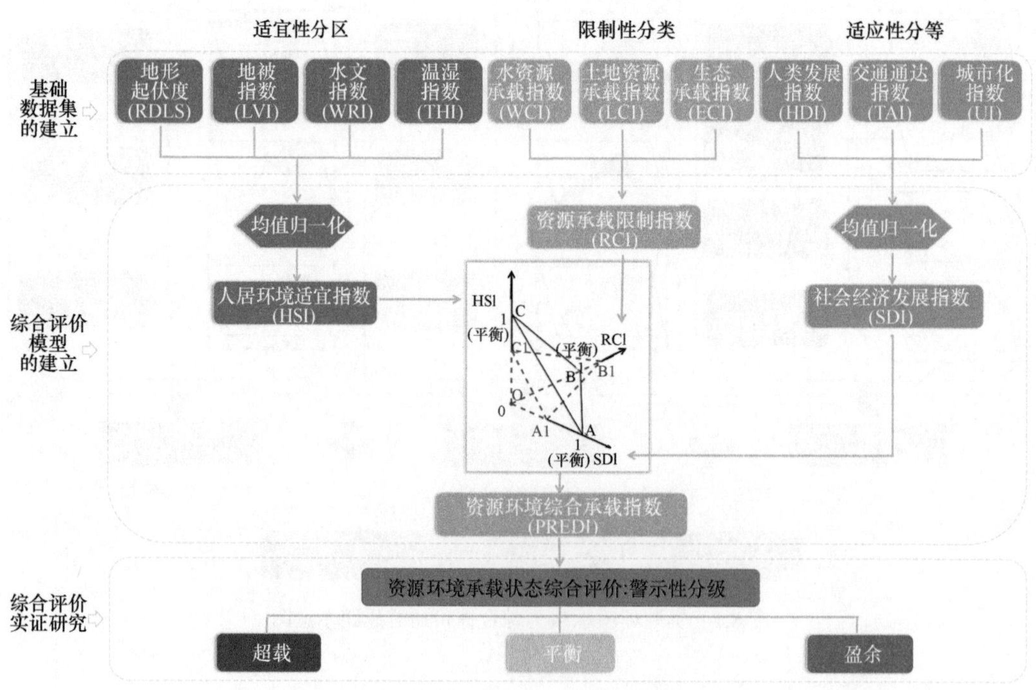

图 8.2　资源环境承载指数路线图

8.1.3 分项研究结果及表达

基于上述技术路线，本书第 3～7 章分别研究了老挝人居环境适宜性分区、资源环境承载力限制性分类、社会经济发展适应性分等。为方便读者阅读，在详述资源环境承载力综合评价研究前，本节对老挝人居环境适宜性分区、资源环境承载力限制性分类、社会经济发展适应性分等的研究结果及基本结论做进一步概述。

1. 基于 HSI 的人居环境适宜性评价：适宜性分区

基于 HSI 的老挝人居环境自然适宜性评价结果表明（表 8.1 和图 8.3），老挝人居环境总体以适宜为主要特征，且人居环境适宜类型几乎覆盖老挝全境。具体而言：

（1）老挝人居环境高度适宜地区土地面积为 1.26 万 km^2，占比 5.32%，集中分布在老挝南部沙湾拿吉平原；约 200 万人长期生活和居住在此，占比为 30.85%，人口密度为 159 人/km^2。该类地区农田、森林占比较大，基本不受水文、气候、地被条件制约，海拔较低，人体感觉比较舒适。上寮、中寮与下寮人居环境高度适宜地区面积占比分别为 23.02%、44.44%、32.54%，相应人口占比分别为 9.69%、58.64%、31.67%，人口密度分别为 67 人/km^2、210 人/km^2、155 人/km^2。

（2）老挝人居环境比较适宜地区土地面积为 20.18 万 km^2，占比 85.26%，在全国 18 个省（市）中普遍分布，该类地区多为丘陵、高原，水文、气候、地被等条件彼此互补，人口相对集中，相应人口数量为 319.49 万人，相应占比为 49.22%，人口密度为 16 人/km^2。老挝上寮、中寮与下寮人居环境比较适宜地区面积占比分别为 46.33%、37.02%、16.65%，相应人口占比分别为 51.02%、37.23%、11.75%，人口密度分别为 17 人/km^2、16 人/km^2、11 人/km^2。

（3）老挝人居环境一般适宜地区土地面积为 2.23 万 km^2，占比 9.42%，在全国 18 个省（市）中均有分布，其中以万象市、川圹省与占巴塞省分布相对较为集中。老挝人居环境一般适宜地区相应人口数量为 129.42 万人，相应占比为 19.94%。该类地区年均降水量较低，年均温高，湿度较大，气候炎热，但由于社会经济发达，交通便利，因此人口密度较大，为 58 人/km^2。老挝上寮、中寮与下寮人居环境一般适宜地区面积占比分别为 13.90%、56.95%、29.15%，相应人口占比分别为 9.17%、65.07%、25.75%，人口密度分别为 38 人/km^2、66 人/km^2、51 人/km^2。

表 8.1　老挝人居环境适宜性评价分区相应土地与人口统计

资源限制性分类	地区	土地		人口		
		面积/万 km^2	占比/%	数量/万人	占比/%	密度/（人/km^2）
高度适宜地区	上寮	0.29	23.02	19.40	9.69	67
	中寮	0.56	44.44	117.44	58.64	210
	下寮	0.41	32.54	63.42	31.67	155
	小计	1.26	5.32	200.26	30.85	159

续表

资源限制性分类	地区	土地		人口		
		面积/万 km^2	占比/%	数量/万人	占比/%	密度/（人/km^2）
比较适宜地区	上寮	9.35	46.33	163.01	51.02	17
	中寮	7.47	37.02	118.94	37.23	16
	下寮	3.36	16.65	37.54	11.75	11
	小计	20.18	85.26	319.49	49.22	16
一般适宜地区	上寮	0.31	13.90	11.87	9.17	38
	中寮	1.27	56.95	84.22	65.07	66
	下寮	0.65	29.15	33.33	25.75	51
	小计	2.23	9.42	129.42	19.94	58

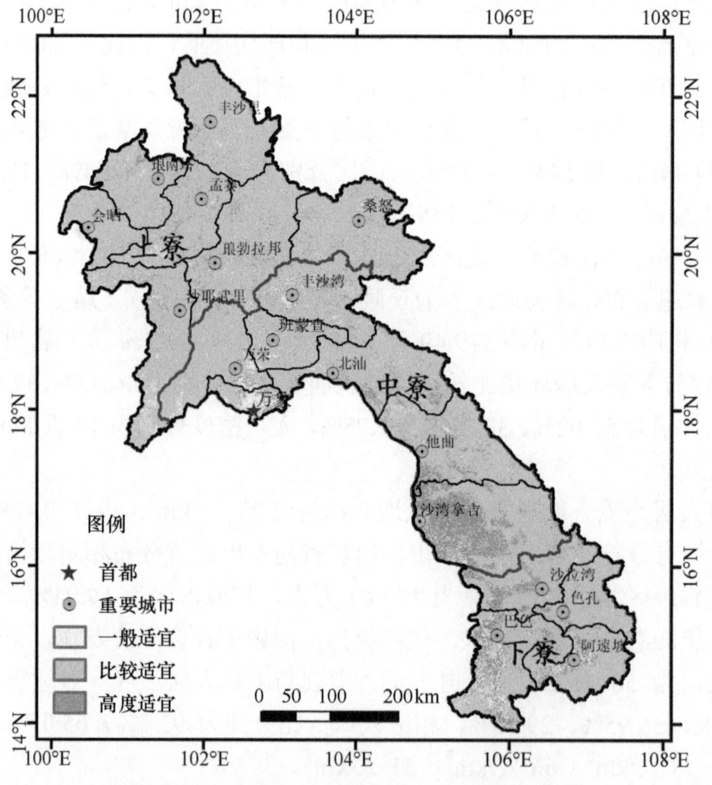

图 8.3　老挝基于人居环境指数分区的空间分布

2. 基于 RCI 的资源环境承载力限制性评价：限制性分类

基于 RCI 的资源环境承载力限制性评价结果表明（表 8.2 和图 8.4），老挝有 15 个省份处于资源承载盈余状态，面积占比 80%以上，相应人口占比为 79.39%，资源承载力以盈余为主要特征。具体而言：

表 8.2　老挝资源环境承载力限制性分类统计

资源承载限制性分类	地区	省（市）	数量/个	占比/%	土地		人口		
					面积/万 km²	占比/%	数量/万人	占比/%	密度/（人/km²）
盈余	上寮	博胶省、丰沙里省、华潘省、琅南塔省、沙耶武里省、乌多姆赛省	6	33.33	8.00	33.80	151.10	23.27	19
	中寮	波里坎塞省、川圹省、甘蒙省、沙湾拿吉省、万象省	5	27.78	7.54	31.85	230.00	35.43	31
	下寮	阿速坡省、塞公省、沙拉湾省、占巴塞省	4	22.22	4.41	18.63	134.30	20.69	30
	小计		15	83.33	19.95	84.28	515.40	79.39	26
平衡有余	上寮	琅勃拉邦省	1	5.56	1.68	7.10	43.20	6.65	26
	中寮	赛宋本省	1	5.56	0.45	1.90	8.50	1.31	19
	下寮	—	—	—	—	—	—	—	—
	小计		2	11.11	2.13	9.00	51.70	7.96	24
临界超载	上寮	—	—	—	—	—	—	—	—
	中寮	万象市	1	5.56	1.59	6.72	82.10	12.65	52
	下寮	—	—	—	—	—	—	—	—
	小计		1	5.56	1.59	6.72	82.10	12.65	52

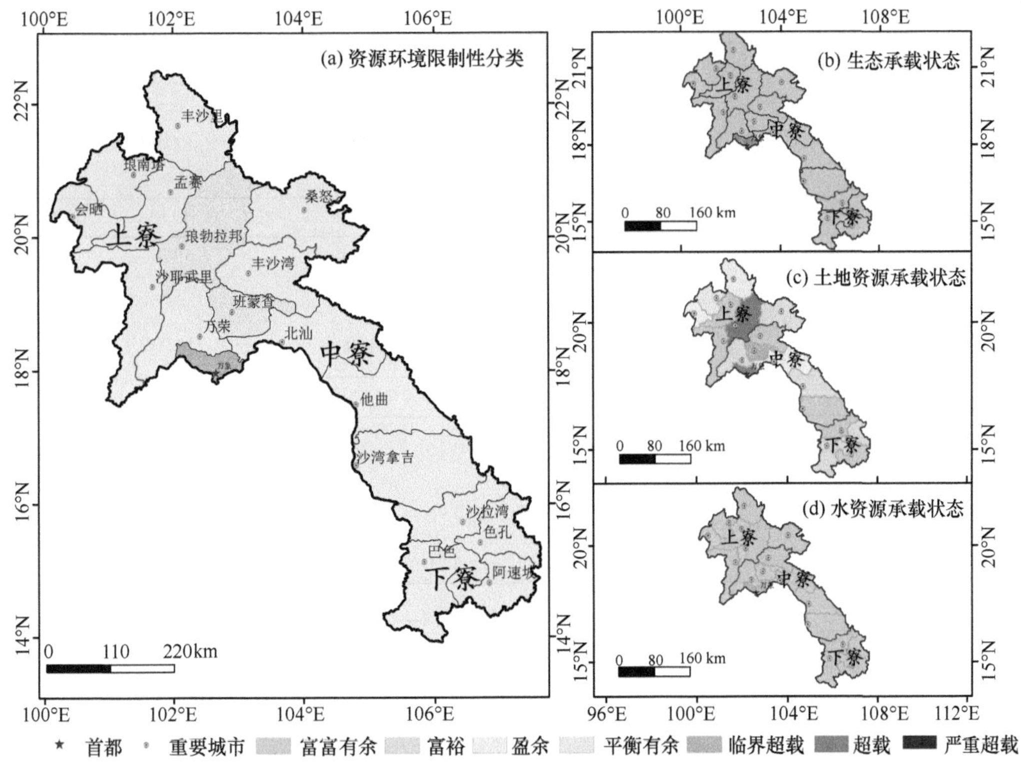

图 8.4　老挝资源环境承载力限制性分类评价

（1）老挝资源承载力盈余地区包含 15 个省份，面积约为 19.95 万 km^2，占比 84.28%，集中分布在老挝下寮大部分省域与上寮的博胶省、丰沙里省等省域。老挝 2/3 的人口居住于此，人口规模达 515.40 万人，人口密度为 26 人/km^2。该地区自然条件较好，低地占比较高，基本不受土地资源、水资源与生态环境限制。

（2）老挝资源承载力平衡有余地区包含 2 个省，面积约为 2.13 万 km^2，占比 9.00%，主要分布在上寮和中寮，面积占比分别为 7.10%、1.90%，相应人口占比分别为 6.65%、1.31%，人口密度分别为 26 人/km^2、19 人/km^2，土地承载力相对较低是这类地区最主要的特征。

（3）老挝资源承载力临界超载地区有 1 个市，为中寮的万象市，面积约为 1.59 万 km^2，占比 6.72%。人口数量为 82.10 万人，相应占比为 12.65%，人口密度为 52 人/km^2，作为老挝城市化率最高的区域，生态承载力和水资源承载力是其主要的限制性因素。

3. 基于 SDI 的社会经济发展适应性评价：适应性分等

基于 SDI 的社会经济发展适应性评价结果表明（表 8.3 和图 8.5），老挝绝大部分地区都属于社会经济低水平发展区域，这在一定程度上限制了区域资源环境综合承载力的发挥。具体而言：

表 8.3　老挝社会经济发展适应性分等统计

资源限制性分类	地区	省域			土地		人口		
		省（市）	数量/个	占比/%	面积/万 km^2	占比/%	数量/万人	占比/%	密度/（人/km^2）
中高水平区域	上寮	—	—	—	—	—	—	—	—
	中寮	万象市	1	100	0.39	100.00	82.1	100.00	212
	下寮	—	—	—	—	—	—	—	—
	小计	—	1	5.56	0.39	1.64	82.1	12.65	212
中水平区域	上寮	—	—	—	—	—	—	—	—
	中寮	—	—	—	—	—	—	—	—
	下寮	阿速坡省、占巴塞省、塞公省	3	100.00	3.30	100.00	94.6	100.00	29
	小计	—	3	16.67	3.30	13.95	94.6	14.57	29
中低水平区域	上寮	博胶省、琅南塔省、沙耶武里省	3	42.86	3.16	32.16	73.6	25.26	23
	中寮	甘蒙省、万象省、沙湾拿吉省	3	28.57	3.45	35.12	81.1	27.83	24
	下寮	沙拉湾省	1	28.57	3.21	32.72	136.7	46.91	43
	小计	—	7	38.89	9.81	41.44	291.4	44.89	30
低水平区域	上寮	乌多姆赛省、华潘省、琅勃拉邦省、丰沙里省	4	71.43	8.00	78.64	145.2	80.18	18
	中寮	波里坎塞省、赛宋本省、川圹省	3	28.57	2.17	21.36	35.9	19.82	17
	下寮	—	—	—	—	—	—	—	—
	小计	—	7	38.89	10.17	42.97	181.1	27.90	18

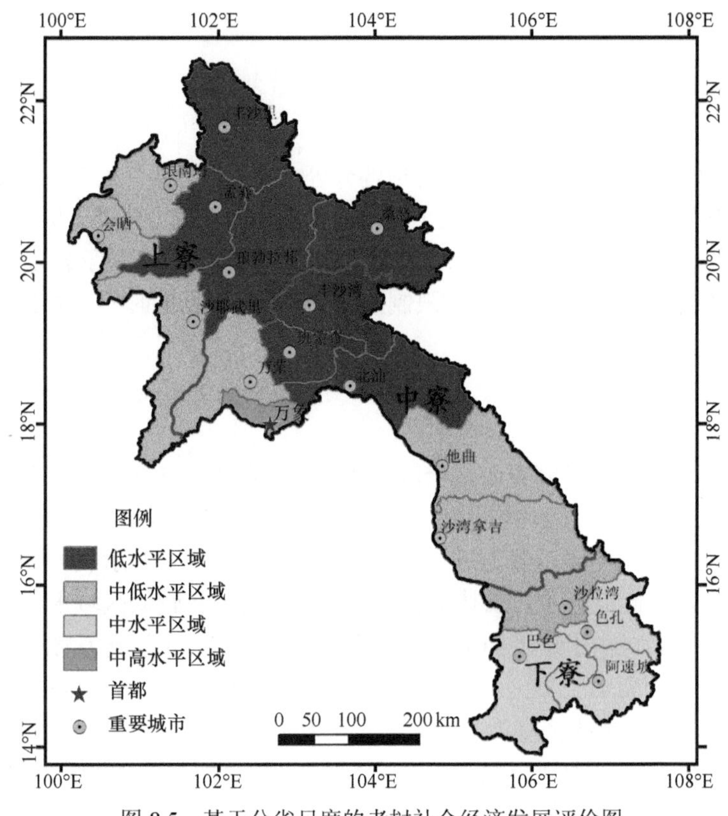

图 8.5 基于分省尺度的老挝社会经济发展评价图

（1）老挝社会经济中高水平区域仅为万象市，其人口密度和经济密度分别是全国平均水平的 10 倍和 1.8 倍。该地区人类发展水平、交通通达水平与城市化水平相对平衡。

（2）老挝社会经济中水平区域包含 3 个省份，面积约为 3.30 万 km^2，占比 13.95%，集中分布在老挝下寮大部分区域。此类区域人口规模为 94.6 万人，相应占比为 14.57%，人口密度为 29 人/km^2，主要受城市化水平限制。

（3）老挝社会经济中低水平区域包含 7 个省份，面积约为 9.81 万 km^2，占比 41.44%，主要分布在老挝上寮的西部省域与中寮的南部大部分区域。此类区域人口规模接近 300 万人，相应占比达 44.89%，人口密度为 30 人/km^2。上寮、中寮与下寮社会经济中低水平区域面积分别占该区域的 32.16%、35.12%和 32.72%，相应人口占比分别为 25.26%、27.83%、46.91%，人口密度分别为 23 人/km^2、24 人/km^2、43 人/km^2。该地区城市化水平不到全国平均水平的 2/3。

（4）老挝社会经济低水平区域包含 7 个省，面积约为 10.17 万 km^2，占比 42.97%，主要分布在老挝上寮大部分区域。此类区域人口数量为 181.1 万人，相应占比为 27.90%，人口密度为 18 人/km^2。从各省主要影响因素看，波里坎塞省、乌多姆赛省、赛宋本省主要受交通水平限制，归一化交通通达指数不到全国平均水平的 1/10；华潘省、琅勃拉邦省、丰沙里省、川圹省主要受城市化水平限制，归一化城市化指数均值不到全国平均水平的 1/4。

8.2 老挝资源环境承载力综合评价与限制性分类

基于“适宜性分区—限制性分类—适应性分等—警示性分级”的资源环境承载力综合评价的研究思路与技术路线，本节在水土资源和生态环境承载力分类评价的基础上，开展了资源环境承载力综合评价，从国家水平和分省格局对老挝资源环境承载力进行系统分析，完成老挝资源环境承载力综合性评价与限制性分类。本节数据的时相都为 2015 年。

8.2.1 国家水平

老挝资源环境承载力研究表明，全国资源环境承载力在 5153.82 万人水平，平均承载密度为 251 人/km^2。受资源环境基础差异的影响，上寮承载力最强，下寮承载力较弱。

（1）老挝上寮资源环境承载力近 2333.92 万人水平，水资源承载力较强。上寮地区地势较高，以山地与高原为主，森林资源丰富，有限的地势较低区域主要位于沙耶武里省湄公河段河谷地带，由于地处河流上游，水资源较丰富，水资源承载力相对较强，有效缓解地势地貌等因素对上寮区域的限制性影响，占地 40.93%的上寮地区资源承载力为 2333.92 万人，平均承载密度为 231 人/km^2，但土地资源和生态承载力相对较弱。

具体而言，上寮地区土地面积为 9.69km^2，占老挝总面积的 40.93%，从土地利用结构来看，森林、草地与耕地是上寮地区主要土地利用类型，森林、耕地、草地的面积比约为 86∶7∶4，耕地资源较少，农业生产效率不高，粮食产量也相对较低，主要农作物包括玉米、水稻、块茎类、蔬菜和甘蔗等，其中，玉米是最主要的种植作物，2015 年粮食产量为 278.70 万 t，人均粮食占有量为 1238.66kg/人，土地资源承载力较低，承载人口仅为 344.62 万人。从水资源禀赋看，上寮地区多年平均降水量为 1509.2mm，降水量最少的省份是西北部的沙耶武里省，年降水量为 1266.0mm，上寮水资源量为 560.7 亿 m^3，水资源可利用量为 165.5 亿 m^3，用水量较小，水资源承载力相对较强，承载人口为 5794.00 万人。从生态供给来看，上寮地区植被以森林为主体，生态供给较高，供给总量达 105.71 g C，其中，琅勃拉邦省生态系统生态供给总量最高，为 22.16×10^{12} g C，博胶省生态供给能力最高，为 1131.91 g C/m^2，上寮生态承载力较强，达到 2117.06 万人。

（2）老挝中寮资源环境承载力近 1890.88 万人水平，水资源承载力相对较强。中寮地区地势较为平坦，高原河谷排列分布，东部是富良山脉西坡山丘及甘蒙高原，西部是万象平原及其以南的湄公河沿岸低地，资源禀赋水平南高北低，尤其是水资源较为丰富，占地 40.45%的中寮地区的平均承载密度为 174 人/km^2。

具体而言，中寮地区土地面积为 9.58km^2，占老挝总面积的 40.45%，从土地利用结构来看，森林、草地与耕地是中寮地区主要土地利用类型，森林、耕地、草地的面积比约为 74∶15∶5，中寮地区粮食作物中，最主要的农作物是水稻，产量最高，为 112.33 万 t。2015 年粮食产量为 188.50 万 t，人均粮食产量为 910.63kg/人，土地资源承载力达到 522.28 万人。

从水资源禀赋看，中寮地区多年平均降水量为 2235.2mm，中寮的塞公省是降水量最多的省份，年降水量为 2778.6mm，中寮水资源量为 986.3 亿 m^3，水资源可利用量为 243.8 亿 m^3，水资源较为丰富，用水效率相对较高，水资源承载力达到 4007.00 万人。从生态供给来看，中寮地区供给总量达 88.98 g C，基本上不存在连片的森林生态系统，其中万象市陆地生态系统生态供给总量最低，仅为 2.99×10^{12} g C，单位面积生态供给能力最低，为 827.74 g C/m^2，中寮生态承载力相对较弱，承载人口为 1948.35 万人。

（3）老挝下寮资源环境承载力近 929.02 万人水平，土地资源承载力相对较强。下寮地区平地较多，耕地资源较为丰富，沙湾拿吉平原和巴色低地是老挝重要的粮食基地和热带经济作物重点发展区，土地资源承载力相对较强，占地 18.62%的下寮地区资源承载力为 929.02 万人，平均承载密度为 216 人/km^2。

具体而言，下寮地区土地面积为 4.41km^2，占老挝总面积的 18.62%，从土地利用结构来看，森林、草地与耕地是下寮地区主要土地利用类型，森林、耕地、草地的面积比约为 73∶16∶4，下寮地区有多种热带农林资源，如龙脑香、红木、铁木、楠木、豆蔻、砂仁、烟草、咖啡、金鸡纳、茶树等，在粮食作物中，水稻是最主要的粮食作物，产量最高，为 214.19 万 t。2015 年粮食产量为 373.21 万 t，人均粮食产量为 1594.93kg/人，耕地承载力较强，承载人口达到 256.43 万人。从水资源禀赋看，下寮地区多年平均降水量为 2363.6mm，下寮水资源量为 611.9 亿 m^3，水资源可利用量为 102.5 亿 m^3，下寮地区农业生产较强，且用水以农业为主，因此用水较多，水资源承载力相对于上寮来说较弱，承载力达到 2023.00 万人。从生态供给来看，下寮地区供给总量达 42.44g C，下寮地区生态供给总量较低，其中塞公省和阿速坡省等省陆地生态系统生态供给总量均不足 10×10^{12}g C，下寮生态承载力较弱，仅达到 969.50 万人。

8.2.2 分省格局

（1）老挝各省资源环境承载力普遍较强，资源环境限制性整体不明显。根据老挝资源环境承载力的核算结果，依据全国平均水平将 18 个省域单元的资源承载密度划分为较强、中等和较弱三类。其中，较强的省域资源承载密度高于 300 人/km^2，包括川圹省等 3 省，中等强度的省域承载密度介于 200～300 人/km^2，包括塞公省等 9 省，较弱的省域承载密度低于 200 人/km^2，包括乌多姆赛省等 6 省（市）。

基于分省尺度的资源承载密度分等研究表明（图 8.6），老挝 18 个省（市）中有 15 个省份资源承载密度下限高于现状人口密度，特别的是，丰沙里省的资源承载密度上限（1060 人/km^2）约为现实人口密度（11 人/km^2）的 96 倍，可见其资源环境承载力之强。值得注意的是，首先，万象市的资源承载上限与下限基本齐平，且低于现实人口，各项资源承载空间非常有限，需要特别关注；其次，赛宋本省与琅勃拉邦省虽然资源承载上限空间较大，但承载下限已低于现实人口密度，资源环境承载力限制性较强。此外，琅南塔省与波里坎塞省的资源承载上限虽有一定空间，但承载下限已接近现实人口，一定程度上受到土地资源承载力的限制性影响。

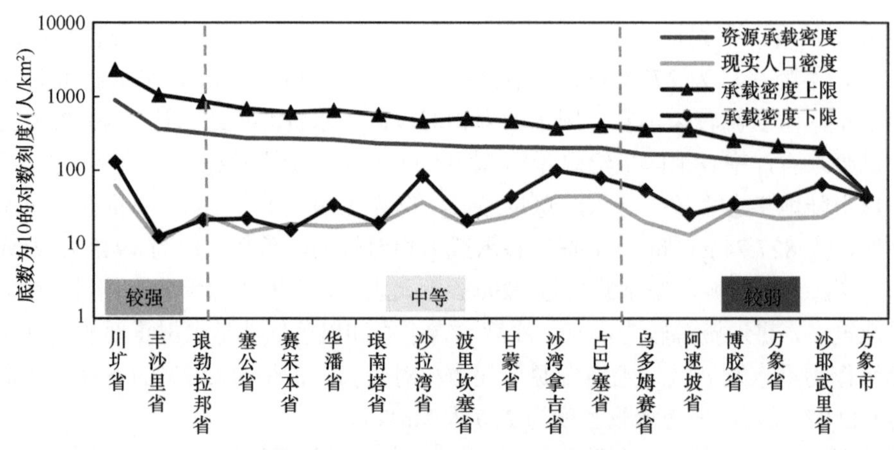

图 8.6　省域尺度下资源环境承载力分等图

（2）老挝资源环境承载力较强的省份有 3 个，除川圹省外，其他 2 省土地资源承载力相对较弱。分省资源承载密度分等研究表明（表 8.4、表 8.5、图 8.7），老挝资源环境承载力较强的省份有 3 个，资源承载密度介于 317～898 人/km^2，分别是川圹省、丰沙里省、琅勃拉邦省，面积约为 3.71 万 km^2，占比为 15.66%，相应的人口占比为 13.17%。此类区域资源承载密度均值为 528 人/km^2，现实人口密度只有 33 人/km^2，资源环境承载力高。

表 8.4　分省格局资源环境综合承载力分等

资源环境综合承载密度分等	省（市）	土地		人口		
		面积/万 km^2	占比/%	数量/万人	占比/%	密度/（人/km^2）
较强（3 个）	川圹省、丰沙里省、琅勃拉邦省	3.71	15.66	85.5	13.17	33
中等（9 个）	塞公省、赛宋本省、华潘省、琅南塔省、沙拉湾省、波里坎塞省、甘蒙省、沙湾拿吉省、占巴塞省	11.71	49.43	339.00	52.22	27
较弱（6 个）	乌多姆赛省、阿速坡省、博胶省、万象省、沙耶武里省、万象市	8.27	34.91	224.70	34.61	22

从资源限制性因素看，此类省份的土地资源承载力远低于生态承载力和水资源承载力，除川圹省外，其他 2 省土地资源承载力相对较弱。具体而言，川圹省的水资源承载密度最高，为 2327 人/km^2，生态承载密度也较高，为 676 人/km^2，土地资源承载密度最低，只有 131 人/km^2，约是现实人口密度的 2 倍，水、土和生态均不构成川圹省资源环境承载力的限制因素。丰沙里省的水资源承载密度也高达 1060 人/km^2，生态承载密度为 216 人/km^2，土地资源承载密度只有 13 人/km^2，接近现实人口密度（11 人/km^2），土地资源承载力表现出一定限制性。琅勃拉邦省的水资源承载密度为 857 人/km^2，生态承载密度为 243 人/km^2，土地资源承载密度为 22 人/km^2，低于现实人口密度 26 人/km^2，土地资源临界超载。

表 8.5　资源承载较强的限制性要素

省份	资源承载密度/（人/km²）	分项承载密度/（人/km²）			现实人口密度/（人/km²）
		生态	水资源	土地资源	
川圹省	898	676	2327	131	63
丰沙里省	368	216	1060	13	11
琅勃拉邦省	317	243	857	22	26

（3）老挝资源环境承载力中等省有 9 个，其中 2 省土地资源承载力较弱。分省资源承载密度分等研究表明（表 8.4、表 8.6、图 8.7），老挝资源环境承载力中等的省有 9 个，分别是塞公省、赛宋本省、华潘省、琅南塔省、沙拉湾省、波里坎塞省、甘蒙省、沙湾拿吉省、占巴塞省，面积约为 11.71 万 km^2，占比 49.43%，相应的人口占比为 52.55%，人口密度为 27 人/km^2。此类区域资源承载力为 2623.63 万人，现实人口为 339.00 万人，资源承载力约是现实人口的 7.7 倍。这些区域主要位于高原与河谷低地相交地区，水资源承载力较强，但是土地资源承载力相对较弱。

从资源限制性因素看，此类省份的水土资源及生态环境承载力均高于现实人口规模，均不构成限制性因素，但土地资源承载力相对于水资源承载力和生态承载力来说较低。具体而言，华潘省土地资源承载密度为 35 人/km^2，水资源承载密度高达 658 人/km^2，为土地资源承载密度的 18.8 倍，差异较为显著，其较强的水资源承载力提升了华潘省资源承载力；塞公省、赛宋本省、沙拉湾省、甘蒙省、沙湾拿吉省与占巴塞省土地资源承载密度约为现实人口密度的两倍，尚且不受土地资源的限制；虽然琅南塔省与波里坎塞省的土地资源承载密度分别为 20 人/km^2 和 21 人/km^2，略高于现实人口密度 19 人/km^2 和 18 人/km^2，可见两省仍一定程度上受土地资源承载力的影响，但其较强的水资源承载力大大提升了两省的资源环境承载力。

表 8.6　资源综合承载中等的限制性要素

省	资源承载密度/（人/km²）	分项承载密度/（人/km²）			现实人口密度/（人/km²）
		生态	水资源	土地资源	
塞公省	272	270	689	22	11
赛宋本省	270	384	619	16	8
华潘省	260	229	658	35	18
琅南塔省	234	256	575	20	19
沙拉湾省	225	207	470	85	37
波里坎塞省	212	243	509	21	18
甘蒙省	206	216	469	44	24
沙湾拿吉省	203	211	372	99	45
占巴塞省	202	201	408	79	45

（4）老挝资源环境承载力较弱的省（市）有 6 个，万象市的资源限制性最强。分省资源承载密度分等研究表明（表 8.4、表 8.7、图 8.7），老挝资源环境承载力较弱的省（市）

有6个，分别是乌多姆赛省、阿速坡省、博胶省、万象省、沙耶武里省、万象市，总面积约为8.27万km²，占比34.91%。此类区域资源承载力为1045.05万人，现实人口规模为224.70万人，资源承载力远高于现实人口，除万象市外，其他省份基本不受水、土资源及生态的限制。

表8.7　资源综合承载较弱的要素承载力

省（市）	资源承载密度/（人/km²）	分项承载密度/（人/km²）			现实人口密度/（人/km²）
		生态	水资源	土地资源	
乌多姆赛省	166	161	355	54	20
阿速坡省	163	224	353	26	13
博胶省	141	255	239	36	29
万象省	134	144	218	39	23
沙耶武里省	129	202	188	65	23
万象市	47	44	50	45	52

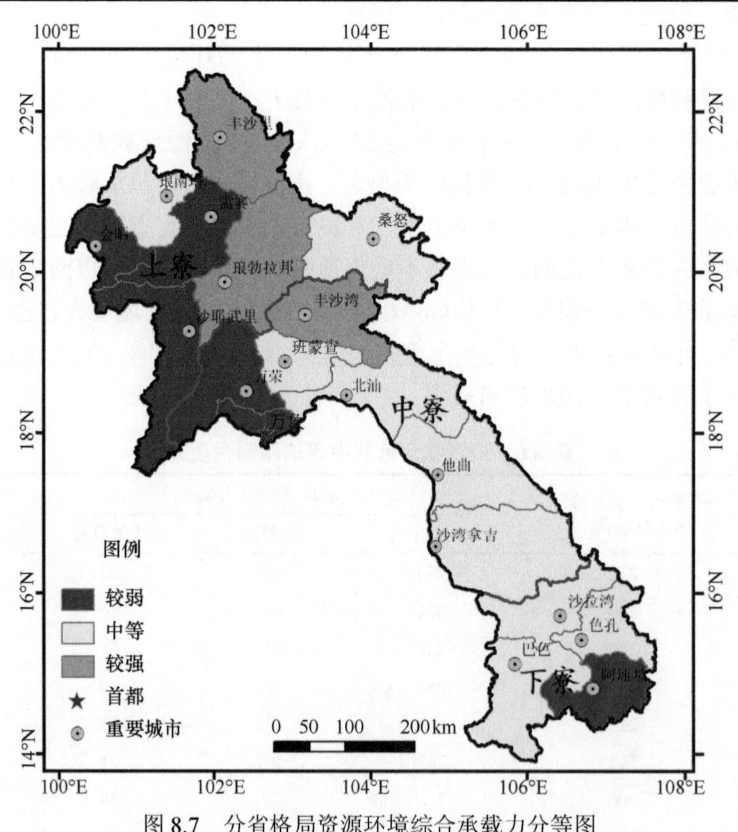

图8.7　分省格局资源环境综合承载力分等图

从资源限制性因素看，万象市属于高度城市化地区，水资源、土地资源和生态资源均有较强的限制性，特别是生态承载密度（44人/km²）显著低于现实人口密度（52人/km²）；沙耶武里省土地资源承载密度仅为65人/km²，土地资源要素限制性较强，得益于较丰沛的水资源，该地区资源承载密度（129人/km²）高于现实人口密度（23人/km²）；乌多姆赛省、阿速坡省、博胶省和万象市 4 省（市）土地资源承载力虽然均相对较低，但较高的水资源承载力支撑了区域承载力，使得现实人口处于区域综合承载力的界限之内，合理的水土资源匹配将成为此类区域提升综合承载力的有效途径。

8.3 老挝资源环境承载力综合评价与警示性分级

基于“适宜性分区—限制性分类—适应性分等—警示性分级”的资源环境承载力综合评价的研究思路与技术路线，本节在人居环境适宜性分区、资源环境承载力限制性分类和社会经济发展适应性分等的基础上，从国家水平和分省格局，完成了老挝资源环境承载力综合评价与警示性分级，揭示了老挝资源环境综合承载状态及其超载风险。

8.3.1 国家水平

老挝资源环境综合承载状态以盈余为基本特征，85%的人口分布在占地 63%的盈余地区。老挝资源环境承载力综合评价表明(表 8.8 和图 8.8)，全国资源环境承载指数介于 0.87～2.85，均值为 1.25，盈余与平衡面积六四分成，以盈余为主要特征。根据盈余程度，依据承载指数由低到高将地区细分为盈余（1.125～1.3）、富裕（1.3～1.5）、富富有余（>1.5）三类区域，三类面积比约为 2∶1∶1，人口比约为 1∶1.5∶1.5；根据平衡程度，依据承载指数由低到高细分为临界超载（<1）、平衡有余（1～1.125）两类区域，两类面积比约为 1∶3，人口比约为 1∶3。由此可见，老挝资源环境承载力整体以盈余为基本特征。

（1）老挝上寮地区以平衡为主要特征。老挝上寮平衡与盈余之比约为 6∶4，以平衡为主要特征。其中，临界超载占比最高的区域主要位于琅勃拉邦省的班森卡洛（Ban Xenkhalok）、纳孟（Namuang）、孟松（Muang Sung）等城市，占比达到 34%。由于此区域位于南康河与湄公河交汇处，是老挝第三大城市，并发展为老挝西北部的主要商业中心与进出口商品集散地，相应的人口约 32.72 万人，占老挝上寮总人口的 16.84%，人口密度较高，约为 27 人/km^2。人口稠密、土地资源稀缺是临界超载的主要原因。

（2）老挝中寮地区以盈余为主要特征。老挝中寮平衡与盈余之比约为 3∶7，以盈余为主要特征。其中，临界超载区域占老挝中寮总面积的 5.96%，赛宋本省临界超载区域占总临界超载区域的 66%，主要分布在赛宋本省的普隆马（Phou Longmat）、班南盖（Ban Nam Kai）等城市，此区域地处川圹高原，人口密度仅为 12 人/km^2，土地资源短缺、交通基础设施落后是主要原因。

（3）老挝下寮地区以盈余为主要特征。老挝下寮平衡与盈余状态之比约为 1∶9，以盈余为主要特征。此区域没有临界超载地区，平衡有余的区域主要分布在塞公省的班莱波（Ban Laipo）、加瓦雷（Ka Va Louay）东部边界城市，此区域地处富良山脉余脉，以波状高原和丘陵地为主，人口稀疏，密度仅为 5 人/km^2。地势较高、交通基础设施落后是该区域平衡有余占比较高的主要原因。

表 8.8 老挝资源环境综合承载状态

状态			土地		人口		
			面积/万 km²	占比/%	数量/万人	占比/%	密度/（人/km²）
上寮	平衡（0.875～1.125）	临界超载（<1）	1.09	11.24	15.48	7.97	14.21
		平衡有余（1～1.125）	4.40	45.36	45.86	23.60	10.43
	盈余（>1.125）	盈余（1.125～1.3）	3.47	35.77	53.66	27.62	15.47
		富裕（1.3～1.5）	0.38	3.92	76.21	39.22	202.16
		富富有余（>1.5）	0.36	3.71	3.09	1.59	8.59
中寮	平衡（0.875～1.125）	临界超载（<1）	0.57	5.96	1.70	0.53	2.96
		平衡有余（1～1.125）	2.09	21.84	19.37	6.04	9.25
	盈余（>1.125）	盈余（1.125～1.3）	2.93	30.62	49.73	15.51	16.95
		富裕（1.3～1.5）	2.24	23.40	69.29	21.61	30.99
		富富有余（>1.5）	1.74	18.18	180.51	56.31	103.51
下寮	平衡（0.875～1.125）	临界超载（<1）	—	—	—	—	—
		平衡有余（1～1.125）	0.53	12.02	2.65	1.97	4.98
	盈余（>1.125）	盈余（1.125～1.3）	1.53	34.69	27.39	20.39	17.95
		富裕（1.3～1.5）	1.29	29.25	37.80	28.15	29.28
		富富有余（>1.5）	1.06	24.04	66.46	49.49	62.43
全国	平衡（0.875～1.125）	临界超载（<1）	1.66	7.01	21.56	3.32	12.79
		平衡有余（1～1.125）	7.02	29.65	78.22	12.05	10.99
	盈余（>1.125）	盈余（1.125～1.3）	7.93	33.49	137.91	21.24	17.36
		富裕（1.3～1.5）	3.91	16.51	193.65	29.83	50.65
		富富有余（>1.5）	3.16	13.34	217.86	33.56	70.03

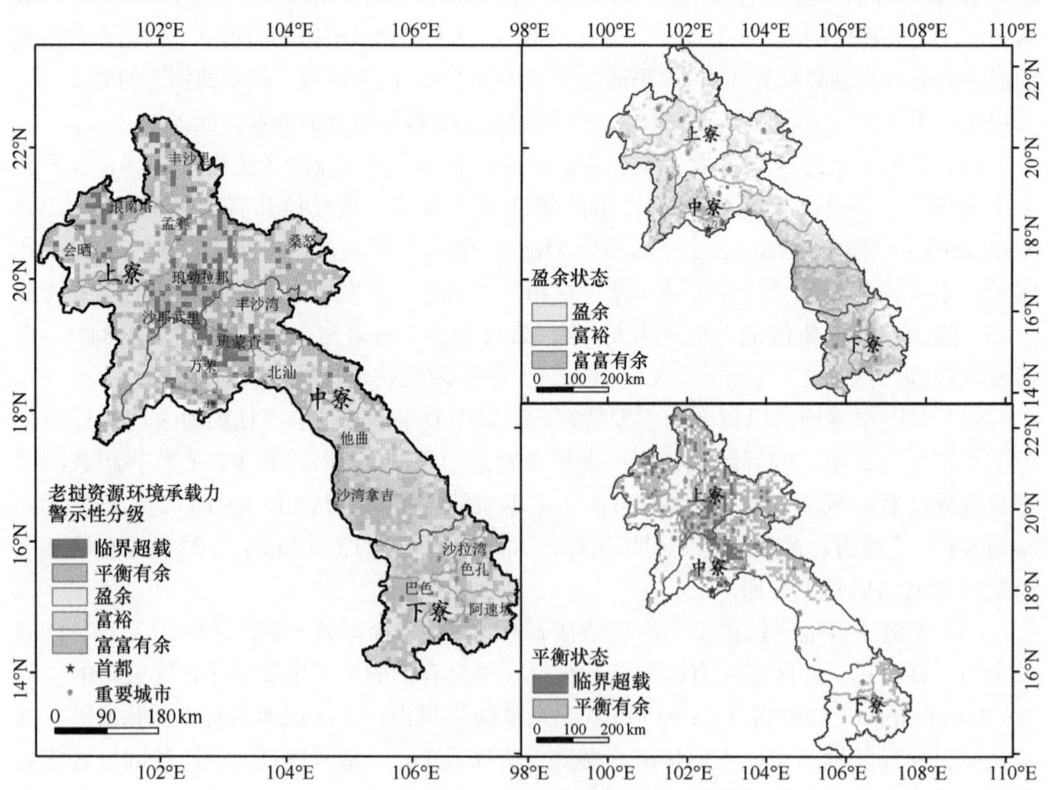

图 8.8 老挝资源环境综合承载力警示性分级

8.3.2　分省格局

（1）老挝各省资源环境承载力均处于盈余状态，资源环境差异较社会经济差异明显。分省尺度的老挝资源环境承载力综合评价表明：全国各省的资源环境承载指数均高于 1，均为平衡及盈余状态，承载指数南高北低（图 8.9）。老挝资源环境承载状态为盈余、富裕、富富有余的省（市）个数分别为 4 个、10 个和 4 个（图 8.10）。

从分项指数看，全国社会经济发展水平整体偏低，除万象市的社会经济指数为 1.16 外，其余各省相应指数介于 0.98～1.02，指数差异较小；资源禀赋和自然条件的区域差异明显，老挝各省（市）人居环境指数介于 0.93～1.23，资源承载指数介于 0.95～1.23。

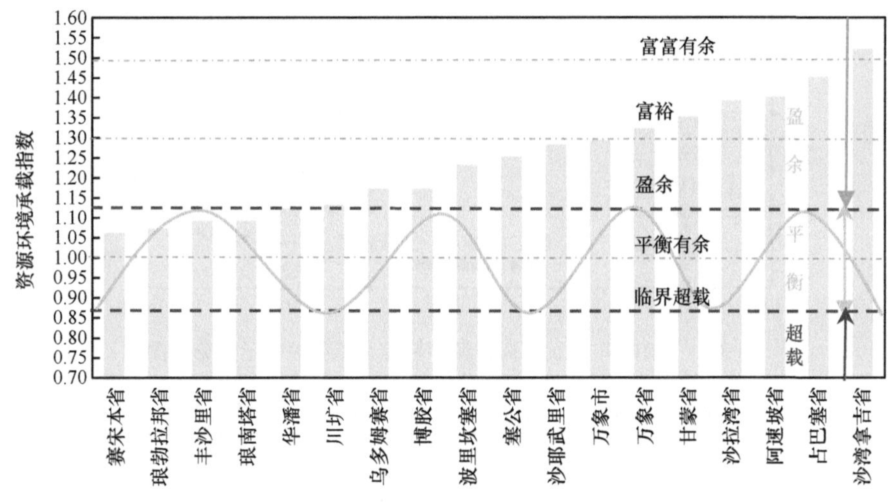

图 8.9　2015 年分省格局资源环境综合承载指数分级

（2）富富有余的 4 省集中分布在下寮地区，具有较大的资源环境发展空间。老挝富富有余的省份包括沙拉湾省、阿速坡省、占巴塞省、沙湾拿吉省 4 个，全部位于下寮平原，面积约为 5.82 万 km^2，约占全国的 1/4，相应的人口约 220.00 万人，约占总人口的 1/3，平均人口密度为 38 人/km^2。资源环境综合承载指数均值是全国平均水平的 1.44 倍，具有一定的资源环境发展空间。

从分项指数来看，富富有余地区人居环境适宜指数均值为全国平均水平的 1.17 倍，资源环境承载指数均值为全国平均水平的 1.22 倍，社会经济适宜指数均值为全国平均水平的 1.01 倍（表 8.9）。在优越的资源禀赋基础上，高度适宜的人居环境自然适宜性和相对较高的社会经济发展水平，共同提升了区域资源环境综合承载能力。其中，值得关注的是位于老挝东南部的边陲重地阿速坡省，该省位于湄公河上游盆地中心，资源禀赋优越，是通往越南和柬埔寨的交通要塞，其综合承载指数高达 1.40，但人口密度不及全国平均人口密度的一半，仅为富富有余区域平均密度的 1/3，尚具有较大的资源环境开放开发空间。

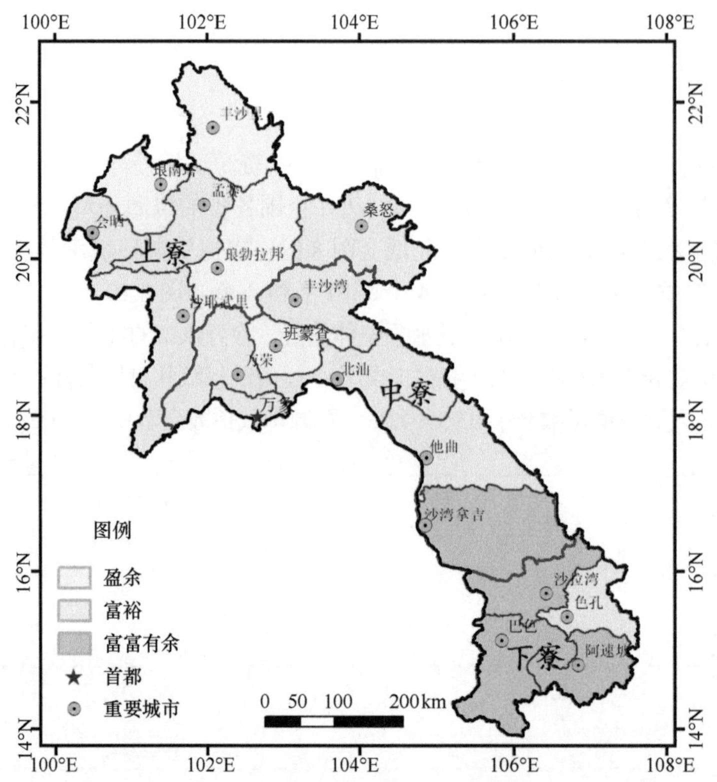

图 8.10 2015 年分省格局资源环境综合承载力警示性分级图

表 8.9 2015 年老挝资源环境综合承载状态——富富有余

状态	省份	土地		人口			PREDI	HSI	SDI	RCI
		面积/万 km²	占比/%	数量/万人	占比/%	人口密度/（人/km²）				
富富有余	沙拉湾省	1.07	4.51	39.7	6.12	37	1.39	1.16	1.00	1.23
	阿速坡省	1.03	4.36	13.9	2.14	13	1.40	1.12	1.02	1.22
	占巴塞省	1.54	6.51	69.4	10.69	45	1.45	1.16	1.01	1.21
	沙湾拿吉省	2.18	9.20	97	14.94	45	1.52	1.23	1.00	1.23
	小计	5.82	24.58	220.00	33.89	38	1.44	1.17	1.01	1.22

（3）富裕的 10 省（市）主要位于上寮和中寮地区，除万象市外都具有一定的资源环境发展空间。老挝富裕状态的省（市）有 10 个，主要位于上寮和中寮地区，面积约 12.91 万 km^2，占国土面积的一半，相应的人口为 342.10 万人，约占全国人口的一半，平均人口密度为 27 人/km^2，与全国平均人口密度持平。区域资源环境综合承载指数均值为 1.23，与全国平均水平（1.24）相当，具有一定的资源环境发展空间。

从分项指数来看，富裕地区人居环境适宜指数均值为全国平均水平的 1.03 倍，资源承载限制指数均值为全国平均水平的 1.18 倍，社会经济发展指数均值为全国平均水平的 1.01 倍（表 8.10），均略高于全国平均水平。具体看，万象市的资源承载力最低，但人居环境和社会经济位居首位，共同提升了其资源环境综合承载力，此类高城市化地区主要通过资源跨区域调配来缓解本地水土资源和生态供给短缺的问题；相反，华潘省、川圹省与乌多姆赛省 3 省资源承载力较强，但人居环境基础和社会经济发展欠佳，共同影响了其综合承载力的发挥；其余 6 省资源承载力、人居环境适宜性和社会经济适应性均处于中等偏上水平，资源环境综合承载状态良好，具有一定的资源环境发展空间。

表 8.10　老挝资源环境综合承载状态——富裕

状态	省（市）	土地		人口			PREDI	HSI	SDI	RCI
		面积/万 km^2	占比/%	数量/万人	占比/%	人口密度/（人/km^2）				
富裕	华潘省	1.65	6.97	28.9	4.45	18	1.12	0.94	0.98	1.22
	川圹省	1.59	6.71	24.5	3.77	15	1.13	0.93	0.99	1.22
	乌多姆赛省	1.54	6.49	30.8	4.74	20	1.17	0.98	0.99	1.23
	博胶省	0.62	2.62	17.9	2.76	29	1.17	1.01	1.01	1.16
	波里坎塞省	1.49	6.28	27.4	4.22	18	1.23	1.06	1.00	1.15
	塞公省	0.77	3.24	11.3	1.74	15	1.25	1.02	1.00	1.19
	沙耶武里省	1.64	6.92	38.1	5.87	23	1.28	1.03	1.00	1.23
	万象市	0.39	1.66	82.1	12.65	209	1.29	1.17	1.16	0.95
	万象省	1.59	6.73	41.9	6.45	26	1.32	1.09	1.00	1.22
	甘蒙省	1.63	6.89	39.2	6.04	24	1.35	1.11	1.00	1.21
	小计	12.91	54.51	342.10	52.69	27	1.23	1.03	1.01	1.18

（4）盈余的 4 省主要分布在上寮地区，资源环境发展空间有限。老挝盈余的省份除赛宋本省外，其余三省均位于上寮地区，面积约 4.96 万 km^2，占比 20.94%，相应的人口约 87.10 万人，占比为 13.41%，区域平均人口密度为 18 人/km^2。这一类型区的资源环境综合承载指数均值为 1.08，低于全国平均水平（1.24），资源环境发展空间有限。

从分项指数来看，该类地区资源承载指数均值约为全国平均水平的 95%，社会经济适应指数均值约为全国平均水平的 98%，人居环境指数均值约为全国平均水平的 92%（表 8.11），普遍低于全国平均水平。可见，该类地区资源承载能力不强，人居环境基础和社会经济发展进一步限制了其资源环境承载力的发挥。需要特别警示的是，位于上寮的古都重地琅勃拉邦省，人口规模和人口密度最大，人口数量占此类区域的一半，人口密度为 26 人/km^2，接近全国平均值，由于土地资源的限制，其资源承载力较低，但该省水资源丰富，提高区域水土资源配置效率尤为重要。

表 8.11　老挝资源环境综合承载状态——盈余

状态	省	土地		人口			PREDI	HSI	SDI	RCI
		面积/万 km^2	占比/%	数量/万人	占比/%	人口密度/（人/km^2）				
盈余	赛宋本省	0.71	3.00	8.5	1.31	12	1.06	0.96	0.99	1.10
	琅勃拉邦省	1.69	7.13	43.2	6.65	26	1.07	0.98	0.99	1.08
	丰沙里省	1.63	6.87	17.8	2.74	11	1.09	0.96	0.99	1.15
	琅南塔省	0.93	3.94	17.6	2.71	19	1.09	0.98	1.00	1.13
	小计	4.96	20.94	87.10	13.41	18	1.08	0.97	0.99	1.12

8.4 区域适应策略与对策建议

资源环境承载力的本质是回答“人–地”关系协调发展问题，作为衡量人口与资源环境协调发展的“标尺”，人类活动必须保持在地球所能承受的资源、生态、环境的限度之内。其中，人居环境适宜性分区是资源环境承载力评价的前提，资源环境承载力限制性分类是资源环境承载力研究的基础，而社会经济发展适应性分等则是在人居环境适宜性和资源环境限制性的基础上，进一步考虑社会经济发展对资源环境的影响或响应。由此，要提升老挝的资源环境承载力，就必须统筹解决资源环境承载力限制性与社会经济发展适应性问题，必须关注后进省份的人口与资源环境、社会经济协调发展问题。

（1）统筹解决土地资源限制性问题，提升国家资源环境综合承载力。老挝资源环境承载力评价表明，老挝资源承载状态较好，整体处于盈余水平，资源承载力远高于现实人口，有较大的资源环境发展空间。从水资源、土地资源与生态承载状态来看，老挝整体水资源充沛，生态本底良好，而土地资源承载力相对较弱，土地资源短缺或匹配失衡成为某些区域土地资源承载力低下的主要原因。尽管老挝人口总体没有超过水、土资源承载力，但仍有琅勃拉邦省和万象市处于临界超载状态。要从根本上降低老挝人口分布的土地资源限制，在增强区域土地资源承载力的同时，必须适度引导人口由土地资源超载地区向土地资源盈余地区有序流动，以促进老挝不同地区的人口分布与资源承载力相协调，降低土地资源对老挝资源环境承载力的限制性。

（2）加快社会发展投入，促进不同地区的社会与经济协调发展。从资源环境综合承载力影响因素来看，老挝人居环境自然适宜性高，即使地形条件是限制其人居环境适宜性的因素，但是水文和地被条件的可更新性与人为调节性增加了老挝整体人居环境适宜程度，人居环境整体上不构成综合承载力的约束因子。另外，工业基础薄弱，城市化水平和交通基础设施落后，且内部发展不均衡，两极分化较为严重，整体呈现出的较低的社会经济发展水平降低了老挝资源环境综合承载力。要持续提升国家资源环境综合承载力，必须统筹解决老挝社会经济适应性问题，加快社会发展的投入。全面提高国家社会经济发展水平，积极争取国际资本，开展与邻国（如中国、越南等）的援助与合作，加快基础设施（如中老铁路）建设步伐，变“陆锁国”为“陆联国”，加强人才国际交流，提高人口素质，提升国家的社会经济发展水平。

（3）关注后进地区人口资源环境与发展问题，引导人口合理分布和有序迁移。略有盈余、有超载风险的赛宋本省、琅勃拉邦省、丰沙里省和琅南塔省等地区，资源环境综合承载指数低于全国水平，除琅勃拉邦省外，其他省份人居环境适宜指数、资源承载限制指数和社会经济发展指数均处于较低水平。要提高这类地区的资源环境综合承载力，必须三管齐下：一是根据人居环境适宜性分区，引导人口向适宜程度高的地区有序迁移；二是着力提高土地资源承载力，充分发挥老挝水资源丰富的天然优势，提升水土资源配置利用效率，通过工程措施和生物措施等多途径提高土地生产率，尽量降低土地资源对综合承载力的限制程度；三是重点解决贫困地区人口的生存和发展问题，此类地区多为农村地区，实施农业农村改革，解放农村生产力，释放农村活力，并有序鼓励农业农村剩余劳动力向城市化地区转移。

（4）引导资源环境综合承载状态中等偏上的地区扬长避短，扩展人口承载空间。资源环境承载力富裕的地区主要分为两类区域，一是资源承载力较强，但社会经济发展影响其潜力发挥的区域，如华潘省、川圹省与乌多姆赛省，要进一步发挥水、土地资源等自然资源优势，增加农业科技投入，加强水利设施建设，充分挖掘农业生产潜力，发展建设国家级粮食储备基地，加大粮食等物资的储备和调控能力，保障国家粮食安全，同时，加强交通基础设施建设，引导人口向人居环境适宜程度高的平地村镇集聚；二是明显受资源承载力影响的区域，如万象市，这类城市化地区受本身空间的限制，土地资源和水资源难以“一方水土养一方人”，需通过资源跨区占用和物资跨区调配满足人口增长对资源的需求。这类地区应加强土地集约利用，提高耕地资源综合生产能力，最终通过区域统筹来解决问题。

（5）鼓励资源环境综合承载状态优良地区充分发挥自身优势，促进人口与资源环境、社会经济协调发展和可持续发展。对于资源环境承载力富富有余的省份，如沙湾拿吉省等南部平原地区，其资源承载力较强，同时，人居环境与社会经济均处于较好水平，有较大的人口发展空间。该类区域主导定位是生产与生活功能区，在保障农业生产的前提下，重点发挥人口与产业集聚的功能，通过强化基础设施建设，积极引进外资，进一步挖掘和识别各地区优势条件，因地制宜地发展特色产业，推行适宜的产业集聚模式，强化产业发展、集聚的自生能力和就业创造能力，最大限度地吸纳农业转移人口，促进各地区适宜性产业发展和集聚，形成优势互补、良性互动的发展格局。

参 考 文 献

封志明, 李鹏. 2018. 承载力概念的源起与发展: 基于资源环境视角的讨论. 自然资源学报, 33(9): 1475-1489.

马世骏, 王如松. 1984. 社会—经济—自然复合生态系统. 生态学报, 4 (1): 1-9.

秦大河, 张坤民, 牛文元, 等. 2002. 中国人口资源环境与可持续发展. 北京: 新华出版社.

吴传钧. 1991. 论地理学的研究核心——人地关系地域系统. 经济地理, (3): 1-6.

游珍, 封志明, 杨艳昭, 等. 2020. 栅格尺度的西藏自治区人居环境自然适宜性综合评价. 资源科学, 42(2): 394-406.

You Z, Shi H, Feng Z M, et al. 2020. Creation and validation of a socioeconomic development index: A case study on the countries in the Belt and Road Initiative. Journal of Cleaner Production, 120634: 1-10.

第 9 章　老挝资源环境承载力评价技术方法

为全面反映老挝资源环境承载力研究的技术方法，特编写第 9 章技术规范。技术规范全面、系统地梳理了老挝资源环境承载力的研究方法，包括人居环境适宜性评价、土地资源承载力与承载状态评价、水资源承载力与承载状态评价、生态承载力与承载状态评价、社会经济适应性评价和资源环境承载综合评价 6 节 47 条。

9.1　人居环境适宜性评价

第 1 条　地形起伏度（RDLS）是对区域海拔和地表切割程度的综合表征，由平均海拔、相对高差及一定窗口内的平地加和构成，地形起伏度共分五级（表 9.1）。计算公式如下：

$$\mathrm{RDLS} = \mathrm{ALT}/1000 + \left\{\left[\mathrm{Max}\left(H\right) - \mathrm{Min}\left(H\right)\right] \times \left[1 - P\left(A\right)/A\right]\right\}/500$$

式中，RDLS 为地形起伏度；ALT 为以某一栅格单元为中心一定区域内的平均海拔，m；Max（H）和 Min（H）是指以某一栅格单元为中心一定区域内的最高海拔与最低海拔，m；P（A）为区域内的平地面积（相对高差≤30m），km^2；A 为以某一栅格单元为中心一定区域内的总面积，km^2。

第 2 条　基于地形起伏度的人居环境地形适宜性共分为五级，即不适宜、临界适宜、一般适宜、比较适宜与高度适宜（表 9.1）。

表 9.1　基于地形起伏度的人居环境地形适宜性分区标准

地形起伏度	海拔/m	相对高差/m	地貌类型	人居适宜性
>5.0	> 5000	> 1000	极高山	不适宜
3.0～5.0	3500～5000	500～1000	高山	临界适宜
1.0～3.0	1000～3500	200～500	中山、高原	一般适宜
0.2～1.0	500～1000	100～200	低山、低高原	比较适宜
0～0.2	< 500	0～100	平原、丘陵、盆地	高度适宜

第 3 条　温湿指数（THI）是指区域内气温和相对湿度的乘积，其物理意义是湿度订正以后的温度，综合考虑了温度和相对湿度对人体舒适度的影响，温湿指数共分十级（表 9.2）。计算公式如下：

$$\mathrm{THI} = T - 0.55 \times \left(1 - \mathrm{RH}\right) \times \left(T - 58\right)$$

$$T = 1.8t + 32$$

式中，THI 为温湿指数；t 为某一评价时段平均气温（℃）；T 为某一评价时段平均空气华氏温度（°F）；RH 为某一时段平均空气相对湿度。

表 9.2　人体舒适度与相对湿度分级

温湿指数	感觉程度	温湿指数	感觉程度
<35	极冷，极不舒适	65～72	温暖，非常舒适
35～45	寒冷，不舒适	72～75	偏热，较舒适
45～55	偏冷，较不舒适	75～77	炎热，较不舒适
55～60	清凉，较舒适	77～80	闷热，不舒适
60～65	清爽，非常舒适	>80	极其闷热，极不舒适

第 4 条　基于温湿指数的人居环境气候适宜性共分为五级，即不适宜、临界适宜、一般适宜、比较适宜与高度适宜（表 9.3）。

表 9.3　基于温湿指数的人居环境气候适宜性分区标准

温湿指数	人体感觉程度	人居适宜性
≤35，>80	极冷，极其闷热	不适宜
35～45，77～80	寒冷，闷热	临界适宜
45～55，75～77	偏冷，炎热	一般适宜
55～60，72～75	清凉，偏热	比较适宜
60～72	清爽或温暖	高度适宜

第 5 条　水文指数（LSWAI）表征区域水资源丰缺程度，计算公式如下：

$$\mathrm{LSWAI} = \alpha \times P + \beta \times \mathrm{LSWI}$$

$$\mathrm{LSWI} = \left(\rho_{\mathrm{nir}} - \rho_{\mathrm{swir1}}\right) / \left(\rho_{\mathrm{nir}} + \rho_{\mathrm{swir1}}\right)$$

式中，LSWAI 为水文指数；P 为降水量；LSWI 为地表水分指数；α、β 分别为降水量与地表水分指数的权重值，默认情况下各为 0.50；ρ_{nir} 与 ρ_{swir1} 分别为 MODIS 卫星传感器的近红外与短波红外的地表反射率。LSWI 表征了陆地表层水分的含量，在水域及高植被覆盖度区域 LSWI 较大，在裸露地表及中低覆盖度区域 LSWI 较小。人口相关性分析表明，当降水量超过 1600mm、LSWI 大于 0.70 以后，降水量与 LSWI 的增加对人口的集聚效应未见明显增强。在对降水量与 LSWI 归一化处理过程中，分别取 1600mm 与 0.70 为最高值，高于特征值的分别按特征值计。

第 6 条　基于水文指数的人居环境水文适宜性共分为五级，即不适宜、临界适宜、一般适宜、比较适宜与高度适宜（表 9.4）。

表 9.4　基于水文指数的人居环境水文适宜性分区标准

水文指数	人居适宜性
<0.05	不适宜
0.05～0.15	临界适宜
0.15～0.25、0.50～0.60	一般适宜
0.25～0.30、0.40～0.50	比较适宜
0.30～0.40、>0.60	高度适宜

第 7 条　地被指数（LCI）表征区域不同土地利用类型所对应的植被覆盖情况，计算公式为

$$LCI = NDVI \times LC_i$$

$$NDVI = (\rho_{nir} - \rho_{red})/(\rho_{nir} + \rho_{red})$$

式中，LCI 为地被指数；ρ_{nir}与 ρ_{red}分别代表 MODIS 卫星传感器的近红外与红波段的地表反射率，NDVI 为归一化植被指数；LC_i为各种土地覆被类型的权重，其中 i（1，2，3，…，10）代表不同土地利用/覆被类型。人口相关性分析表明，当 NDVI 大于 0.80 后，其值的增大对人口的集聚效应未见明显增强。在对 NDVI 归一化处理时，取 0.80 为最高值，高于特征值的按特征值计。

第 8 条　基于地被指数的人居环境地被适宜性共分为五级，即不适宜、临界适宜、一般适宜、比较适宜与高度适宜（表 9.5）。

表 9.5　基于地被指数的人居环境地被适宜性分区标准

地被指数	分区类型	涉及土地覆被类型
<0.02	不适宜	水体、裸地等未利用地
0.02～0.10	临界适宜	灌丛
0.10～0.18	一般适宜	草地
0.18～0.28	比较适宜	森林
>0.28	高度适宜	不透水层、农田

第 9 条　人居环境适宜性综合评价。在对人居环境地形、气候、水文与地被等单项评价指标标准化处理的基础上，通过逐一评价各单要素标准化结果与 Landscan 2015 人口分布的相关性，基于地形起伏度、温湿指数、水文指数、地被指数与人口分布的相关系数计算其权重，构建综合反映人居环境适宜性特征的 HSI，以定量评价老挝人居环境的自然适宜性与限制性。HSI 计算公式为

$$HSI = \alpha \times RDLS_{Norm} + \beta \times THI_{Norm} + \gamma \times LSWAI_{Norm} + \delta \times LCI_{Norm}$$

式中，HSI 为人居环境适宜指数；$RDLS_{Norm}$ 为标准化地形起伏度；THI_{Norm} 为标准化温湿指数；$LSWAI_{Norm}$ 为标准化水文指数（即地表水丰缺指数）；LCI_{Norm} 为标准化地被指数；α、β、γ、δ 分别为地形起伏度、温湿指数、水文指数与地被指数对应的权重。

RDLS 标准化公式如下：

$$RDLS_{Norm} = 100 - 100 \times (RDLS - RDLS_{min})/(RDLS_{max} - RDLS_{min})$$

式中，$RDLS_{Norm}$ 为地形起伏度标准化值（取值范围介于 0～100）；RDLS 为地形起伏度；$RDLS_{max}$ 为地形起伏度标准化的最大值（即 5.0）；$RDLS_{min}$ 为地形起伏度标准化的最小值（即 0）。

THI 标准化公式分别为式（9.1）与式（9.2）。

$$THI_{Norm1} = 100 \times (THI - THI_{min}) / (THI_{opt} - THI_{min}) \quad (THI \leqslant 65) \tag{9.1}$$

$$THI_{Norm2} = 100 - 100 \times (THI - THI_{opt}) / (THI_{max} - THI_{opt}) \quad (THI > 65) \tag{9.2}$$

式中，THI_{Norm1}、THI_{Norm2} 分别为 THI 小于等于 65、大于 65 对应的温湿指数标准化值（取值范围介于 0～100）；THI 为温湿指数；THI_{min} 为温湿指数标准化的最小值（即 35）；THI_{opt} 为温湿指数标准化的最适宜值（即 65）；THI_{max} 为温湿指数标准化的最大值（即 80）。

LSWAI 标准化公式如下：

$$LSWAI_{Norm} = 100 \times (LSWAI - LSWAI_{min}) / (LSWAI_{max} - LSWAI_{min})$$

式中，$LSWAI_{Norm}$ 为地表水丰缺指数标准化值（取值范围介于 0～100）；LSWAI 为地表水丰缺指数；$LSWAI_{max}$ 为地表水丰缺指数标准化的最大值（即 0.9）；$LSWAI_{min}$ 为地表水丰缺指数标准化的最小值（即 0）。

LCI 标准化公式如下：

$$LCI_{Norm} = 100 \times (LCI - LCI_{min}) / (LCI_{max} - LCI_{min})$$

式中，LCI_{Norm} 为地被指数标准化值（取值范围介于 0～100）；LCI 为地被指数；LCI_{max} 为地被指数标准化的最大值（即 0.9）；LCI_{min} 为地被指数标准化的最小值（即 0）。

9.2　土地资源承载力与承载状态评价

第 10 条　土地资源承载力（LCC）是在自然生态环境不受危害并维系良好的生态系统前提下，一定地域空间的土地资源所能承载的人口规模或牲畜规模。本节分为基于人粮平衡的耕地资源承载力（CLCC）、基于草畜平衡的草地资源承载力（GLCC）和基于当量（热量、蛋白质）平衡的土地资源承载力（EQCC）。

第 11 条　基于人粮平衡的耕地资源承载力（CLCC）用一定粮食消费水平下区域耕地资源所能持续供养的人口规模来度量。计算公式如下：

$$CLCC = Cl/Gpc$$

式中，CLCC 为基于人粮平衡的耕地资源现实承载力或耕地资源承载潜力；Cl 为耕地生产力，以粮食产量表征；Gpc 为人均消费标准，现实承载力采用 400kg·人/a 计。

第 12 条　基于当量平衡的土地资源承载力（EQCC）可分为热量当量承载力（EnCC）和蛋白质当量承载力（PrCC），可用一定热量和蛋白质摄入水平下区域粮食和畜产品转换的热量总量和蛋白质总量所能持续供养的人口来度量。

$$EQCC = \begin{cases} EnCC = En/Enpc \\ PrCC = Pr/Prnpc \end{cases}$$

式中，EQCC 为基于当量平衡的土地资源现实承载力或耕地资源承载潜力，可用 EnCC

和 PrCC 表征；EnCC 为基于热量当量平衡的土地资源承载力；En 为耕地资源和草地资源产品转换的热量总量；Enpc 为人均热量摄入标准，现实承载力以 2521kcal·人/d 计；PrCC 为基于蛋白质当量平衡的土地资源承载力；Pr 为耕地资源和草地资源产品转换的蛋白质总量；Prnpc 为人均蛋白质摄入标准，现实承载力以 65g·人/d 计。

第 13 条　土地资源承载指数（LCCI）是指区域人口规模（或人口密度）与土地资源承载力（或承载密度）之比，反映区域土地与人口的关系，可分为基于人粮平衡的耕地资源承载指数（CLCCI）、基于当量平衡的土地资源承载指数（EQCCI）。

第 14 条　基于人粮平衡的耕地资源承载指数：

$$\mathrm{CLCCI} = \mathrm{Pa}/\mathrm{CLCC}$$

式中，CLCCI 为基于人粮平衡的耕地资源承载指数；CLCC 为耕地资源承载力，单位为人；Pa 为现实人口数量。

第 15 条　基于当量平衡的土地资源承载指数又可分为热量当量承载指数（EnCCI）和蛋白质当量承载指数（PrCCI），计算方式如下：

$$\mathrm{EQCCI} = \mathrm{Pa}/\mathrm{EQCC} = \begin{cases} \mathrm{EnCCI} = \mathrm{Pa}/\mathrm{EnCC} \\ \mathrm{PrCCI} = \mathrm{Pa}/\mathrm{PrCC} \end{cases}$$

式中，EQCCI 为基于当量平衡的土地承载指数；EQCC 为基于当量平衡的土地资源承载力；Pa 为现实人口数量，单位为人；EnCCI 为热量当量土地承载指数；EnCC 为基于热量当量的土地资源承载力；PrCCI 为蛋白质当量土地承载指数；PrCC 为基于蛋白质当量的土地资源承载力，单位为人。

第 16 条　土地资源承载状态反映区域常住人口与可承载人口之间的关系，本节分为基于人粮平衡的耕地资源承载状态和基于当量平衡的土地资源承载状态。

第 17 条　耕地资源承载状态反映人粮平衡关系状态，依据耕地资源承载指数大小分为三类共八个等级（表 9.6）。

表 9.6　耕地资源承载力分级评价标准

类型	级别	CLCCI
盈余	富富有余	CLCCI≤0.5
	富裕	0.5 < CLCCI≤0.75
	盈余	0.75 < CLCCI≤0.875
平衡	平衡有余	0.875 < CLCCI≤1
	临界超载	1 < CLCCI≤1.125
超载	超载	1.125 < CLCCI≤1.25
	过载	1.25 < CLCCI≤1.5
	严重超载	CLCCI>1.5

第 18 条　土地资源承载状态反映人地关系状态，依据土地资源承载指数大小分为三类共八个等级（表 9.7）。

表 9.7 土地资源承载力分级评价标准

类型	级别	EQCCL
盈余	富富有余	EQCCL≤0.5
	富裕	0.5 < EQCCL≤0.75
	盈余	0.75 < EQCCL≤0.875
平衡	平衡有余	0.875 < EQCCL≤1
	临界超载	1 < EQCCL≤1.125
超载	超载	1.125 < EQCCL≤1.25
	过载	1.25 < EQCCL≤1.5
	严重超载	EQCCL>1.5

第 19 条 食物消费结构又称膳食结构，是指一个国家或地区的人们在膳食中摄取的各类动物性食物和植物性食物所占的比例。

第 20 条 膳食营养水平通常用营养素摄入量进行衡量，主要包括热量、蛋白质、脂肪等。营养素含量是指用每一类食物中每一亚类的食物所占比例，乘以各亚类食物在食物营养成分表中的食物营养素含量，所得的和即每一类食物在某一阶段的营养素含量。

$$C_i = \sum_{j=1}^{n} R_{ij} f_{ij}$$

式中，C_i 为第 i 类食物的某一营养素含量；R_{ij} 为第 i 类食物的第 j 个品种在第 i 类食物中所占比例；f_{ij} 为第 i 类食物的第 j 个品种在《食物成分表》中的某一营养素含量。

9.3 生态承载力与承载状态评价

第 21 条 生态承载力是指在不损害生态系统生产能力与功能完整性的前提下，生态系统可持续承载具有一定社会经济发展水平的最大人口规模。

第 22 条 生态承载指数用区域人口数量与生态承载力比值表示，作为评价生态承载状态的依据。

第 23 条 生态承载状态反映区域常住人口与可承载人口之间的关系，本节将生态承载状态依据生态承载指数大小分为三类共六个等级：富余（富富有余、盈余）；临界（平衡有余、临界超载）；超载（超载、严重超载）。

第 24 条 生态供给是生态系统供给服务的简称，是生态系统服务最重要的组成部分，是生态系统调节服务、支持服务和文化服务的基础，也是人类对生态系统服务直接消耗的部分。

第 25 条 生态消耗是生态系统供给消耗的简称，是指人类生产活动对各种生态系统服务的消耗、利用和占用；本节主要是指种植业与畜牧业生产活动对生态资源的消耗。

第 26 条 基于生态系统净初级生产力（NPP）空间栅格数据进行空间统计加总得

到生态供给量，用于衡量生态系统的供给能力，计算公式为

$$\mathrm{SNPP} = \sum_{j=1}^{m}\sum_{i=1}^{n}\frac{(\mathrm{NPP}\times\gamma)}{n}$$

式中，SNPP 为可利用生态供给量；NPP 为生态系统净初级生产力；γ 为栅格像元分辨率；n 为数据的年份跨度；m 为区域栅格像元数量。

第 27 条 生态消耗量包括种植业生态消耗量与畜牧业生态消耗量两个部分，用于衡量人类活动对生态系统生态资源的消耗强度，计算公式为

$$\mathrm{CNPP_{pa}} = \frac{\mathrm{YIE}\times\gamma\times(1-\mathrm{Mc})\times\mathrm{Fc}}{\mathrm{HI}\times(1-\mathrm{WAS})}$$

$$\mathrm{CNPP_{ps}} = \frac{\mathrm{LIV}\times\varepsilon\times\mathrm{GW}\times\mathrm{GD}\times(1-\mathrm{Mc})\times\mathrm{Fc}}{\mathrm{HI}\times(1-\mathrm{WAS})}$$

$$\mathrm{CNPP} = \mathrm{CNPP_{pa}} + \mathrm{CNPP_{ps}}$$

式中，CNPP 为生态消耗量；$\mathrm{CNPP_{pa}}$ 为农业生产消耗量；$\mathrm{CNPP_{ps}}$ 为畜牧业生产消耗量；YIE 为农作物产量；γ 为折粮系数；Mc 为农作物含水量；HI 为农作物收获指数；WAS 为浪费率；Fc 为生物量与碳含量转换系数；LIV 为牲畜存栏出栏量；ε 为标准羊转换系数；GW 为标准羊日食干草重量；GD 为食草天数。

第 28 条 人均生态消耗标准表示当前社会经济发展水平下，区域人均消耗生态资源的量，计算公式为

$$\mathrm{CNPP_{st}} = \frac{\mathrm{CNPP}}{\mathrm{POP}}$$

式中，$\mathrm{CNPP_{st}}$ 为人均生态消耗标准；CNPP 为生态消耗量；POP 为人口数量。

第 29 条 生态承载力表示当前人均生态消耗水平下，生态系统可持续承载的最大人口规模，计算公式为

$$\mathrm{EEC} = \frac{\mathrm{SNPP}}{\mathrm{CNPP_{st}}}$$

式中，EEC 为生态承载力；SNPP 为生态供给量；$\mathrm{CNPP_{st}}$ 为人均生态消耗标准。

第 30 条 生态承载指数用区域人口数量与生态承载力比值表示，作为评价生态承载状态的依据。

$$\mathrm{EEI} = \frac{\mathrm{POP}}{\mathrm{EEC}}$$

式中，EEI 为生态承载指数；EEC 为生态承载力；POP 为人口数量。

第 31 条 根据生态承载状态分级标准以及生态承载指数确定评价区域生态承载力所处的状态，生态承载状态分级标准见表 9.8。

表 9.8 生态承载状态分级标准

项目	<0.6	0.6～0.8	0.8～1.0	1.0～1.2	1.2～1.4	>1.4
生态承载状态	富富有余	盈余	平衡有余	临界超载	超载	严重超载

9.4　水资源承载力与承载状态评价

第 32 条　水资源承载力主要反映区域人口与水资源的关系，主要通过人均综合用水量下，区域（流域）水资源所能持续供养的人口规模/人或承载密度/（人/km²）来表达。计算公式为

$$\mathrm{WCC}=W/W_{\mathrm{pc}}$$

式中，WCC 为水资源承载力，单位为人或人/km²；W 为水资源可利用量，单位为 m³；W_{pc} 为人均综合用水量，单位为 m³/人。

第 33 条　水资源承载指数是指区域人口规模（或人口密度）与水资源承载力（或承载密度）之比，反映区域水资源与人口的关系。计算公式为

$$\mathrm{WCCI}=\mathrm{Pa}/\mathrm{WCC}$$

$$\mathrm{Rp}=(\mathrm{Pa}-\mathrm{WCC})/\mathrm{WCC}\times 100\%=(\mathrm{WCCI}-1)\times 100\%$$

$$\mathrm{Rw}=(\mathrm{WCC}-\mathrm{Pa})/\mathrm{WCC}\times 100\%=(1-\mathrm{WCCI})\times 100\%$$

式中，WCCI 为水资源承载指数；WCC 为水资源承载力；Pa 为现实人口数量，单位为人；Rp 为水资源超载率；Rw 为水资源盈余率。

第 34 条　根据水资源承载指数的大小将水资源承载状态划分为水资源盈余、人水平衡和水资源超载三个类型共六个级别（表 9.9）。

表 9.9　基于水资源承载指数的水资源承载状态评价标准

类型	级别	WCCI	Rw/Rp
水资源盈余	富富有余	<0.6	Rw≥40%
	盈余	0.6～0.8	20%≤Rw<40%
人水平衡	平衡有余	0.8～1.0	0%≤Rw<20%
	临界超载	1.0～1.5	0%≤Rp<50%
水资源超载	超载	1.5～2.0	50%<Rp≤100%
	严重超载	>2.0	Rp>100%

9.5　社会经济适应性评价

社会经济适应性反映的是区域社会经济综合发展情况，在一定程度上可以调节区域资源环境的承载状态，主要通过人类发展水平、交通通达水平、城市化水平三个方面来构建三维空间体积模型，从而综合衡量当地社会经济综合发展状态。

第 35 条　社会经济适应性指数（SDI）融合了人类发展水平、交通通达水平和城市化水平三个方面，综合表征了区域社会经济发展水平，计算公式如下：

$$\mathrm{SDI}=\mathrm{HDI}_{\mathrm{one}}+\mathrm{TAI}_{\mathrm{one}}+\mathrm{UI}_{\mathrm{one}}$$

式中，HDI_{one}、TAI_{one}、UI_{one} 分别表示按式（9.3）归一化后的人类发展指数、交通通达指数、城市化指数，由于缺少老挝的 HDI 栅格数据，本书将各地区 HDI 都赋值为 1。

第 36 条　利用自然断点法根据归一化社会经济发展指数将老挝各省分为四个等级：社会经济发展低水平区域（Ⅰ）、社会经济发展中低水平区域（Ⅱ）、社会经济发展中水平区域（Ⅲ）、社会经济发展中高水平区域（Ⅳ）（表 9.10）。

表 9.10　社会经济发展水平分区标准

归一化社会经济发展指数	分区类型
<0.01	社会经济发展低水平区域（Ⅰ）
0.01～0.05	社会经济发展中低水平区域（Ⅱ）
0.05～0.11	社会经济发展中水平区域（Ⅲ）
0.11～1.00	社会经济发展中高水平区域（Ⅳ）

第 37 条　人类发展指数（HDI）是以“预期寿命、教育水平和收入水平”为基础变量来衡量地区经济社会发展水平的指标。

第 38 条　交通便捷指数（TCI）是反映居民出行便捷程度的指数，是利用层次分析法分配各最短距离指数（SDRI/SDRWI/SDAI/SDPI 分别指归一化到道路/铁路/机场/港口的最短距离）权重计算得出的，具体归一化方法如下：

$$x_i^* = \frac{x_i - \min(X)}{\max(X) - \min(X)} \tag{9.3}$$

$$x_i^* = \frac{\min(X) - x_i}{\max(X) - \min(X)} \tag{9.4}$$

式中，x_i^* 为变量 x 在区域 i 归一化后的值；x_i 为变量 x 在区域 i 的原始值；X 是变量 x 的集合。在社会经济适应性评价研究中，只有 SDRI、SDRWI、SDAI、SDPI 用式（9.4）进行归一化，其他指数依式（9.3）进行归一化。层次分析法中成对比较矩阵见表 9.11。

表 9.11　成对比较矩阵

项目	SDRI	SDRWI	SDAI	SDPI	权重
SDRI	1	3	3	6	0.53
SDRWI	1/3	1	1	3	0.20
SDAI	1/3	1	1	3	0.20
SDPI	1/6	1/3	1/3	1	0.07

第 39 条　交通密度指数（TDI）是道路密度、铁路密度和水路密度的综合，计算公式如下：

$$\mathrm{TDI}_i = \frac{r_1\mathrm{RDI}_i + r_2\mathrm{RWDI}_i + r_3\mathrm{WDI}_i}{r_1 + r_2 + r_3}$$

式中，TDI_i 为网格 i 的交通密度指数；r_1、r_2、r_3 分别为老挝归一化道路密度、铁路密度、水路密度与人口密度之间的相关系数；RDI_i、RWDI_i、WDI_i 分别为网格 i 内道路长度、铁路长度、水路长度与网格 i 面积比值的归一化后的值，即道路密度指数、铁路密度指数、水路密度指数。

第 40 条　交通通达指数（TAI）是交通便捷指数和交通密度指数的综合，用来表征区域交通水平，计算公式如下：

$$\mathrm{TAI} = 0.5 \times \mathrm{TCI}_{\mathrm{one}} + 0.5 \times \mathrm{TDI}_{\mathrm{one}}$$

式中，$\mathrm{TCI}_{\mathrm{one}}$、$\mathrm{TDI}_{\mathrm{one}}$ 分别为按式（9.3）归一化后的交通便捷指数和交通密度指数。

第 41 条　将老挝各省根据归一化交通通达指数均值及其 1/2 的标准差分为三个等级：交通通达低水平区域、交通通达中水平区域、交通通达中高水平区域（表 9.12）。

表 9.12　交通通达水平分区标准

归一化交通通达指数	分区类型
<0.22	交通通达低水平区域
0.22～0.50	交通通达中水平区域
0.50～1.00	交通通达中高水平区域

第 42 条　城市化指数（UI）是现代化进程的综合表征，用人口城市化率和土地城市化率按 3∶1 比例计算得出，计算公式如下：

$$\mathrm{UI} = 0.25 \times \mathrm{ULI} + 0.75 \times \mathrm{UPI}$$

式中，ULI 为归一化土地城市化指数，即归一化城市用地占比；UPI 为归一化人口城市化指数，即归一化城市人口占比。其中，城市人口是利用夜间灯光数据和统计数据拟合得出的。

第 43 条　将老挝各省根据归一化城市化指数均值及其 1/2 的标准差分为三个等级：城市化低水平区域、城市化中水平区域、城市化中高水平区域（表 9.13）。

表 9.13　城市化水平分区标准

归一化城市化指数	分区类型
<0.05	城市化低水平区域
0.05～0.26	城市化中水平区域
0.26～1.00	城市化中高水平区域

9.6　资源环境承载综合评价

资源环境承载综合评价是识别影响承载力关键因素的基础，旨在为各地区掌握其承载力现状从而提高当地承载力水平提供重要依据。本书基于人居环境指数、资源承载指数和社会经济发展指数，提出了基于三维空间四面体的资源环境承载状态综合评价方法。

第 44 条　资源环境承载综合指数结合了三项综合指数，旨在更全面地衡量区域资源环境的承载状态，其具体公式如下：

$$\mathrm{RECI} = \mathrm{HEI_m} \times \mathrm{RCI} \times \mathrm{SDI_m}$$

式中，$\mathrm{HEI_m}$ 为均值归一化人居环境指数；RECI 为资源环境承载综合指数；RCI 为资源承载指数；$\mathrm{SDI_m}$ 为均值归一化社会经济发展指数。

第 45 条　均值归一化人居环境综合指数是地形起伏度、地被指数、水文指数和温湿指数的综合，计算公式如下：

$$\mathrm{HEI_m} = \mathrm{HEI_{one}} - k + 1$$

$$\mathrm{HEI_v} = \frac{(\mathrm{THI} \times \mathrm{LSWAI} + \mathrm{THI} \times \mathrm{LCI} + \mathrm{LSWAI} \times \mathrm{LCI}) \times \mathrm{RDLS}}{3}$$

式中，$\mathrm{HEI_m}$ 为进行均值归一化处理之后的人居环境指数；$\mathrm{HEI_{one}}$ 为 $\mathrm{HEI_v}$ 按式（9.3）进行归一化之后的人居环境指数；k 为基于条件选择的人居环境适宜性分级评价结果中一般适宜地区 $\mathrm{HEI_{one}}$ 的均值；THI、LSWAI、LCI、RDLS 分别为归一化后的温湿指数、水文指数、地被指数和地形起伏度，其中，地形起伏度按式（9.4）进行归一化，其他指数按式（9.3）进行归一化。

第 46 条　资源承载指数是土地资源承载指数、水资源承载指数和生态承载指数的综合，用来反映区域各类资源的综合承载状态。为了消除指数融合时区域某类资源承载状态过分盈余而对该区域其他类型资源承载状态的信息覆盖，本章利用了双曲正切函数（tanh）对各承载指数的倒数进行了规范化处理，并保留了承载指数为 1 时的实际物理意义（平衡状态）。此外，本章以国际主流的城市化进程三阶段为依据，在不同城市化进程阶段的区域，结合实际情况对三项承载指数赋予了不同权重（表 9.14）。其具体计算方法如下：

$$\mathrm{RCCI} = W_{\mathrm{L}} \times \mathrm{LCCI_t} + W_{\mathrm{W}} \times \mathrm{WCCI_t} + W_{\mathrm{E}} \times \mathrm{ECCI_t}$$

$$\mathrm{LCCI_t} = \tanh\left(\frac{1}{\mathrm{LCCI}}\right) - \tanh(1) + 1$$

$$\mathrm{WCCI_t} = \tanh\left(\frac{1}{\mathrm{WCCI}}\right) - \tanh(1) + 1$$

$$\mathrm{ECCI_t} = \tanh\left(\frac{1}{\mathrm{ECCI}}\right) - \tanh(1) + 1$$

式中，RCCI 为资源承载指数；$\mathrm{LCCI_t}$、$\mathrm{WCCI_t}$、$\mathrm{ECCI_t}$ 分别是土地资源承载指数、水资源承载指数和生态承载指数。

表 9.14　各项承载指数权重

城市化进程阶段	城镇人口占比/%	W_{L}	W_{W}	W_{E}
初期阶段	0～30	0.5	0.3	0.2
加速阶段	30～70	1/3	1/3	1/3
后期阶段	70～100	0.2	0.5	0.3

第 47 条　均值归一化社会经济发展指数是社会经济发展指数的均值归一化处理之后的指数，旨在保留数值为 1 时的物理意义（平衡状态），具体计算公式如下：

$$\mathrm{SDI_m} = \mathrm{SDI_{one}} - k + 1$$

式中，$\mathrm{SDI_m}$ 为均值归一化社会经济发展指数；$\mathrm{SDI_{one}}$ 为归一化后的社会经济发展指数；k 为老挝全区 $\mathrm{SDI_{one}}$ 的均值。